高等学校计算机教材

新编 AutoCAD 实训
（2012 版）

郑阿奇　主编
丁有和　编著

电子工业出版社
Publishing House of Electronics Industry
北京·BEIJING

内 容 简 介

本书以最新的 AutoCAD 2012 版为平台,在结合实用教程系列教材成功经验的基础上,吸收"实例"教程的优点,采用"任务驱动"和"应用为先"的理念,共编写了 16 个实训章次。每一个章次都是一个大任务,每一个大任务下还有 2~3 个子任务,每一个子任务都有一个或多个"实训简例"(或实训简练)。同时,几乎对涉及的每一个 AutoCAD 命令都给出相应的命令简例。对于每一个"实训简例"首先分析绘图思路(锻炼解决问题的方法,以便知道下面为什么进行这样的操作),再引导如何操作(先领进门),然后针对常见问题提出处理方法(解惑),最后在"思考与练习"中提出思考和丰富的图例以供巩固和提高之用(自己修炼)。还特别针对平面图形绘制提供专门实训,并按结构将其分类为手柄类、吊钩类、环槽类和凸耳类等。当然,书中还有许多独特的绘制技巧,相信会给读者带来耳目一新的感觉。

本书可作为大学本科、高职高专有关课程教材,也可供各种培训机构使用,还可为广大学习 AutoCAD 2012 或以前版本的人员参考。

未经许可,不得以任何方式复制或抄袭本书之部分或全部内容。
版权所有,侵权必究。

图书在版编目(CIP)数据

新编 AutoCAD 实训:2012 版/郑阿奇主编;丁有和编著. —北京:电子工业出版社,2013.10
ISBN 978-7-121-21548-3

Ⅰ. ①新… Ⅱ. ①郑… ②丁… Ⅲ. ①AutoCAD 软件－高等学校－教材 Ⅳ. ①TP391.72

中国版本图书馆 CIP 数据核字(2013)第 225460 号

责任编辑:张 慧
印　　刷:三河市鑫金马印装有限公司
装　　订:三河市鑫金马印装有限公司
出版发行:电子工业出版社
　　　　　北京市海淀区万寿路 173 信箱　邮编 100036
开　　本:787×1092　1/16　印张:22　字数:563.2 千字
印　　次:2013 年 10 月第 1 次印刷
印　　数:3 000 册　定价:43.00 元

凡所购买电子工业出版社图书有缺损问题,请向购买书店调换。若书店售缺,请与本社发行部联系,联系及邮购电话:(010)88254888。
质量投诉请发邮件至 zlts@phei.com.cn,盗版侵权举报请发邮件至 dbqq@phei.com.cn。
服务热线:(010)88258888。

前　言

AutoCAD 软件是美国 Autodesk 公司研制的交互式绘制软件，用于二维绘图、详细绘制和基本三维设计等领域。自 1982 年 11 月推出初始的 R 1.0 版本，三十多年来，经过不断的发展和完善，其操作变得更人性化，功能更强大，能够最大限度地满足用户的需求，在机械、建筑、土木、电子等多个行业得到了广泛的应用。目前，AutoCAD 最新版本为 2012 版。

高等院校中，AutoCAD 课程不仅实践性较强，而且还与行业基础课程紧密相连。为了更好地教学 AutoCAD，提高学生 CAD 制图能力和水平，我们结合多年的教材编写体会，以及工程制图、计算机图形学、计算机绘图等课程的教学实践经验，经过多年的筹思、修改和推敲，编写了此书，现推向市场，以供读者选择。

本书以最新的 AutoCAD 2012 版为平台，在结合**实用教程系列教材**成功经验的基础上，吸收"实例"教程的优点，采用"任务驱动"和"应用为先"的理念，不仅以难易和教学特点为主线（从简单图形绘制，到复杂平面图形分析和建构，再到零件图和装配图的绘制）；而且从应用需求和技巧出发，穿插了工程制图中最基本的基础知识和 CAD 最新标准内容，详细介绍基本绘制、样式定制、图形变换、文字和尺寸标注、视图绘制和表达方法、轴测图、工程标注、零件图绘制、动态块、装配图拼绘等一系列的应用技巧。特别针对平面图形绘制提供专门实训，并按结构将其分类为手柄类、吊钩类、环槽类和凸耳类等。当然，书中还有许多独特的绘制技巧，相信会给读者带来耳目一新的感觉。

本书每个章次中的"实训简例"（实物图形）能够帮助读者一步一步地训练综合应用能力。每一个"实训简例"首先分析绘图思路（锻炼解决问题的方法，以便知道下面为什么进行这样的操作），再引导如何操作（先领进门），然后针对常见问题提出处理方法（解惑），最后在"思考与练习"中提出思考和丰富的图例以供巩固和提高之用（自己修炼）。

总之，本书根据通用教学计划精心编写，尤其适合于教学，当然也非常适合致力于AutoCAD 绘制工程图样的人员学习和参考。

本书由丁有和（南京师范大学）编写，郑阿奇（南京师范大学）对全书进行统稿。参加本书编写的还有梁敬东、顾韵华、王洪元、刘启芬、彭作民、高茜、陈冬霞、曹弋、徐文胜、张为民、姜乃松、钱晓军、朱毅华、时跃华、周何骏、赵青松、周淑琴、陈金辉、李含光、王一莉、徐斌、王志瑞、孙德荣、周怡明、刘博宇、郑进、刘毅、赵治等。

本书配备同步电子课件、各章实例源文件、各实验实例源文件及综合应用实习源文件，需要的读者可从华信教育资源网（www.hxedu.com.cn）免费下载。

由于作者水平有限，不当之处在所难免，恳请读者批评指正。我们的 E-mail 地址是：easybooks@163.com。

编　者
2013.6

目 录

第1章 认识 AutoCAD 用户界面 1
1.1 学会使用 Fluent/Ribbon 界面 1
1.1.1 启动 AutoCAD 1
1.1.2 功能区一般操作 2
1.1.3 面板的停靠和浮动 3
1.1.4 菜单按钮 4
1.1.5 快速访问工具栏 4
1.2 熟悉经典风格界面 5
1.2.1 切换到经典风格界面 6
1.2.2 工具栏的浮动和停靠 7
1.2.3 工具栏的显示和隐藏 7
1.3 认识界面的四个部分 8
1.3.1 绘图区 8
1.3.2 命令窗口 9
1.3.3 状态栏 9
1.4 退出 AutoCAD 11
1.5 常见实训问题处理 11
1.5.1 工具栏不见了 11
1.5.2 命令窗口不见了 12
1.5.3 功能区的显示和隐藏 12
思考与练习 12

第2章 命令和文件操作 13
2.1 命令输入方式 13
2.1.1 命令的快捷方式 13
2.1.2 在命令行输入 14
2.2 命令基本操作 16
2.2.1 重复命令 16
2.2.2 终止命令 17
2.2.3 撤销命令和重做命令 17
2.2.4 透明命令 18
2.3 文件和文档操作 19
2.3.1 新建文件（NEW） 19
2.3.2 打开（OPEN）和保存（SAVE） 19
2.3.3 多文档操作 21

2.4 常见实训问题处理 ·· 23
　　2.4.1 OPEN 命令启动后没有出现对话框 ·· 23
　　2.4.2 AutoCAD 突然中断退出怎么办 ··· 23
思考与练习 ·· 24

第3章 坐标、辅助和缩放 ··· 25
3.1 学会坐标输入 ··· 25
　　3.1.1 认识坐标系 ··· 25
　　3.1.2 相对和绝对坐标 ··· 26
　　3.1.3 坐标显示切换 ·· 27
3.2 熟悉角度和坐标辅助 ·· 28
　　3.2.1 正交模式 ··· 29
　　3.2.2 极轴追踪和草图设置 ··· 30
　　3.2.3 捕捉和栅格 ·· 32
3.3 掌握显示控制 ··· 35
　　3.3.1 设置图形界限 ··· 35
　　3.3.2 平移和缩放（ZOOM） ··· 35
　　3.3.3 使用鼠标滚轮 ··· 37
　　3.3.4 矩形（RECTANG）和满显 ··· 38
3.4 常见实训问题处理 ··· 39
　　3.4.1 输入的坐标总是无效 ··· 39
　　3.4.2 矩形的线条太宽了 ··· 39
　　3.4.3 "痕迹"重绘后还是消除不掉 ·· 39
思考与练习 ·· 40

第4章 圆、捕捉和编辑 ·· 41
4.1 学会画圆和捕捉 ·· 41
　　4.1.1 圆（CIRCLE） ··· 41
　　4.1.2 点捕捉工具 ·· 44
4.2 熟悉基本编辑 ··· 48
　　4.2.1 选择对象 ··· 48
　　4.2.2 删除（ERASE） ·· 49
　　4.2.3 移动（MOVE） ··· 49
　　4.2.4 复制（COPY） ·· 51
　　4.2.5 偏移（OFFSET） ··· 52
4.3 常见实训问题处理 ··· 55
　　4.3.1 如何捕捉矩形的中点 ··· 55
　　4.3.2 如何删除重线 ··· 55
　　4.3.3 如何自动重复圆命令 ··· 56
思考与练习 ·· 56

第5章 图线和图层 ... 58

5.1 学会建立图层 ... 58
- 5.1.1 图线属性及画法标准 ... 59
- 5.1.2 图层命令（LAYER） ... 60
- 5.1.3 创建和设置图层 ... 61
- 5.1.4 删除和修改图层 ... 64

5.2 熟悉图层基本操作 ... 67
- 5.2.1 当前图层及其切换 ... 67
- 5.2.2 关闭、冻结和锁定 ... 67
- 5.2.3 线宽显示 ... 68

5.3 常见实训问题处理 ... 69
- 5.3.1 发现新绘制的线条的图层错了 ... 69
- 5.3.2 图线属性与图层不一样 ... 70
- 5.3.3 选择对象的方法还有哪些，如何根据图层功能等选择对象 ... 70

思考与练习 ... 71

第6章 圆弧、修剪和过渡 ... 72

6.1 圆弧和修剪 ... 72
- 6.1.1 圆弧（ARC） ... 72
- 6.1.2 打断（BREAK） ... 74
- 6.1.3 修剪（TRIM） ... 77
- 6.1.4 延伸（EXTEND） ... 78

6.2 学会形状过渡 ... 82
- 6.2.1 圆角命令（FILLET） ... 82
- 6.2.2 倒角命令（CHAMFER） ... 84

6.3 常见实训问题处理 ... 87
- 6.3.1 如何为矩形作圆角过渡 ... 88
- 6.3.2 如何将整体对象分为单元 ... 88

思考与练习 ... 89

第7章 旋转、镜像和阵列 ... 90

7.1 学会旋转和镜像 ... 90
- 7.1.1 多边形（POLYGON） ... 90
- 7.1.2 旋转（ROTATE） ... 91
- 7.1.3 镜像（MIRROR） ... 93

7.2 熟悉图形阵列 ... 96
- 7.2.1 线形阵列 ... 97
- 7.2.2 传统阵列 ... 97
- 7.2.3 阵列（ARRAY） ... 99

7.3 常见实训问题处理 ... 103

- 7.3.1 如何对齐对象 ... 104
- 7.3.2 如何绘制与已知圆相切的一圈圆 ... 104
- 思考与练习 ... 105

第 8 章 绘制平面图形 ... 106
- 8.1 学会尺寸和线段分析 ... 106
  - 8.1.1 尺寸分析 ... 106
  - 8.1.2 线段分析 ... 107
- 8.2 绘制典型平面图形 ... 110
- 8.3 常见实训问题处理 ... 122
  - 8.3.1 明明有交点就是修剪不掉 ... 122
  - 8.3.2 如何保证点画线交于长画线 ... 122
- 思考与练习 ... 122

第 9 章 学会使用夹点 ... 124
- 9.1 认识图元的夹点 ... 124
  - 9.1.1 直线的夹点 ... 124
  - 9.1.2 圆的夹点 ... 125
  - 9.1.3 圆弧的夹点 ... 126
  - 9.1.4 矩形的夹点 ... 127
- 9.2 熟悉夹点的编辑操作 ... 130
  - 9.2.1 拉伸和夹点拉伸 ... 131
  - 9.2.2 夹点移动、旋转和镜像 ... 132
  - 9.2.3 比例缩放和夹点缩放 ... 134
- 9.3 常见实训问题处理 ... 139
  - 9.3.1 怎样使用夹点编辑移动多个对象 ... 139
  - 9.3.2 选择了"复制"选项，夹点镜像后还是没有源对象 ... 139
- 思考与练习 ... 140

第 10 章 点、构造线和多段线 ... 141
- 10.1 学会点及其等分 ... 141
  - 10.1.1 点（POINT）及其样式 ... 141
  - 10.1.2 点的定数等分（DIVIDE） ... 142
  - 10.1.3 点的定距等分（MEASURE） ... 143
- 10.2 熟悉射线和构造线 ... 147
  - 10.2.1 射线（RAY） ... 147
  - 10.2.2 构造线（XLINE） ... 147
- 10.3 学会使用多段线 ... 149
  - 10.3.1 多段线（PLINE） ... 149
  - 10.3.2 多段线的线宽 ... 150
  - 10.3.3 多段线的圆弧 ... 152

10.4 常见实训问题处理 ……………………………………………………………… 158
    10.4.1 为什么点显示的大小不一样 …………………………………………… 158
    10.4.2 多段线的夹点的含义是什么 …………………………………………… 158
    10.4.3 怎样将线段转换成多段线 ……………………………………………… 158
思考与练习 …………………………………………………………………………… 159

第 11 章 文字和文字注写 …………………………………………………………… 160

11.1 学会创建文字样式 ……………………………………………………………… 160
    11.1.1 文字标准 ………………………………………………………………… 160
    11.1.2 文字样式（STYLE）…………………………………………………… 161
    11.1.3 创建和设置文字样式 …………………………………………………… 162
    11.1.4 修改和切换文字样式 …………………………………………………… 163
11.2 掌握单行文字注写 ……………………………………………………………… 165
    11.2.1 TEXT 和 DTEXT ……………………………………………………… 165
    11.2.2 命令"对正"选项 ……………………………………………………… 166
    11.2.3 "%%"特殊符号输入 ………………………………………………… 167
    11.2.4 文字编辑 ………………………………………………………………… 167
11.3 学会多行文字注写 ……………………………………………………………… 172
    11.3.1 多行文字注写 …………………………………………………………… 172
    11.3.2 多行文本编辑器 ………………………………………………………… 173
    11.3.3 文字堆叠 ………………………………………………………………… 176
    11.3.4 插入字符和文本 ………………………………………………………… 177
11.4 常见实训问题处理 ……………………………………………………………… 181
    11.4.1 文字对象的夹点有哪些 ………………………………………………… 181
    11.4.2 为什么注写的文字中会有"？" ……………………………………… 181
    11.4.3 如何控制文字镜像的效果 ……………………………………………… 182
思考与练习 …………………………………………………………………………… 182

第 12 章 尺寸和尺寸标注 …………………………………………………………… 183

12.1 学会创建尺寸样式 ……………………………………………………………… 183
    12.1.1 尺寸组成 ………………………………………………………………… 183
    12.1.2 尺寸标注规则 …………………………………………………………… 184
    12.1.3 尺寸样式命令（DIMSTYLE）………………………………………… 185
    12.1.4 创建和设置标注样式 …………………………………………………… 186
    12.1.5 切换标注样式 …………………………………………………………… 190
12.2 掌握常用尺寸标注 ……………………………………………………………… 191
    12.2.1 标注尺寸前的准备 ……………………………………………………… 191
    12.2.2 直线段尺寸标注 ………………………………………………………… 192
    12.2.3 圆和圆弧尺寸标注 ……………………………………………………… 195
    12.2.4 弧长和角度尺寸标注 …………………………………………………… 199

  12.2.5 基线和连续尺寸标注 ·············· 202
 12.3 常见实训问题处理 ·············· 207
  12.3.1 如何快速绘制圆的中心线 ·············· 207
  12.3.2 如何编辑尺寸 ·············· 208
  12.3.3 圆拾取后如何让尺寸线和文字一起移动 ·············· 208
 思考与练习 ·············· 208

第 13 章 视图表达与绘制 ·············· 210
 13.1 熟悉绘制组合体视图 ·············· 210
  13.1.1 视图及其投影规律 ·············· 210
  13.1.2 对象捕捉追踪 ·············· 211
 13.2 学会绘制其他视图 ·············· 225
  13.2.1 箭头和旋转符号 ·············· 225
  13.2.2 样条曲线（SPLINE） ·············· 226
  13.2.3 徒手绘（SKETCH） ·············· 228
  13.2.4 建立和操作 UCS ·············· 229
 13.3 常见实训问题处理 ·············· 233
  13.3.1 如何将多段线转换成样条曲线 ·············· 233
  13.3.2 对象捕捉追踪无法进行 ·············· 233
 思考与练习 ·············· 234

第 14 章 剖视、断面与轴测图 ·············· 236
 14.1 熟悉绘制剖视、断面和局部放大图 ·············· 236
  14.1.1 表达及其标注概述 ·············· 236
  14.1.2 面域造型 ·············· 238
  14.1.3 图案填充 ·············· 240
 14.2 学会绘制轴测图及其尺寸标注 ·············· 251
  14.2.1 轴测图概述 ·············· 251
  14.2.2 正等轴测模式 ·············· 251
  14.2.3 轴测图的尺寸标注 ·············· 256
 14.3 常见实训问题处理 ·············· 261
  14.3.1 填色能否用 TRACE、SOLID ·············· 262
  14.3.2 和已有边界重复 ·············· 262
 思考与练习 ·············· 262

第 15 章 绘制零件图 ·············· 264
 15.1 熟悉块及其属性 ·············· 264
  15.1.1 创建块 ·············· 264
  15.1.2 插入块 ·············· 266
  15.1.3 块属性定义 ·············· 267
  15.1.4 块属性管理器 ·············· 269

15.2 学会结构和形位公差标注 274
    15.2.1 快速引线 274
    15.2.2 标注形位公差 277
15.3 掌握零件图的绘制方法 282
    15.3.1 幅面格式和图形框 282
    15.3.2 标题栏与表格绘制 283
    15.3.3 视图绘制与多视口 288
15.4 常见实训问题处理 291
    15.4.1 块定义错了怎么办 291
    15.4.2 如何引入其他图形中的块 291
    15.4.3 如何更改已插入的块的属性 292
    15.4.4 如何修改公差 293
思考与练习 293

第16章 绘制装配图 295
16.1 熟悉装配图内容和画法 295
    16.1.1 装配图内容 295
    16.1.2 规定和特殊画法 296
16.2 标注序号和明细表 302
    16.2.1 序号和明细表相关规定 302
    16.2.2 圆环（DONUT） 304
    16.2.3 多重引线标注 304
16.3 使用动态块建立图符 311
16.4 熟悉装配图的拼绘方法 323
    16.4.1 处理好几个问题 323
    16.4.2 设计中心 323
    16.4.3 拾取过滤设置 324
16.5 常见实训问题处理 331
    16.5.1 如何改变多重引线源块的参数 332
    16.5.2 如何粘贴为块 332
    16.5.3 粘贴后如何规范图层 332
思考与练习 334

附录A 本书约定 337

实训索引

【实训1.1】面板扩展和自动隐藏操作 3
【实训1.2】面板的浮动和停靠操作 3
【实训1.3】显示和隐藏菜单栏 5
【实训1.4】布局"对象捕捉"工具栏 7
【实训1.5】布局界面 10

【实训 2.1】使用直线命令（LINE）	15
【实训 2.2】使用平移透明命令	18
【实训 2.3】综合训练	22
【实训 3.1】直线绘制 120×80 的矩形	26
【实训 3.2】绘制简图 I	28
【实训 3.3】正交绘制 120×80 的矩形	29
【实训 3.4】极轴绘制 120×80 的矩形	31
【实训 3.5】捕捉绘制 120×80 的矩形	33
【实训 3.6】绘制简图 II	34
【实训 3.7】综合训练	38
【实训 4.1】"相切、相切、半径"圆	42
【实训 4.2】捕捉绘圆切线	46
【实训 4.3】圆的角度切线	46
【实训 4.4】复制和偏移绘图	52
【实训 5.1】建立样板文件	64
【实训 5.2】使用图层画图	68
【实训 6.1】绘制键槽孔	75
【实训 6.2】圆弧连接	79
【实训 6.3】利用圆角和倒角绘图	85
【实训 7.1】旋转镜像绘图	93
【实训 7.2】利用阵列绘图	101
【实训 8.1】分析并绘制手柄	107
【实训 8.2】吊钩类	110
【实训 8.3】环槽类	114
【实训 8.4】凸耳类	118
【实训 9.1】绘制圆头键槽的夹点方法	129
【实训 9.2】使用夹点编辑绘图	135
【实训 10.1】斜度和锥度	144
【实训 10.2】垂直平分线的绘制	148
【实训 10.3】使用多段线绘出二极管图符	150
【实训 10.4】使用多段线绘出圆头键槽图形	152
【实训 10.5】用多段线绘图	153
【实训 11.1】综合训练	164
【实训 11.2】参数表注写	169
【实训 11.3】绘制标题栏	178
【实训 12.1】综合训练	191
【实训 12.2】实现圆最常用的尺寸标注形式	197
【实训 12.3】平面图形尺寸标注	204

【实训 13.1】捕捉追踪绘图 ········· 212
【实训 13.2】二视图绘制 ········· 214
【实训 13.3】三视图绘制 ········· 216
【实训 13.4】组合体视图绘制 ········· 219
【实训 13.5】组合体尺寸标注 ········· 223
【实训 13.6】组合体的视图表达 ········· 231
【实训 14.1】拨叉零件视图绘制 ········· 242
【实训 14.2】阀杆零件视图绘制 ········· 247
【实训 14.3】轴测图绘制 ········· 253
【实训 14.4】综合训练 ········· 261
【实训 15.1】为表格块添加属性 ········· 267
【实训 15.2】表面结构符号块 ········· 270
【实训 15.3】零件结构尺寸标注 ········· 275
【实训 15.4】形位公差标注 ········· 279
【实训 15.5】综合训练 ········· 281
【实训 15.6】使用表格创建标题栏 ········· 285
【实训 15.7】零件图绘制综合训练 ········· 289
【实训 16.1】螺栓连接绘制方法 ········· 297
【实训 16.2】编写明细表 ········· 309
【实训 16.3】名称旋转的基准符号 ········· 311
【实训 16.4】表面结构图符集 ········· 314
【实训 16.5】可选定参数的六角头螺栓 ········· 317
【实训 16.6】拼画滑动轴承座装配图 ········· 325

第 1 章

认识 AutoCAD 用户界面

AutoCAD 软件是美国 Autodesk 公司研制的交互式绘制软件，用于二维绘图、详细绘制和基本三维设计等领域。自 1982 年 11 月推出初始的 R 1.0 版本，三十多年来，经过不断的发展和完善，其操作变得更人性化，功能更强大，能够最大限度地满足用户的需求，在机械、建筑、土木、电子等多个行业得到了广泛的应用。本书以最新的 AutoCAD 2012 版为操作环境，但为统一起见，本书仍称为 AutoCAD，并以 Windows XP 作为操作系统平台。

在开始学习 AutoCAD 软件前，需要首先认识并熟悉 AutoCAD 的界面，并为绘图定制和布局界面。本章主要内容有：
- 学会使用 Fluent/Ribbon 界面。
- 熟悉经典风格界面。
- 认识界面的四个部分。
- 退出 AutoCAD。

1.1 学会使用 Fluent/Ribbon 界面

下面首先认识 AutoCAD（以 2012 版为例，下同）Fluent 界面。

1.1.1 启动 AutoCAD

AutoCAD 有下列两种常用的启动方法：
- 在 Windows 桌面上，找到并双击 AutoCAD 2012 快捷图标 。
- 在 Windows 左下角，选择"开始"→"程序"→"Autodesk"→"AutoCAD 2012-Simplified Chinese"→"AutoCAD 2012-Simplified Chinese"（Simplified Chinese 为"简体中文"，"→"表示"下一步"，下同）。

AutoCAD 启动后，其界面默认为"Fluent/Ribbon 风格"，如图 1.1 所示（**为遵循纸质印刷的特点，将中间绘图区设为无栅线的白色，特此说明**）。

所谓"Fluent/Ribbon 风格"界面，是指将以往经典的菜单系统按照常用命令替换为一个个 Ribbon（带状）的功能面板的界面。这样的界面能使操作者更直接、更容易地找到各种常用命令，提高操作效率。自 2009 版之后，AutoCAD 就开始采用这种新的界面。

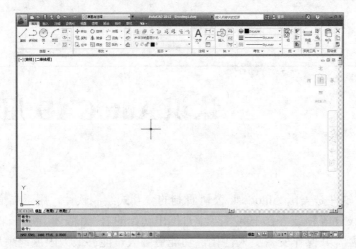

图 1.1　AutoCAD 2012 版界面

从图 1.1 可以看出，AutoCAD 界面最上部分就是与经典界面不同的"Fluent/Ribbon"部分，它主要由**功能区**、**菜单按钮**和**快速访问工具栏**构成，如图 1.2 所示。

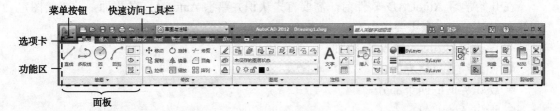

图 1.2　"Fluent/Ribbon 风格"界面

1.1.2　功能区一般操作

"功能区"是"Fluent/Ribbon 风格"界面最重要的界面元素，它通常包括多个"选项卡"，而每个"选项卡"又由各种"面板"组成。

对于"Fluent/Ribbon 风格"界面功能区的一般操作，可以有下列几种：

① 单击"选项卡"标签，如"常用"、"插入"、"注释"、"参数化"、"视图"、"管理"及"输出"等，可将功能区切换到相应的选项卡页面。

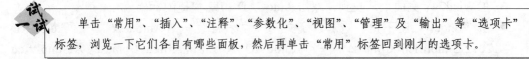

② 每个面板的最下方文字是面板"标题"。若"标题"文字右侧还有一个下拉按钮▼，则表明这样的面板可向下扩展，且具有自动隐藏功能（具体操作见【实训 1.1】）。

③ 若面板的标题栏最右边还有一个斜向下的按钮⇘，单击它则可弹出一个对话框或一个窗口，用于设置更多的参数和属性。

第1章 认识AutoCAD用户界面

④ 任何时候在面板区域中右击鼠标,将弹出一个快捷菜单,用来确定显示或隐藏某些"选项卡"和"面板"。需要强调的是,凡在功能区中显示的选项卡和面板,均在相应的菜单项前面有一个选中标记✓。

【实训1.1】面板扩展和自动隐藏操作

步骤

(1)切换到"常用"选项卡,可以看到"修改"面板的标题是 修改▼。

(2)将鼠标指针移至标题栏 修改▼ 时,该标题变为"高显"的"选中"状态,如图 a 所示。

(3)单击标题栏 修改▼,该面板向下扩展,如图 b 所示。同时,在标题栏最左侧出现一个"自动隐藏"按钮,这表明该面板的扩展部分具有自动隐藏功能:当鼠标指针移出该面板时,此面板的扩展部分将自动隐藏。

自动隐藏按钮

(4)单击"自动隐藏"按钮,则该按钮切换为"钉住"状态,这表明该面板的扩展部分将一直显示。再次单击它,又将其切换为"自动隐藏"状态。

1.1.3 面板的停靠和浮动

功能区中的面板具有浮动和停靠功能。默认时,每个选项卡的面板都是按一定的布局次序停靠在功能区中。若在面板的标题中按住鼠标左键不放,则移动鼠标时将看到该面板也会随之移动,同时系统还会根据当前位置动态显示该面板可以停靠的位置。当然,也可将面板拖曳并"浮动"在功能区外的地方。例如,对于功能区"常用"→"绘制"面板的浮动和停靠可进行这样的操作。

【实训1.2】面板的浮动和停靠操作

步骤

(1)切换到"常用"选项卡,将"绘制"面板拖曳至中间的绘图区中,此时呈"浮动"状态。

(2)将鼠标指针移至浮动的"绘制"面板(即该面板有输入焦点),稍等片刻,面板左右还将显示出更多的界面,如图 a 所示。其中:

左边黑条部分是"把手",按住此位置可拖曳面板。

右边有两个按钮:

一是"返回停靠"按钮,单击它将使该面板恢复停靠在功能区中;

二是"扩展方向"按钮,单击它将使扩展部分在向下或向右这两个方向进行切换。

(3)单击"返回停靠"按钮,使其停靠在功能区原来的位置。

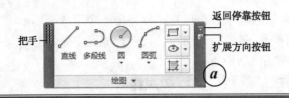

1.1.4 菜单按钮

在 AutoCAD 主窗口的最左上角有一个 ▲ 按钮，称为应用程序"菜单按钮"。单击它，将显示 AutoCAD 功能菜单及最近使用的文档，如图 1.3（a）所示，单击右侧的"最近使用的文档"文件名（如图中的 Ex_1_0.dwg）可直接打开该文件。

移动鼠标指针至左侧菜单项，单击它即可执行该项菜单命令。若菜单项右侧还有向右的箭头▶，单击它或在该菜单停留片刻即会显示其相应的子菜单。例如，图 1.3（b）所示，右侧显示的是"打开"各子菜单项，单击右侧的子菜单项即可执行相应的命令。

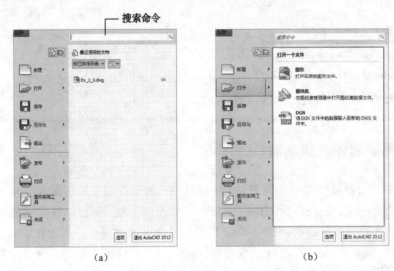

图 1.3 菜单按钮下的菜单系统

需要注意的是，在显示的菜单右侧界面中，最上面还有"搜索命令"输入框和搜索按钮 ，而最下面的位置还有 选项 和 退出 AutoCAD 2012 两个按钮，单击 选项 按钮，将弹出"选项"对话框，用来对当前的配置进行重新设定。

1.1.5 快速访问工具栏

在菜单按钮右侧，功能区上面的是**快速访问工具栏**，它用于组织经常使用的命令，其图标含义如图 1.4 所示。单击最右侧的"自定义下拉按钮"，弹出下拉选项，凡是"快速访问工具栏"中显示的命令，均在相应的下拉项前面有一个选中标记✔。

图 1.4　快速访问工具栏

【说明】

（1）将鼠标指针移至界面上工具栏的图标上，稍等片刻后，大多数情况下还会弹出一个工具提示窗口，显示出当前图标的功能含义说明。

（2）功能区最上面的最右侧部分（即主窗口标题右侧区域）还有一些内容，其含义如图 1.5 所示。其中，单击"交换"按钮 X，将弹出用于交流的"Autodesk Exchange"窗口，该窗口包含了帮助、下载及社区等信息内容，限于篇幅，这里不再细讲。

图 1.5　主窗口标题右侧区域

【实训 1.3】显示和隐藏菜单栏

由于菜单中包括几乎所有的 AutoCAD 命令，所以在 Fluent/Ribbon 界面中显示菜单能提供较大便利，具体的方法和过程如下所述。

（1）单击快速访问工具栏的最右下拉按钮，弹出如图 a 所示的下拉选项。

（2）从下拉选项中找到并选中"显示菜单栏"命令，菜单栏显现，如图 b 所示。

（3）菜单栏显现后，除可以按步骤（1）所述方式选择"隐藏菜单栏"命令外，还可以在菜单栏右侧空白处右击鼠标，弹出已勾选的"显示菜单栏"快捷菜单项，再次单击它即可隐藏菜单栏。

1.2　熟悉经典风格界面

与"Fluent/Ribbon 风格"界面不同的是，经典风格界面主要由一个主菜单栏和多个工具条（栏）组成。应用程序所有对菜单命令的操作都可以通过顶部的主菜单栏进行，而工具栏通常具有显示和隐藏、浮动和停靠等功能。

1.2.1 切换到经典风格界面

在 AutoCAD 中,将界面切换为经典风格是通过改变其"工作空间"进行的。所谓"工作空间",就是指根据任务建立起来的包含相应菜单、工具栏、选项卡和功能区面板等的绘图环境。若将工作空间改变为经典风格,则可有下列两种方法:

- 在主窗口最上面的"快速访问工具栏"中,从工作空间组合框中选择"AutoCAD 经典",如图 1.6(a)所示。
- 在状态栏的右侧区域中,找到并单击"工作空间"图标,在弹出的快捷菜单上,单击"AutoCAD 经典"菜单项,如图 1.6(b)所示。

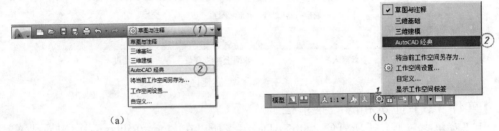

图 1.6 切换"工作空间"

> **试一试** 将"工作空间"依次切换到"三维基础"、"三维建模"、"AutoCAD 经典"及"草图与注释"模式,查看其绘图环境是怎样的界面。

需要强调的是,当"工作空间"切换到"AutoCAD 经典"后,将会出现如图 1.7 所示的绘图界面。默认时,在中间的绘图区中浮动着两个工具条窗口:一个是用于三维模型的"平滑网格"工具条窗口;另一个是包含着各种行业各个用途的"工具选项板"窗口。特别需要注意的是,在开始使用 AutoCAD 时,建议将这些"浮动"的工具条窗口关闭,即单击它们右上角的✖按钮。

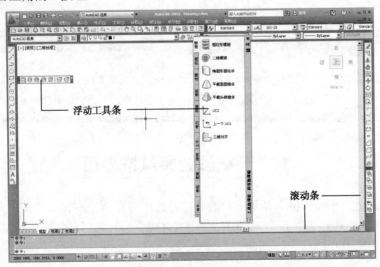

图 1.7 AutoCAD 经典的工作空间

1.2.2 工具栏的浮动和停靠

在"AutoCAD 经典"工作空间中，除顶部的主菜单栏外还有各种各样的工具栏。这些工具栏通常具有显示和隐藏、浮动和停靠等功能。

参考图 1.7 可以看出，停靠在绘图区窗口左、上、右边的是各式各样用于快捷操作的工具栏。这些工具栏的左侧（水平放置）或顶部（垂直放置）都有由两条点线构成的"把手"。若将鼠标指针移至工具栏的"把手"处或其他非按钮区域中，然后按住鼠标左键，此时当前被操作的工具栏四周将出现一个虚框，移动鼠标则虚框跟随。当移至主窗口四边时，虚框预显当前可**停靠**的位置；当移至绘图区等其他区域时，虚框预显当前可**浮动**的位置；当虚框预显的位置满意时，即可松开鼠标完成其"拖放"操作。

"浮动"和"停靠"状态除了可以通过"拖放"改变外，还可以使用鼠标双击来直接进行。即在工具栏的"把手"或非按钮区域处双击鼠标左键，则可将当前"浮动"与"停靠"状态进行相互切换。

首先将"标准"、"样式"等工具栏"浮动"到绘图区中，然后"停靠"到主窗口的任意一边，最后通过选择"工作空间"重新恢复"AutoCAD 经典"界面。

1.2.3 工具栏的显示和隐藏

对于工具栏的显示或隐藏操作，最直接的方法就是右击鼠标，通过弹出的快捷菜单来进行操作：

（1）当在工具栏上的"把手"或非按钮区域处右击鼠标时，弹出的快捷菜单中各个菜单项就是工具栏名称。凡是显示在界面上的工具栏名称前面均有一个选中标记✔。

（2）若在主窗口中工具栏停靠的位置空白处右击鼠标，则弹出快捷菜单，其中"AutoCAD"菜单项中的子菜单项可以用来显示和隐藏各个工具栏。

【实训 1.4】布局"对象捕捉"工具栏

对象捕捉是一个经常要使用的辅助工具。默认时，"AutoCAD 经典"界面中间的绘图区窗口最左边停靠"绘图"工具栏，最右边停靠"修改"工具栏。而经常使用的"对象捕捉"工具栏并不显示在界面中，因此需要显示并布局它。

（1）启动 AutoCAD，将工作空间切换到"AutoCAD 经典"，关闭浮动的窗口。

（2）在任意一个工具栏的"把手"处右击鼠标，从弹出的快捷菜单中找到并选中"对象捕捉"，则"对象捕捉"工具栏显现。

（3）将鼠标指针移到"对象捕捉"工具栏"把手"处，按住鼠标左键不放，然后拖动其至绘图区右侧边，当虚框出现在如图 a 所示的位置时释放，则"对象捕捉"工具栏停靠在右侧如图 b 所示的位置。

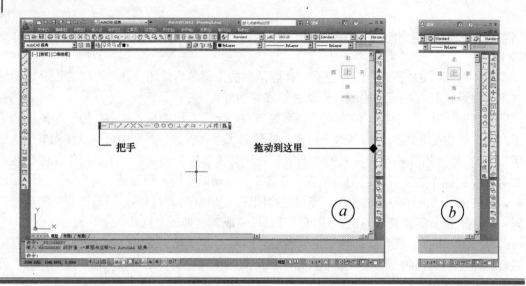

1.3 认识界面的四个部分

无论是"Fluent/Ribbon 风格"界面还是传统的经典界面，AutoCAD 的工作空间都可以简单地划分为四个部分：**快捷操作区、绘图区、命令窗口区和状态栏区**。所谓"快捷操作区"，就是用于提供快捷操作的菜单、工具栏、工具窗口及功能区面板等的操作区，这在前面已讨论过，下面来认识其余的三个部分。

1.3.1 绘图区

绘图区是指 AutoCAD 界面中间最大的一块空白区域，如图 1.8 所示，编辑的图形就显示在其中。在绘图区移动鼠标时，鼠标指针变成了一个"十"字加上一个"小方框"的光标╬。其中，"十"字表示可以定位，"小方框"表示可以拾取对象。

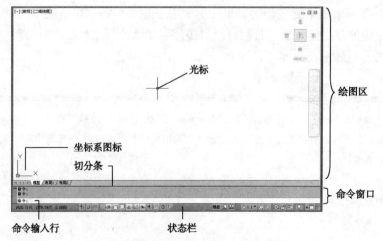

图 1.8 绘图区、命令窗口和状态栏

第 1 章 认识 AutoCAD 用户界面

默认时,绘图区左下角显示的是世界坐标系(WCS)图标,它的坐标原点是在绘图区的左下角,在 X 与 Y 轴交汇处还显示一个"口"形方框标记。

绘图区是无限大的,可以配合使用显示缩放命令来放大或缩小显示图形。值得一提的是,在"AutoCAD 经典"工作空间下(参见图 1.7),绘图区的右侧和右下角还有相应的滑块和滚动条,在滚动条上拖动滑块可改变显示的区域。

绘图区下面有三个选项卡,"模型"、"布局 1"和"布局 2"。默认时,绘图区使用的是"模型"空间页面,它是用于设计的绘图空间,可以将其映射到图纸的各个"布局"空间去。而一个"布局"空间通常是基于打印机或绘图仪的输出设备的图纸空间。

1.3.2 命令窗口

AutoCAD 的"命令窗口"是一种独特的输入交互区,它由末尾的"命令输入行"(简称"命令行")和多行显示的"文本信息"组成。

"命令输入行"是用户输入命令和参数的地方,当"命令输入行"提示仅为"命令:"时,表示当前命令为"空"。默认时,"文本信息"的显示行数为两行。若要改变其显示的行数,则可将鼠标指针移至窗口上边的"切分条"(参见图 1.8),当光标变为↕时按住鼠标左键不放,移动鼠标至满意位置时松开即可。

若要显示和关闭"命令窗口",则可以按【Ctrl+9】组合键。若要单独打开命令的文本窗口,则可按【F2】键,如图 1.9 所示,一个完整的 AutoCAD 文本窗口即可出现。单击窗口右上角的×按钮,关闭窗口。

图 1.9 AutoCAD 文本窗口

1.3.3 状态栏

在应用程序主窗口的最下方是应用程序的状态栏,如图 1.10 所示。该状态栏非常重要,它不仅可显示当前光标的坐标值,而且还可用来操作一般绘图时常用的设置开关、绘制选项以及显示控制等。

图 1.10 状态栏

事实上，从整体来看，状态栏可分为三个部分：坐标显示、状态切换和其他工具。（以后还会详细讨论，这里先放一放！）

【实训 1.5】布局界面

为了能够更高效地绘制图形，通常需要重新布局 AutoCAD 界面环境。布局的宗旨是先将最常用的"绘图"、"修改"和"捕捉"工具栏显示并停靠，而其他工具栏则应遵循"随用随显，用完即关"的原则。当然，菜单栏是必须要显示的。

步骤

1) 布局经典界面，结果如图 a 所示。

（1）启动 AutoCAD，将其工作空间切换到"AutoCAD 经典"。

（2）关闭浮动的两个工具栏，一个是"平滑网格"工具栏；另一个是与行业有关的"工具选项板"。

（3）显示"对象捕捉"工具栏，并将其拖放到窗口的右边。

2) 布局默认界面，结果如图 b 所示。

（1）将工作空间切换到"草图与注释"。

（2）单击"快速访问工具条"最右边的下拉按钮，从下拉选项中选择"显示菜单栏"命令，显示菜单栏。

（3）选择菜单"工具"→"工具栏"→"AutoCAD"→"对象捕捉"命令，显示"对象捕捉"工具栏，并将其拖放到窗口的左边。

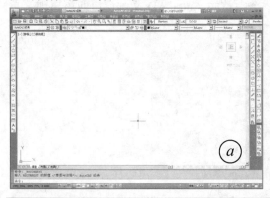

【说明】

（1）为叙述方便，以后提到"布局经典界面"和"布局默认界面"就是上述相应的内容和过程。

（2）显示"草图与注释"工作空间中的工具栏还可以通过功能区"视图"→"窗口"面板来操作：单击"窗口"面板中的"工具栏"图标按钮，如图 1.11 所示，从下拉选项中选择"AutoCAD"，再从弹出的子菜单项中选择要显示的工具栏。

图 1.11 "窗口"面板的"工具栏"图标按钮

1.4 退出 AutoCAD

启动后的 AutoCAD 可有下列几种常用的退出方法。
- 单击 AutoCAD 操作界面窗口右上角的关闭按钮。
- 在"AutoCAD 经典"界面下,选择"文件"→"退出"菜单命令。
- 在"Fluent 风格"界面下,单击应用程序"菜单"按钮,在弹出的下拉框的右下角,找到并单击 退出 AutoCAD 2012 按钮。

当然,还可在命令行中直接输入退出命令 QUIT 或 EXIT。不过,需要注意的是,若是对当前文档进行过编辑而又未保存,则会弹出相应的询问消息框。

1.5 常见实训问题处理

"AutoCAD 经典"界面通常在绘图区上方显示"标准"、"样式"、"工作空间"、"图层"和"特性"工具栏。但在教学过程中,经常发现学生总是将"图层"和"特性"工具栏弄丢,其主要原因不是没有将这些工具栏隐藏,而是不小心将其拖出了屏幕边界,想再次拖放回来时,稍不注意便找不到了。那么,如何找到并还原呢?类似地,还有"命令窗口"等。

1.5.1 工具栏不见了

工具栏不见了,解决的方法有以下两种:
(1) 首先将工作空间切换到"草图与注释",然后再切回"AutoCAD 经典"界面。
(2) 在绘图区中右击鼠标,从弹出的快捷菜单中选择"选项",弹出"选项"对话框,单击"配置"标签,如图 1.12 所示,在配置页面中,单击 重置(R) 按钮。

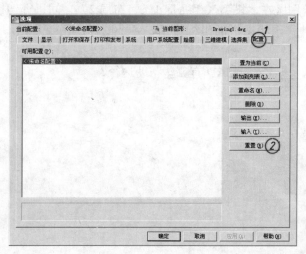

图 1.12 界面配置

1.5.2 命令窗口不见了

命令窗口一不小心就消失了,解决方法有以下两种。

(1)首先将工作空间切换到"草图与注释",然后再切回"AutoCAD 经典"界面。

(2)按【Ctrl+9】组合键进行切换。

1.5.3 功能区的显示和隐藏

有时总觉得功能区侵占了绘图区域,所以就有将其关闭的必要,方法是在功能区选项卡标签栏中右击鼠标,从弹出的快捷菜单中选择"关闭",则功能区被关闭。若要显示功能区,则选择菜单"工具"→"选项板"→"功能区"命令即可。

当然,也可以单击功能区选项卡文本区最右侧的向上按钮,则功能区面板收缩;此时向上按钮变为向下按钮,单击它则功能区面板展开还原。或者单击右边的下拉按钮,从弹出的下拉选项中选择要执行的对功能区最小化操作的命令。

思考与练习

(1)列出 AutoCAD 工作空间切换的两种方法。

(2)"AutoCAD 经典"工作空间的界面是由哪些元素组成的?

(3)按下面的内容和过程进行操作:

① 启动 AutoCAD,将工作空间切换为"AutoCAD 经典"界面模式,关闭浮动的窗口。

② 将工作空间切换为"草图与注释"界面模式。

③ 首先选择并拖放"修改"面板到中间的绘图区中,然后将其返回功能区,再将其拖放至"绘图"面板之前,最后将它们恢复为原来的状态。

④ 将中间的绘图区在"模型"、"布局 1"、"布局 2"之间进行切换,查看有何区别。

⑤ 将鼠标指针移至状态栏的坐标显示、各个图标,稍停片刻,查看其弹出的帮助提示。

(4)上网搜索,查看 AutoCAD 有哪些帮助途径?

第 2 章

命令和文件操作

应用程序通常都提供鼠标、键盘、菜单及图标按钮等多种操作方式。不过，这些方式本质上都是快捷方式。在 AutoCAD 中，除了快捷方式外，还可通过命令行直接输入命令。也正是因为如此，用 AutoCAD 进行图形绘制时，往往要记住一些常用的命令名，好在 AutoCAD 2012 为用户在输入命令名时弹出智能感知窗口，用来帮助完成命令名的输入。不过，从绘图功能角度来讲，这些命令不外乎用于绘制、编辑和辅助等。当然，绘制好的图形还需要保存，这就涉及文档和文件操作。本章主要内容有：
- 命令输入方式。
- 命令基本操作。
- 文件和文档操作。

2.1 命令输入方式

前面已提及，就 AutoCAD 而言，其命令输入方式可归纳为两类：一类是通过鼠标或功能键（组合键）等来操作的快捷方式；另一类是在命令行输入的直接方式。

2.1.1 命令的快捷方式

所谓命令的快捷方式，就是指菜单命令、图标按钮命令及快捷键等这一类的输入方式。其中，快捷键方式就是按下某个功能键或组合键来启动预定义命令的方式。例如，按【Esc】键可中止当前操作，按【Ctrl+S】组合键可执行文档保存等。下面首先简单讨论菜单命令和图标按钮命令这两种方式。

1. 菜单命令

菜单是经典界面风格的主要元素，其菜单系统包括了 AutoCAD 几乎全部的命令，这些菜单命令的启动通过鼠标来操作是最方便的。

鼠标操作时，单击顶层菜单项，均会弹出相应的下拉菜单，移动到相应的菜单项上单击鼠标左键，则该菜单命令被执行。若菜单项文本后有"…"，则将弹出一个对话框；若该菜单项还有下一级子菜单，即该菜单项文本后有▶标记，则移动到该菜单项后略作停顿，将自动弹出下一级菜单，移动光标到菜单命令上单击鼠标即可。

例如，若要在"AutoCAD 经典"工作空间中启动 LINE 命令，则应在顶层菜单中用鼠标单击"绘图"菜单，弹出其下拉菜单，将鼠标移至"直线"菜单命令，如图 2.1 所示，然后单击鼠标左键（这里先不管该命令的过程，直接按【Esc】键退出）。

图 2.1　菜单输入命令

为以后叙述方便，将这一操作记为：

菜单"绘图"→"直线"

事实上，菜单也可通过右击鼠标弹出，只不过这样的菜单是与当时环境相匹配的快捷菜单。例如，在绘图区右击鼠标，则弹出如图 2.2 所示的快捷菜单。

2. 图标命令

无论是经典界面还是"Fluent/Ribbon 风格"界面，最直接的快捷命令方式就是通过鼠标操作工具条或是面板上的工具按钮。

在"AutoCAD 经典"工作空间中，停靠在左边的是"绘图"工具栏。若要启动 LINE 命令，则只需单击"绘图"工具栏上的"直线"图标按钮即可（这里先不管该命令的过程，直接按【Esc】键退出）。

为以后叙述方便，将这一操作记为：

工具栏"绘图"→

图 2.2　快捷菜单

而若要在"草图与注释"工作空间中启动 LINE 命令，则应在功能区"常用"选项卡页面中的"绘图"面板中单击"直线"图标按钮。同样，为以后叙述方便，将这一操作记为：

功能区"常用"→"绘图"→直线

需要注意的是，由快捷方式启动的显示在命令行中的命令名前面通常还有一个"_"（下画线）字符，它表明这样的命令可用于各种语言版本中。

2.1.2　在命令行输入

无论是菜单命令还是图标命令都会显示在命令行窗口中，因此 AutoCAD 命令行窗口是命令交互的最重要的一个区域。也正是因为如此，通过命令行输入命令有时会更快一些。当然，命令行中还可输入各种参数及数值。

在命令行输入时，有两种方式：一种方式是在输入命令名（或数值）后按【Enter】键（回车键）；另一种方式是在输入命令名（或数值）后按【Space】键（空格键）。它们有什么区别呢？这里先来试一试。

 若命令行不为空，则先按【Esc】键取消；输入 LINE 并按【Enter】键，执行 LINE 命令，按【Esc】键取消；再次输入 LINE 并按【Space】键，比较两次异同，按【Esc】键取消。

由此可见，无论是上述哪一种输入方式，命令输入启动后，都会有相应的提示显示在命令行上。只不过按【Enter】键方式的提示将换行显示，而按【Space】键方式却不换行。

【说明】

（1）在命令行输入命令字符过程中，会自动弹出智能感知命令列表窗口，如图2.3所示，按上下光标键可选择列表中的命令，之后按【Enter】键，则选中的命令将被执行。或者，直接单击窗口中的命令列表项，则相应的命令将立即被执行。

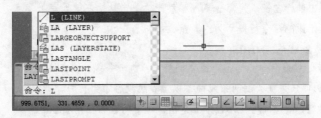

图2.3 命令输入的智能感知

（2）命令是不分大小写的，且有些命令具有预定义的缩写的名称，称为"命令别名"。例如，LINE命令的缩写为"L"（不分大小写）。这样，在输入启动LINE命令时，直接输入L并按【Enter】键即可。

若命令行不为空，则先按【Esc】键取消；在命令行输入L并按【Enter】键，启动直线命令（LINE），按【Esc】键取消退出。

【实训2.1】使用直线命令（LINE）

在AutoCAD中，像直线命令（LINE）这一类绘图命令的图标按钮或菜单项总是集中在一起布局的。在"草图与注释"工作空间中，它们集中在功能区"常用"选项卡页面的"绘图"面板中。而在"AutoCAD 经典"工作空间中，它们集中在停靠在绘图区左边的"绘图"工具栏中，或集中在顶层"绘图"菜单中。

1. 命令方式

根据前面的讨论，可以发现直线命令（LINE）方式有：

2. 命令示例

直线命令（LINE）是最基本的"绘图"命令，下面来看一看绘制直线的具体过程。

（1）若命令行不为空，则首先按【Esc】键"取消"；输入L并按【Enter】键，执行LINE命令。此时命令文本上滚一行，命令行提示为：

指定第一点：

注意：此时若移动鼠标，光标变为大"十"字，若光标右下角旁还显示一些小文本框，则可"动态输入"位置坐标或数值,并按【F12】键关闭它。

(2)直接在绘图区任意位置单击鼠标,确定第一点,此时命令行提示为:

指定下一点或[放弃(U)]:

提示文本中,方括号"[]"中的内容表示此命令的选项,若需指定该选项时,只要输入选项圆括号里的字母U(大小写都可)并按【Enter】键即可。

(3)此时输入U并按【Enter】键,则刚才指定的点被放弃,又回到了"指定第一点:"。

(4)在绘图区单击鼠标左键确定第一点,移动光标单击鼠标左键确定第二点,再次移动光标并单击鼠标左键确定第三点。此时命令行提示为:

指定下一点或[闭合(C)/放弃(U)]:

所谓"闭合",就是在最后一点与第一点之间自动添加一条线,使之连接成为一个封闭的多边形。要注意的是,"闭合"选项只是在绘制两条或两条以上直线段后才会有用。

(5)输入C并按【Enter】键。LINE命令退出,一个闭合的三角形绘出。

从上例可以总结出如下几项内容。

(1)命令过程中的每一步操作都会在命令行中给出提示,因此初学者要特别注意阅读和察看。

(2)当命令有多个选项时,会在方括号"[]"中列出并用斜杠符"/"隔开。每一个选项还会用圆括号标明指定该选项的字符或字符串,称为**选项字**。指定某个选项时,只需输入其"选项字"并按【Enter】键即可。

(3)若在提示":"符号前还有由尖括号"<>"标出的内容,则表示为当前选项的默认值,直接按【Enter】键即可指定该默认值。

就直线命令(LINE)来说,还需强调如下内容。

(1)输入U并按【Enter】键,则新指定的点放弃,也就意味着放弃新绘制的直线段。每输入一次U均按绘制次序的逆序逐个删除直线段。

(2)LINE是直线段的自动重复的循环命令(或称为组命令),退出时可按【Esc】键、【Enter】键或【Space】键。为以后叙述方便,示例过程描述中出现的 退出 就是指这样的操作。

(3)当命令行提示为"指定第一点:"时,若直接按【Enter】键,则将从前一条绘制的直线或圆弧的端点继续绘制。当前一条绘制的是圆弧时,新绘出的直线段和圆弧相切。

2.2 命令基本操作

在绘图过程中,经常需要重复、终止或撤销、重做(恢复)某条命令,下面就来讨论这些基本操作的常用方式。

2.2.1 重复命令

重复某条命令可使用下列最常用的方法。

- 按【Enter】键或【Space】键可重复执行刚刚使用过的命令。

- 在绘图区右击鼠标，从弹出的快捷菜单中选择"重复×××"命令即可，或从"最近输入"子菜单项中选择要重复的命令。

2.2.2 终止命令

通常，终止当前执行的命令最直接的方法是按【Esc】键，需要强调以下两点。

（1）按【Esc】键可中止当前操作，但不能撤销该命令已完成的部分。例如，执行直线命令（LINE）已经绘制了连续的几条直线，按【Esc】键，此时中止 LINE 命令，但已绘制好的线条并不消失。

（2）连续两次按【Esc】键可以终止绝大多数命令的执行，且回到命令行"命令："提示状态（又称为空命令状态）。特别地，当对象夹点（以后讨论）呈编辑状态时，连续多次按【Esc】键可恢复对象的最初状态。

2.2.3 撤销命令和重做命令

【Esc】键只能终止当前执行的命令，若要撤销当前或是以前执行的命令，则应使用 U 或 UNDO 命令：

- 在命令行输入 U，并按【Enter】键或【Space】键，撤销立即执行。可以输入任意次 U 命令，每次均后退一步，直到存盘时或开始绘图时的状态为止。
- 在命令行输入 UNDO，并按【Enter】键或【Space】键，将显示提示"输入要放弃的操作数目或[自动(A)/控制(C)/开始(BE)/结束(E)/标记(M)/后退(B)]:<1>"。其中，尖括号"<>"里的数值就是当前默认的值，此时按【Enter】键，执行"UNDO 1"命令，即相当于执行 1 次 U 命令。方括号"[]"中的选项是用来调整撤销命令的效果，这里暂不细讲。

重做命令（REDO）就是恢复已被撤销的命令，要注意的是，REDO 必须紧跟在 U 或 UNDO 命令之后。通常，UNDO 1（相当于执行 1 次 U 命令）与 REDO 命令的最快捷方式是使用快捷菜单和图标按钮：

- 在快速访问工具栏中，单击撤销图标按钮，即可执行 1 次 U 命令；也可单击撤销图标的右侧下拉按钮，从中选择要撤销的多个命令。而单击重做图标按钮，即可执行 REDO 命令，也可单击重做图标的右侧下拉按钮，从中选择要重做的多个命令。
- 在当前无命令处于活动状态也无对象选定的情况下，在绘图区中右击鼠标，从弹出的快捷菜单中选择"放弃×××"，即可执行 1 次 U 命令；若选择"重做×××"，即可执行 REDO 命令。

特别需要注意的是，在"AutoCAD 经典"工作空间中，如图 2.4 所示，还有如下两种执行方法：

- 选择菜单"编辑"→"放弃×××"，执行 1 次 U 命令；而选择菜单"编辑"→"重做×××"，则是执行 REDO 命令。

- 单击工具栏"标准"→撤销图标按钮,执行 1 次 U 命令;而单击"标准"→重做图标按钮,则是执行 REDO 命令。需要强调的是,图标右侧还有下拉选项,它们均与快速访问工具栏的操作相一致。

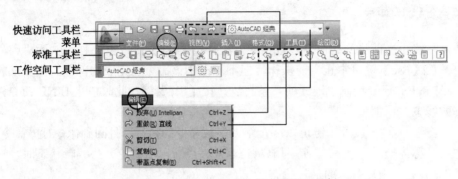

图 2.4 "AutoCAD 经典"的菜单和工具栏

2.2.4 透明命令

某些命令可嵌套在其他命令中执行,称为**透明命令**。显示、设置、帮助、存盘及某些编辑操作等,都属于透明命令。但不是所有命令都是透明命令。

在一个命令的执行过程中,输入透明命令后,则当前的命令不会中止但将暂时中断。同时,命令行提示文本前面出现">>"提示符,执行完透明命令后,将恢复并继续执行当前的命令。

需要强调的是,可透明使用的命令除了通过快捷方式启动外,也可通过命令行输入。不过,输入透明命令名时,多数应在命令名前加上一个撇号"'",否则无效。

【实训 2.2】使用平移透明命令

下面就在直线命令(LINE)过程中使用"平移"(PAN)透明命令。

步骤

(1) 若命令行不为空,则先按【Esc】键"取消";输入 L 并按【Enter】键,执行 LINE 命令。此时命令文本上滚一行,命令输入行提示为:

指定第一点:

注意,若显示"动态输入",则按【F12】键关闭它。

(2) 在绘图区单击鼠标左键确定第一点,将功能区切换到"视图"页面,在"二维导航"面板中单击"平移"图标,启动'_pan 命令。此时命令行提示为:

指定第一点: '_pan
>>按 Esc 或 Enter 键退出,或单击右键显示快捷菜单。

(3) 将鼠标指针移至绘图区,此时鼠标指针变成手形,按住鼠标左键不放,移动鼠标可平移绘图区中显示的内容,至满意位置时松开鼠标,完成一次视图的平移操作。按【Esc】键退出,命令行提示为:

正在恢复执行 LINE 命令。
指定下一点或[放弃(U)]:

（4）再输入'pan 并按【Enter】键，此时命令行提示为：

>>按 Esc 或 Enter 键退出，或单击右键显示快捷菜单。

（5）按【Esc】键退出平移，再按【Esc】键"取消"直线命令。

2.3 文件和文档操作

在使用 AutoCAD 绘图时通常需要新建、打开和保存图形文件。打开的文件，一般称为"文档"。当打开多个文档后还需要在它们之间对其窗口进行切换。

2.3.1 新建文件（NEW）

AutoCAD 启动后，将自动创建一个新文件。若要再次新建文件开始一幅新图，则需要启动"新建"文件命令，其命令方式如下：

执行"新建"文件命令后，弹出如图 2.5 所示的"选择样板"对话框。默认时，单击 打开(O) 按钮将以 acadiso.dwt 样板创建一个新的图形文件。当然，也可以重新指定新的样板创建，或单击"打开"按钮右侧的下拉按钮，从中可选择"无样板打开-英制"（以英寸为单位）或"无样板打开-公制"（以毫米为单位）。

图 2.5 "选择样板"对话框

需要强调的是，"无样板打开-英制"创建的图形的默认边界（绘图范围）是 12×9 英寸，而"无样板打开-公制"创建的图形的默认边界是 420×297 毫米（mm）。

2.3.2 打开（OPEN）和保存（SAVE）

若对已有的图形文件进行编辑或浏览，则应首先打开它。文件"打开"的命令方式有：

命令名	OPEN
快捷键	【Ctrl + O】
菜单	文件→打开
工具栏	标准→📂
功能区	快速访问工具栏→📂

"打开"文件命令执行后，弹出如图 2.6 所示的"选择文件"对话框，

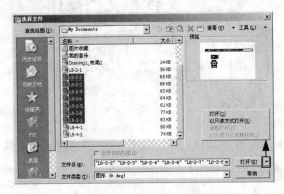

图 2.6 "选择文件"对话框

【说明】

（1）可以在对话框中通过按【Ctrl】键或【Shift】键多选文件以便同时打开。

（2）能够打开的文件的扩展名可以是 dwg（图形文件）、dws（标准文件）、dxf 和 dwt（样板文件）。其中，dxf 是 Autodesk 公司开发的用于 AutoCAD 与其他软件之间进行 CAD 数据交换的 CAD 数据文件格式。

（3）默认时，打开的文件是可以编辑的。若在打开时单击 打开⃣ 右侧的下拉按钮 ▼，从弹出的下拉选项中选择"以只读方式打开"，则打开的文件不可编辑，即只能读。

特别需要注意的是，当文件编辑过，为了防止断电、死机等意外事件发生而造成图形数据丢失或破坏，则应该养成编辑一段时间后即保存的习惯。

在 AutoCAD 中，"保存"命令用来将当前绘制的图形以文件形式存储到磁盘上，其命令方式如下：

"保存"命令执行后，若当前所编辑的是已经存盘的文件，则系统直接将修改结果存储到已有的文件中，并不再提示选择存盘路径。若当前的内容尚未存盘，即当前编辑的是预设的文件，如 Drawing1.dwg，则弹出如图 2.7 所示的"图形另存为"对话框。

【说明】

（1）选择存盘路径后，在对话框的"文件名"输入框内，输入一个文件名，单击 保存(S) 按钮，系统即按所给文件名存盘。若输入文件名时，当前目录已有同名文件存在，则保存时会提示是否覆盖。

（2）在对话框中，单击"文件类型"右边的下拉箭头，弹出 AutoCAD 所支持的数据

文件的类型列表，如图 2.8 所示。通过指定类型可以保存不同类型的数据文件。

图 2.7 "图形另存为"对话框

图 2.8 可指定的文件类型

（3）可单击对话框右上角的"工具"下拉按钮，从弹出的下拉选项中选择"选项"，弹出"另存为选项"对话框，在该对话框中可修改保存 DWG 和 DXF 的选项。

事实上，若要将一个已存盘文件保存为另一个文件或不同的文件类型，则应使用"另存为"命令：

"另存为"命令执行后，也弹出"图形另存为"对话框，其操作与"保存"相同。

2.3.3 多文档操作

AutoCAD 是一个多文档应用程序，这就是说，应用程序窗口称为**主窗口**，而每一个打开的文档窗口称为一个**子窗口**。主窗口和文档子窗口的右上角都有三个按钮，最小化（　）、最大化（　）/还原（　）和关闭（　）。

默认时，最大化显示在文档子窗口主窗口中，从而可专心当前文档进行操作。若单击文档子窗口右上角的关闭按钮×，则关闭当前文档；若是当前文档编辑过而又未保存，则弹出相应的询问消息框。若单击文档子窗口右上角的还原按钮，则打开的所有文档将"层叠"于主窗口中。此时，单击文档子窗口的标题可将其切换为当前活动子窗口，而双击文档子窗口的标题则将其进行最大化显示并切换为当前活动子窗口。

事实上，对于"Fluent/Ribbon 风格"的"草图与注释"工作空间来说，文档子窗口的管理是通过功能区"视图"→"窗口"面板的图标按钮实现的，如图 2.9（a）所示。

而对于"AutoCAD 经典"工作空间来说，文档子窗口的管理是通过"窗口"下拉菜单来进行的，如图 2.9（b）所示，其中"锁定位置"中的菜单项命令用于对工具栏等界面元素的位置进行锁定，即不允许拖动。

图 2.9　窗口管理的面板和菜单

【实训 2.3】综合训练

根据前面所介绍的内容，进行如下实训。

（1）启动 AutoCAD，默认时新建的文件名为 Drawing1.dwg，使用 LINE 命令任意绘制一个三角形，保存为 Ex1_t1.dwg，退出 AutoCAD。

（2）再次启动 AutoCAD，打开 Ex1_t1.dwg，启动"新建"命令，创建一个新的默认图形文件，此时文件名默认为 Drawing2.dwg，且为当前活动文档，使用 LINE 命令任意绘制一个五边形。

（3）在功能区"视图"→"窗口"面板中，单击"垂直平铺"图标按钮，结果如图 a 所示。

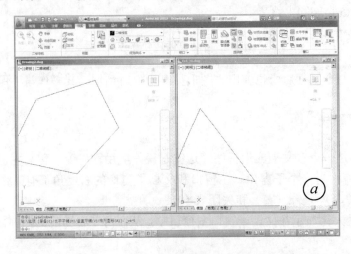

（4）"最大化"Drawing2.dwg 文档窗口。

（5）退出 AutoCAD。弹出消息对话框，提示是否保存对 Drawing2.dwg 的更改，单击 否(N) 按钮。

2.4 常见实训问题处理

在使用 AutoCAD 时，通常会出现一些问题，这些问题涉及许多方面。这里就命令和文件的一些操作问题作分析和解答。

2.4.1 OPEN 命令启动后没有出现对话框

对于 OPEN 命令来说，当系统变量 FILEDIA 为"0"（零）时，则 OPEN 命令启动后，不出现"选择文件"对话框，而是在命令行显示提示：

输入要打开的图形文件名：

若此时输入"~"并按【Enter】键，则可忽略 FILEDIA 的影响，弹出"选择文件"对话框。

当然，最直接的办法是在命令行输入 FILEDIA 并按【Enter】键，此时命令行提示为：

输入 FILEDIA 的新值 <0>：

输入"1"并按【Enter】键即可，下次执行 OPEN 命令时就会直接弹出"选择文件"对话框。需要强调的是，若是不想显示对话框，也可在输入命令名时，在命令名前加上"-"（连字符）。例如，在命令行输入"layer"将显示"图层特性管理器"对话框，而若在命令行输入"-layer"则对话框被禁止显示，取而代之的是在命令行中显示等价的操作选项。

2.4.2 AutoCAD 突然中断退出怎么办

首先应养成及时保存的习惯，从而在突发事件发生时使损失最小。其次应将 AutoCAD 自动保存的时间调短，具体步骤如下。

① 在绘图区右击鼠标，从弹出的快捷菜单中选择"选项"命令，弹出"选项"对话框。

② 将选项卡切换到"打开和保存"页面，将"自动保存"中的保存间隔分钟数设置为 5 分钟，结果如图 2.10 所示，单击 确定 按钮。

这样，当 AutoCAD 突然中断，就可在自动保存的隐藏文件夹"C:\Documents and Settings\用户名\Local Settings\Temp"中找到最新的*.SV$文件，将其复制并将扩展名.SV$改为.DWG 即可。不过，AutoCAD 大多数中断都将在下一次启动时自动提示恢复。

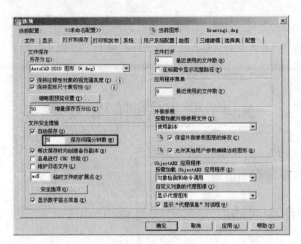

图 2.10 设置自动保存时间间隔

思考与练习

（1）列出命令的不同输入方式，列出【Esc】键和"右击鼠标"的不同功用。

（2）使用 LINE 命令绘制如题图 2.1 所示的五角星形（示意图），然后保存为 Ex_e201.dwg，总结在绘制过程中遇到的困难或体会。

题图 2.1

（3）说明 AutoCAD 有几种文件类型，这些类型的含义是什么？

第 3 章

坐标、辅助和缩放

图形除形状外，还有大小和位置的区别。为了快速方便、准确有效地绘出图形，在绘制时，还需要解决三个问题：一是如何输入坐标；二是如何快速实现角度和定位控制；三是如何进行显示控制以便能够操作细小图形。针对这些问题，本章主要内容有：

- 学会坐标输入。
- 熟悉角度和坐标辅助。
- 掌握显示控制。

3.1 学会坐标输入

绘图时，通常要精确控制图形元素的位置，这就涉及坐标和参数的输入。那么如何输入呢？

3.1.1 认识坐标系

为了定位的需要，在绘图过程中通常需要使用某个坐标系作为参照。在 AutoCAD 中，坐标系分为世界坐标系（WCS）和用户坐标系（UCS）。

1. 世界坐标系

默认时，在开始绘制新图形时，当前坐标系就是世界坐标系（WCS），它由三个相互垂直的坐标轴 X、Y 和 Z 组成。在绘制和编辑图形过程中，它的坐标原点和坐标轴的方向是固定不变的。其中，X 轴正方向水平向右，Y 轴正方向垂直向上，Z 轴正方向垂直屏幕平面方向且指向用户。WCS 的坐标原点是在绘图区的左下角，WCS 的 X 与 Y 轴交汇处还显示一个"口"形方框标记，用来标明这是世界坐标系。

2. 用户坐标系

为了能够更好地辅助绘图，经常需要修改坐标系的原点和方向，这时就需要使用可变化的用户坐标系即 UCS。默认情况下，用户坐标系和世界坐标系是重合的。当然，可以根据图形绘制需要来定义 UCS（以后再讨论）。

UCS 的原点以及 X 轴、Y 轴、Z 轴方向都可以移动及旋转，甚至可以依赖于图形中某个特定的对象。尽管用户坐标系三个轴之间仍然相互垂直，但是在方向及位置上却更加灵活。

为了能够在当前视口中表示 UCS 的位置和方向，AutoCAD 会像 WCS 那样显示 UCS 的坐标系图标，但没有"口"形方框标记。

3.1.2 相对和绝对坐标

在 AutoCAD 中，无论是什么样的坐标系均可按直角坐标（或称笛卡儿坐标）和极坐标两种方式输入坐标。同时，它们还有绝对与相对之分。所谓**绝对**坐标是相对于**坐标系原点**的坐标，输入时直接按坐标组成即可；而**相对**坐标是相对于**上一指定点**的坐标，输入时要首先输入"@"符号。

如图 3.1 所示，当输入"50,60"时，则表示绝对直角坐标；若上一指定点为 A，当输入"@36,44"时，则表示相对直角坐标，新的坐标位置是沿 A 的 x 方向移动了"36"，沿 A 的 y 方向移动了"44"。由此可见，输入直角坐标时，应将 x、y、z 坐标值用逗号隔开（注意，这个逗号一定是半角英文字符，否则输入无效，若是二维坐标，则仅输入"x,y"即可。

若输入极坐标时，则应将极轴长度和角度数（以度°为单位）用"<"（小于号）隔开，其中逆时针度数为正，且规定 x 轴正向（向右）为 0°，y 轴正向（向上）为 90°。例如（参照图 3.1），当输入"70<50"时，则它是绝对极坐标，表示该点原点"70"长，原点所成直线的方向与水平 x 轴成 50°角；而若输入"@40<45"，则它是相对极坐标，若上一个点为 A，则表示输入的点距 A 的距离长为 40，且和 A 的连线与水平 x 轴成 45°角。

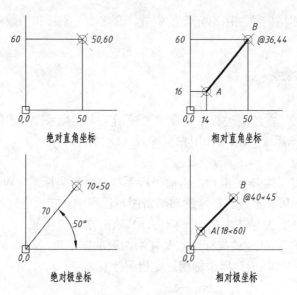

图 3.1 四种坐标图例

【实训 3.1】直线绘制 120×80 的矩形

下面来看一个应用实例，若用直线命令绘制长 120、高 80 的矩形，应如何绘制呢？

分析 方法至少有三种：一是通过输入相对坐标（包括相对直角坐标和相对极坐标）绘制；二是通过正交模式或极轴追踪进行；三是通过栅格捕捉。**现用第一种方法绘制如下。**

步骤

（1）启动"直线"（LINE）命令，移动光标若有动态输入出现，则按【F12】键关闭它。

（2）在绘图区靠左偏下位置处单击鼠标左键确定直线的第一点，然后根据命令行提示进行如下几步（✓表示按【Enter】键），则矩形绘出：

指定下一点或[放弃(U)]：　@120<0✓
指定下一点或[放弃(U)]：　@80<90✓
指定下一点或[闭合(C)/放弃(U)]：　@120<180✓
指定下一点或[闭合(C)/放弃(U)]：　C✓

可以看出，上述步骤是通过输入相对极坐标来绘出长120、高80的矩形，那么用相对直角坐标应如何操作呢？

步骤

（1）启动"直线"（LINE）命令，移动光标若有动态输入出现，则按【F12】键关闭它。

（2）在绘图区空白处任意位置单击鼠标左键确定直线的第一点，根据命令行提示进行如下几步，则矩形绘出：

指定下一点或[放弃(U)]：　@120,0✓
指定下一点或[放弃(U)]：　@0,80✓
指定下一点或[闭合(C)/放弃(U)]：　@-120,0✓
指定下一点或[闭合(C)/放弃(U)]：　C✓

3.1.3 坐标显示切换

为了辅助查验绘制的正确性，通常需要查看状态栏的坐标显示。当在绘图区中移动光标时，状态栏最左侧将动态地显示当前指针的位置坐标，如图3.2所示。在AutoCAD中，坐标显示取决于所选择的模式和程序中运行的命令，有三种方式。

图3.2　状态栏

（1）静态显示。这种方式下显示的坐标是灰色的（即<坐标 关>，看不清楚），且仅当指定新点时才更新。

（2）动态显示。这种方式下显示的是绝对坐标，字体颜色是正常的（即<坐标 开>），且随着光标移动而自动更新。

（3）距离和角度显示。这种方式下显示的是相对极坐标，字体颜色是正常的（即<坐标 开>），且随光标移动而自动更新。不过，这种方式只有在绘制对象时指定一个点后才会有效。

在实际绘图过程中,可根据需要随时**单击**状态栏的坐标显示区域,在上述三种方式间进行切换。默认时,坐标显示是"动态显示"方式。

 启动直线命令(LINE),进行如下操作:① 移动光标查看状态栏的坐标显示;② 单击状态栏上的坐标显示区域,再移动光标查看坐标显示;③ 指定直线第一点后,移动光标查看坐标显示;④ 单击状态栏上的坐标显示区域,再移动光标查看坐标显示;⑤ 按【Esc】键退出。

【实训 3.2】绘制简图 I

如图 3.3 所示是一个表面结构要求的符号图形(只是大小不同)。从绘制角度来看,这个图有一个特点,即可以通过**直线**命令按逆时针或顺时针进行**连续**绘制。为此,在绘制前应首先考虑图形的**开始点**及连续绘制的**方向**(图中已圈定,圆圈表示开始点,箭头表示方向),然后计算坐标值并输入。

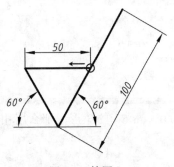

图 3.3 简图 I

(1)启动直线命令(LINE),移动光标,若有动态输入出现,则按【F12】键关闭它。

(2)在绘图区中间靠右位置处单击鼠标确定直线的第一点,根据命令行提示进行如下几步,则图形绘出:

指定下一点或[放弃(U)]:	@50<180✓
指定下一点或[放弃(U)]:	@50<300✓
指定下一点或[闭合(C)/放弃(U)]:	@100<60✓
指定下一点或[闭合(C)/放弃(U)]:	✓

 若用直线命令(LINE)通过直角坐标绘制图 3.3 所示的图形,则应如何进行?

3.2 熟悉角度和坐标辅助

在绘制和编辑图形时,AutoCAD 通常将上一个指定点和当前光标点的**动态连线**作为其**参考基准连线**。这样一来,若指定了参考基准连线的位置和大小,就意味着确定了绘制图形时所需要的参数值。对于参考基准连线,若"角度"已限制,则只需直接输入长度即可,称为**直接距离输入**,是另一种相对坐标的输入方法。在 AutoCAD 中,正交模式或极轴追踪就是用来限制参考基准连线角度方向的定向工具。

3.2.1 正交模式

所谓"正交模式",就是将动态连线(参考基准连线)的角度限制为水平和垂直方式的辅助模式。若要使用"正交模式",则需首先开启它。在 AutoCAD 中,"正交模式"的开启与关闭有下列两种切换方法。

- 单击状态栏区左边位置的"正交模式"图标 。若当前"正交模式"是关闭的,则单击"正交模式"图标 后开启"正交模式"。此时,图标背景是浅蓝色的。同时,在命令行提示中出现<正交 开>。若当前正交模式是开启的,则单击"正交模式"图标 后关闭正交模式。此时,图标背景为深灰色。同时,在命令行提示中出现<正交 关>。
- 按【F8】键也可将正交模式在开启和关闭之间进行切换,同时在命令行出现相应的提示。

【实训 3.3】正交绘制 120×80 的矩形

下面用直线命令和正交模式绘制长 120、高 80 的矩形(即前面提及的第二种方法)。

步骤

(1)启动直线命令(LINE),移动光标若有动态输入出现,则按【F12】键关闭它。

(2)在绘图区空白位置处单击鼠标左键确定直线的第一点,若此时移动光标,则有一个跟随的灰色直线出现,这就是 AutoCAD 的动态连线;若动态连线是一条斜线,则"正交模式"没有打开,需按【F8】键开启它,此时动态连线要么水平要么垂直,它取决于当前鼠标位置,如图 a 所示。

(3)"正交模式"开启后,向右移动光标,此时动态连线变成水平线,并在光标的右下位置处出现提示"正交: ...<0°",输入"120"并按【Enter】键,结果一条长为 120 的水平线绘出。

(4)向上移动光标使动态连线变为向上的垂直线,当在光标的右下位置处出现提示"正交: ...<90°"时,如图 b 所示,输入"80"并按【Enter】键,结果一条长为 80 的向上垂直线绘出。

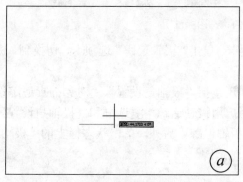

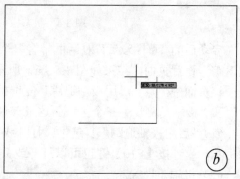

(5)向左移动光标使动态连线变为向左的水平线,当在光标的右下位置处出现提示"正交: ...<180°"时,输入"120"并按【Enter】键,结果一条长为 120 的向左水平线绘出。

(6)输入"C"并按【Enter】键,"直线"命令结束,120×80 矩形绘出。

上述例程中,操作过程很简单,但文字描述却很复杂。为此,为以后叙述方便,将"正交模式"下的长度输入记为(标记中,第一个"..."表示当前显示的长度值,可忽略):

| 正交：…<…°…✓ |

这样一来，上述例程就成为：

指定第一点： |任意<正交 开>
指定下一点或[放弃(U)]： |正交：…<0° 120✓
指定下一点或[放弃(U)]： |正交：…<90° 80✓
指定下一点或[闭合(C)/放弃(U)]： |正交：…<180° 120✓
指定下一点或[闭合(C)/放弃(U)]： C✓

3.2.2 极轴追踪和草图设置

所谓"极轴追踪"，就是当动态连线（参考基准连线）的角度接近于预定义的极轴角度及其整数倍时，则动态连线被自动限制为当前预定义角度的直线，相应的当前光标位置被自动"吸附"过去且显示"极轴"及其当前方位。

默认时，极轴追踪是正交方向，即 0°、90°、180°、270° 方向。若要设定极轴追踪的角度，则需首先打开"草图设置"对话框，方法如下：

- 在命令行输入"DSETTINGS"并按【Enter】键，或输入"DS"并按【Enter】键。
- 如图 3.4 所示，在状态栏区左边"捕捉"、"栅格"、"极轴"、"对象捕捉"、"对象追踪"、"动态 UCS"、"动态输入"或"快捷特性"上右击鼠标，从弹出的快捷菜中选择"设置"命令。
- 在"AutoCAD 经典"工作空间中或菜单栏显示下，选择菜单"工具"→"草图（绘图）设置"。

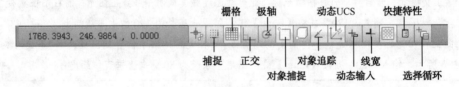

图 3.4 状态栏可切换的状态图标说明

启动后的"草图设置"对话框带有多个选项卡。单击"极轴追踪"选项卡，切换到"极轴追踪"设置页面，结果如图 3.5（a）所示。

该页面中，除"启用极轴追踪"复选框外，还包括"极轴角设置"、"对象捕捉追踪设置"和"极轴角测量"三个区域。这里仅说明"启用极轴追踪"复选框和"极轴角设置"。

（1）"启用极轴追踪"复选框：打开或关闭极轴追踪。另外，单击状态栏上的"极轴"图标，或者按【F10】键也可以打开或关闭极轴追踪。

（2）极轴角设置。

① 增量角：设置极轴追踪对齐路径的极轴角增量。可以输入任意角度，也可以从列表中选择 90°、45°、30°、22.5°、18°、15°、10° 或 5° 这些常用角度。

② 附加角：该复选框用于确定是否启用附加角。附加角和增量角不同，若设定增量角为 45°，则自动捕捉的角度可以有 0°、45°、90°、135°、180°、225°、270° 和 315°。若仅指定附加角为"30"，则只会捕捉 30° 角，而不会捕捉 60°、120° 等角度。

③ 角度列表、新建(N)、删除 按钮：若选定"附加角"，角度列表将列出所有可用的附

加角度。单击 按钮可新增一个的附加角,最多可以添加十个附加角。单击 删除 按钮,将删除选定的角度。

> **试一试** 启动"草图设置"对话框并切换到"极轴追踪"页面,将增量角选定为15°,单击 确定 按钮退出对话框(为以后叙述方便,将此操作称为**"草图设置极轴增量角15度"**)。检查"极轴追踪"是否打开,启动直线命令(LINE),指定第一点后,慢慢上下移动光标,查看光标右下位置处是否出现"极轴:..."提示字样,如图3.5(b)所示。

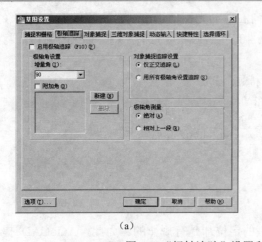
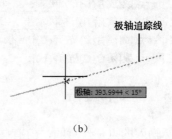

(a)　　　　　　　　　　　　　　(b)

图 3.5 "极轴追踪"设置和极轴追踪线

【实训 3.4】极轴绘制 120×80 的矩形

下面用直线命令和极轴追踪来绘制长120、高80的矩形。

(1)草图设置极轴增量角15度。

(2)启动直线命令(LINE),移动光标若有动态输入出现,则按【F12】键关闭它。

(3)在绘图区空白位置处单击鼠标左键确定直线的第一点,查看状态栏上"极轴追踪"是否开启,或者按【F10】键,若命令行提示出现<极轴 关>,则再按一次【F10】键。

(4)向右移动光标,当出现水平追踪线时(此时在光标的右下位置处出现提示"极轴:...<0°")输入"120"并按【Enter】键,结果一条长为120的水平线绘出。

(5)向上移动光标,当出现向上垂直追踪线时(此时在光标的右下位置处出现提示"极轴:...<90°")输入"80"并按【Enter】键,结果一条长为80的向上垂直线绘出。

(6)向左移动光标,当出现向左水平追踪线时(此时在光标的右下位置处出现提示"极轴:...<180°")输入"120"并按【Enter】键,结果一条长为120的向左水平线绘出。

(7)输入"C"并按【Enter】键,"直线"命令结束,120×80矩形绘出。

【说明】

(1)由于正交和极轴追踪都是用来限定角度的,所以它们是互斥的。这就是说,启动"正交模式"将自动关闭"极轴追踪";同样,启动"极轴追踪"将自动关闭"正交模式"。

（2）在绘图过程中，也可以通过临时输入"<…"设定角度。例如，在指定直线的第一点后，输入"<30"并按【Enter】键后，命令行提示显示为"角度替代：30"，此时动态连线被限制在30°和210°方向上，直接输入直线的长度值即可。

 不使用"正交模式"或"极轴追踪"，而使用"角度替代"方法绘制一个120×80的矩形。

（3）为了以后叙述方便，将"极轴追踪"下的输入记为：

极轴：…<…°↙

例如，极轴：…<0° 120↙则表示向右移动光标，当出现水平极轴追踪线时（此时在光标的右下位置处出现提示"极轴：…<0°"）输入"120"并按【Enter】键，将绘出长为120的一条水平线。

这样一来，上述例程中④～⑦的步骤可记为：

指定下一点或[放弃(U)]： 极轴：…<0° 120↙
指定下一点或[放弃(U)]： 极轴：…<90° 80↙
指定下一点或[闭合(C)/放弃(U)]： 极轴：…<180° 120↙
指定下一点或[闭合(C)/放弃(U)]： C↙

3.2.3 捕捉和栅格

坐标输入的点是任意的，但有些点的定位却是有规律的。为此，AutoCAD提供捕捉和栅格的辅助工具来捕捉这些定位点。当捕捉启动后，移动光标时将自动将其位置锁定在特定的位置上。从交互的角度来说，这些捕捉的位置点最好能够标记出来，而栅格就起这样的作用，它能在屏幕上显示出指定间距的点，但要注意的是，这些点只是在绘图时提供一种参考作用，其本身不是图形的组成部分，也不会被输出。

若要启动捕捉和栅格，则应首先打开"草图设置"对话框设置它们的参数值。将"草图设置"对话框切换到"捕捉和栅格"设置页面，如图3.6所示，可以看到该页面中有许多选项，这里先就图中有圆圈序号标记的内容进行说明（其他的内容以后再讨论）。

（1）"启用捕捉"复选框用于打开或关闭捕捉。另外，单击状态栏上的"捕捉"图标（参照图3.2），或者按【F9】键也可以打开或关闭捕捉。

（2）"启用栅格"复选框用于显示或关闭栅格。另外，单击状态栏上的"栅格"图标（参照图3.2），或者按【F7】键也可以显示或关闭栅格。

（3）"捕捉间距"区用来设定捕捉点在x和y方向的间距，默认时，x和y方向的间距相等，即复选框是打钩的。

（4）"栅格间距"区用于设定栅格主线在x和y方向的间距，同时还可设定主线之间的栅格数，默认为5，即栅格主线之间还有4条副线。

（5）"栅格样式"区用于指定哪些界面中允许显示栅格。通常，应至少将"二维模型空间"复选框打钩。

第 3 章　坐标、辅助和缩放

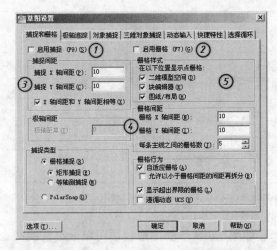

图 3.6 "草图设置"对话框的"捕捉和栅格"页面

另外，为了能够使栅格点也包含捕捉点位置。通常，栅格间距和捕捉间距应一致。

【实训 3.5】捕捉绘制 120×80 的矩形

下面来看一个示例，使用直线命令及栅格和捕捉绘制长 120、高 80 的矩形（即前面提及的第三种方法）。

步骤

（1）启动"草图设置"对话框并切换到"捕捉和栅格"页面，将"栅格间距"和"捕捉间距"均设定为"40"，将"二维模型空间"复选框打钩，单击 确定 按钮退出对话框。（为以后叙述方便，将此称为"**草图设置栅格和捕捉间距 40**"）。

（2）若绘图区无栅格显示，则按【F7】键，此时命令行提示中出现"<栅格 开>"，同时应看到栅格点，将鼠标中间的滚轮向前滚动 3～4 下，这样绘图区被放大，栅格点更清晰了。

（3）启动直线命令（LINE），移动光标若有动态输入出现，则按【F12】键关闭它。若此时在绘图区移动光标很顺畅，则"捕捉"没有开启，按【F9】键，再次移动光标，光标一顿一顿的。

（4）移至任意一处栅格点时单击鼠标确定直线的第一点，此时命令行提示为"指定下一点或[放弃(U)]:"。

（5）向右水平移动三个栅格点后，如图 a 所示，单击鼠标左键，结果一条长为 120 的水平线绘出，此时命令行提示为"指定下一点或[放弃(U)]:"。

（6）向上垂直移动二个栅格点后，如图 b 所示，单击鼠标，结果一条长为 80 的向上垂直线绘出，此时命令行提示为"指定下一点或[闭合(C)/放弃(U)]:"。

（7）向左水平移动三个栅格点后单击鼠标，结果一条长为 120 的向左水平线绘出，此时命令行提示为"指定下一点或[闭合(C)/放弃(U)]:"。

（8）输入"C"并按【Enter】键，"直线"命令结束，120×80 矩形绘出。

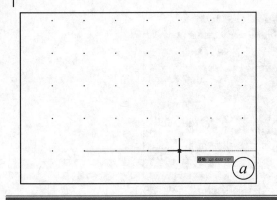
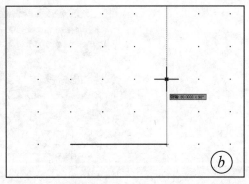

【实训 3.6】绘制简图 II

同前一个简图类似，如图 3.7 所示的图形也是可以通过**直线**命令按逆时针或顺时针进行**连续**绘制的图形。这样一来，若能找到图形的**开始点**（图中已圈定）及连续绘制的**方向**（图中已用箭头表示）就可以快速地绘出图形。

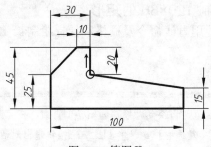

图 3.7　简图 II

步骤

（1）启动 AutoCAD 或重新建立一个默认文档，**草图设置极轴增量角 15 度**。

（2）启动直线命令（LINE），移动光标若有动态输入出现，则按【F12】键关闭它。若移动时光标一顿一顿的，则按【F9】键关闭捕捉。按【F10】键，若命令行提示中出现<极轴 关>，则再按一次【F10】键。

（3）在绘图区中间靠左位置处单击鼠标确定直线的第一点，根据命令行提示进行如下几步，则图形绘出：

指定下一点或[放弃(U)]:	极轴：…<90° 20↵
指定下一点或[放弃(U)]:	极轴：…<180° 10↵
指定下一点或[闭合(C)/放弃(U)]:	@-20,-20↵
指定下一点或[闭合(C)/放弃(U)]:	极轴：…<270° 25↵
指定下一点或[闭合(C)/放弃(U)]:	极轴：…<0° 100↵
指定下一点或[闭合(C)/放弃(U)]:	极轴：…<90° 15↵
指定下一点或[闭合(C)/放弃(U)]:	C↵

3.3 掌握显示控制

默认时，AutoCAD 是为建筑制图而设定的，因此以前绘制的图形看去上都比较小，为此需要将这些图形进行缩放，以便更好地观看图形的细节。不过，在缩放之前要首先学习设置图形界限的方法。

3.3.1 设置图形界限

AutoCAD 作为计算机辅助设计（Computer Aided Design，CAD）产品最初的目的是甩掉图板和绘图工具，但仍遵循人工绘制中的一些流程和规定。开始绘制时，往往需要根据图形的大小和复杂程度来选择图纸的大小，国家标准规定要优先选用 A0~A4 这些基本幅面。其中，A3 大小是 420×297（单位为毫米，mm），是常用的图幅大小，所以 AutoCAD 默认的图形界限是 420×297。

不过，AutoCAD 默认的图形界限是可以通过 LIMITS 命令（可透明使用）来重新指定的。当在命令行输入 LIMITS 并按【Enter】键或选择菜单"格式"→"图形界限"命令后，出现如下提示：

指定左下角点或 [开(ON)/关(OFF)] <0.0000,0.0000>:

其中，"开"和"关"选项用于是否开启或关闭图形界限检查，一旦开启，将无法输入超出界限范围的点的坐标。

按【Enter】键保留原来的左角点坐标，出现提示：

指定右上角点 <420.0000,297.0000>:

输入"297,210"并按【Enter】键，命令退出，图形界限被设为 A4 大小（A4 是 A3 的一半，即 297×210）。然而，从外观来看，AutoCAD 绘制环境并没有变化，且无法看到图形界限的边框线。为此，常常根据图幅大小绘制一个图框矩形，并通过缩放（ZOOM）（后面讨论）显满在绘图区窗口中。

3.3.2 平移和缩放（ZOOM）

在 AutoCAD 中，绘图区又称为**视图窗口**，或称为**视口**。显示控制又称为**视图控制**，其操作常见的有两个：一个是平移；另一个是缩放。要注意的是，缩放只是指将显示的视图缩放，而图形自身的实际尺寸不会变化。

1. 平移

平移是在不改变图形当前显示比例的情况下，移动显示区域中的图形到合适位置，以便更好地观察图形。它有两种方式：一种是滚动平移；另一种是实时平移（PAN）。

（1）滚动平移。

在"AutoCAD 经典"工作空间下，直接拖动绘图区右边和下边的滚动条可上下左右平移图形。也可通过打开"视图"→"平移"菜单下的子菜单命令"左"、"右"、"上"和"下"进行，每执行一次，则滚动条向对应方向移动屏幕范围的 1/10。

（2）实时平移（PAN）。

实时平移（PAN）有下列几种命令方式：

命令名	PAN		
快捷键	—		
菜单	视图→平移→实时	功能区	视图→二维导航→平移
工具栏	标准→		

实时平移命令启动后，光标变为一个手形，按下鼠标左键不放，然后移动光标来平移视图区域，至满意位置松开即可。最后，按【Esc】键或【Enter】键退出实时平移。

2. 缩放命令（ZOOM）

缩放命令（ZOOM）类似于照相机的可变焦距镜头，通过使用该命令可以调整当前视图，既能观察较大的图形范围，也能观察图形细节，而图形的实际尺寸并不改变。

缩放命令（ZOOM）的启动方式有如下几种。

- 在命令行输入命令名 ZOOM 并按【Enter】键，命令行提示为：

指定窗口角点，输入比例因子 (nX 或 nXP)，或
[全部(A)/中心点(C)/动态(D)/范围(E)/上一个(P)/比例(S)/窗口(W)/对象(O)] <实时>:

通过输入选项括号中的"选项字"并按【Enter】键来指定相应的缩放方式。

- 单击功能区的"视图"→"二维导航"面板中的缩放图标按钮右侧的下拉按钮，从弹出的下拉选项列表中，选定要执行的缩放方式，如图3.8（a）所示。
- 选择菜单"视图"→"缩放"下的子菜单项，可执行相应的缩放方式，或在"标准"工具栏上，将鼠标移至"窗口缩放"图标按钮并按住鼠标左键不放开，此时将弹出相应的下拉选项，移至要选择的选项，释放鼠标执行该缩放方式，如图3.8（b）所示。当然，也可通过显示"缩放"工具栏进行相应的视图缩放操作。

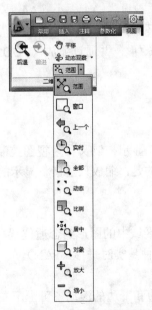

（a）面板上的"缩放"图标按钮

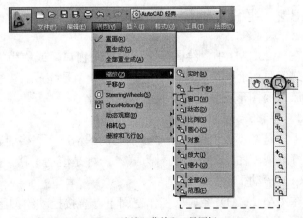

（b）"缩放"菜单和工具图标

图3.8 视图缩放命令

这里首先对这些缩放方式进行简单说明。

（1）窗口。通过指定两个角点确定一个矩形区域，并将该矩形区域内容放大显满在整个绘图区窗口中。

（2）动态。通过可调的移动观察框来放大框内的内容。开始时，显示的观察框随鼠标的移动而移动，单击鼠标后，出现一个向右的箭头，此时移动光标可以调整观察框的大小，再次单击鼠标，箭头消失，观察框恢复到移动状态，右击鼠标或按【Enter】键，框内的内容放大显满在整个绘图区窗口中。

（3）比例。根据输入的比例来缩放，大于 1 为放大，小于 1 为缩小。若在输入的比例系数后面加上"X"，如 0.5x，则使屏幕上的每个对象显示为原来的一半。若在输入的比例系数后面加上"XP"，如 0.5xp，则按图纸空间单位缩小一半。若直接输入比例系数，则是相对于图形界限（后面还会讨论）的比例进行缩放。

（4）居中/圆心/中心点。首先要指定视图缩放的中心，然后需要指定缩放系数或高度值，该值若是小于尖括号（"<>"）的当前值时为放大，大于时为缩小。

（5）对象。将选定的一个或多个对象缩放显满在整个绘图区窗口中（对象的选定后面还会讨论）。

（6）放大、缩小。以 2x 比例放大，以 0.5x 比例缩小。

（7）实时。命令行输入后按【Enter】键进行"实时"缩放状态，按住鼠标左键向上或向左放大，而按住鼠标左键向右或向下缩小。松开鼠标左键，缩放停止。按【Esc】键或【Enter】键退出缩放。

（8）全部。在当前绘图区中将所有对象全部显示，显示范围取决于对象的最大范围和设定的绘图界限中较大的一个。

（9）范围。在当前绘图区中将所有对象全部显示。若设定的绘图界限范围小于对象的最大范围，则缩放结果与"全部"方式相同。若设定的绘图界限范围大于对象的最大范围，则此方式能够显满全部对象，而"全部"却不一定。

（10）上一个。恢复上一次视图，最多可以恢复以前的十次视图。

事实上，由于有滚轮缩放操作，所以这里的 ZOOM 方式往往使用常见的几种，即"上一个"、"窗口"、"全部"或"范围"。

 用直线命令绘制两个三角形，然后分别验证 ZOOM 命令常见的几种缩放方式。

3.3.3 使用鼠标滚轮

最简单的平移就是按下鼠标滚轮不放，然后移动光标来平移视图区域，至满意位置松开即可。

而最简单的缩放是通过鼠标中间的滚轮（鼠标中键）来操作：将光标移至绘图区，将鼠标滚轮向前滚动，此时视图（图形）将放大；将鼠标滚轮向后滚动，此时视图（图形）将缩小。要注意的是，每次滚轮操作都是以当前鼠标位置点为缩放中心的。因此，正确的做法是将光标移到要查看的图形区域的大致中心位置，然后再滚动鼠标滚轮。

3.3.4 矩形（RECTANG）和满显

矩形命令（RECTANG）有下列几种命令方式：

命令名	RECTANG，REC
快捷键	—
菜单	绘图→矩形
工具栏	绘图→▭

功能区	常用→绘图→▭

矩形命令启动后，命令行提示为：

指定第一个角点或 [倒角(C)/标高(E)/圆角(F)/厚度(T)/宽度(W)]:

需要注意的是，AutoCAD 的矩形命令实质上是基于建筑图的房屋立体布局考虑而将矩形设定为三维。这样一来，矩形就有标高、厚度和宽度选项，其含义如图 3.9 所示（这里暂不谈"倒角"和"圆角"）。需要说明的是，这里的"宽度"是指矩形的图线线宽。

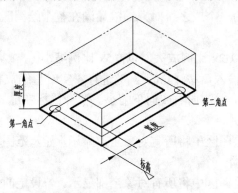

图 3.9 矩形参数含义

当输入"0,0"并按【Enter】键后，命令行提示为：

指定另一个角点或 [面积(A)/尺寸(D)/旋转(R)]:

其中，"面积"是用指定面积和长度大小来确定矩形，"尺寸"则是直接指定矩形的长度和宽度，而"旋转"则首先指定旋转角度，然后指定另一个角点。

当输入"297,210"并按【Enter】键后，矩形绘出（为以后叙述方便，此步骤称为"绘制 A4 图框"）。

在命令行输入 ZOOM 并按【Enter】键，按命令提示操作：

指定窗口的角点，输入比例因子 (nX 或 nXP)，或者
[全部(A)/中心(C)/动态(D)/范围(E)/上一个(P)/比例(S)/窗口(W)/对象(O)] <实时>: e↙

新绘制的矩形显满在当前的绘图区，以后绘图就在这个矩形框内进行（为以后叙述方便，此步骤称为"满显"）。

【实训 3.7】综合训练

根据前面所介绍的内容，进行如下实训。

步骤

（1）启动 AutoCAD 或重新建立一个默认文档。保留默认的图形界限设置，绘制一个矩形，第一角点为"0,0",第二角点为"297,210"。启动 ZOOM 命令,使用 A 方式(即"全部"),则结果与 A 方式有什么区别?想一想,为什么?

(2)撤销绘制的矩形,启动矩形命令,在绘图区任意位置确定第一角点,输入第二角点为@297,210。启动 ZOOM 命令,使用 A 方式(即"全部"),则结果与刚才有什么区别?想一想,为什么?

(3)满显矩形框,然后再缩小一半显示,应该怎么操作?

(4)设置并显示栅格(间距为 10),并使用鼠标滚轮一直向前滚动,看看能放大到什么程度?或是将鼠标滚轮一直向后滚动,看看能缩小到什么程度?

3.4 常见实训问题处理

3.4.1 输入的坐标总是无效

输入坐标后当提示无效时,一定要注意:
- 若是绝对坐标时,检查","或"<"是否是中文输入或是全角状态。如果是,则将输入法切换到半角英文输入状态。
- 若是相对坐标时,除上一步之外,还要检查"@"是否输入正确。

3.4.2 矩形的线条太宽了

有时在绘制矩形过程中,发现矩形的线条非常宽,这是因为在绘制矩形前设置"宽度"的结果。因此,矩形命令启动后,输入"w"并按【Enter】键,此时命令行提示为"指定矩形的线宽:",输入"0"并按【Enter】键即可。

类似地,若绘制的矩形有一定的角度旋转,则在矩形指定第一个角点后,此时命令行提示为:

指定另一个角点或 [面积(A)/尺寸(D)/旋转(R)]:

输入"r"并按【Enter】键,随后输入"0"并按【Enter】键。

3.4.3 "痕迹"重绘后还是消除不掉

视口变化后或绘图过程中,绘图区中常会留下一些"痕迹"。为了消除这些"痕迹",不影响图形的正常观察,可以执行重画命令(REDRAW)或全部重画命令(REDRAWALL)命令,或选择菜单"视图"→"重画"命令。

但是,若是无法消除这些"痕迹",则应执行重生成命令(REGEN)或全部重生成(REGENALL)刷新绘图区。其中,REGEN 命令是刷新当前视口及其图形,而 REGENALL 刷新所有视口及图形。

因此,通常在命令行输入"REGENALL"并按【Enter】键,或选择菜单"视图"→"全部重生成"命令,是一个不错的习惯。

思考与练习

（1）分别指出正交模式、极轴追踪、栅格和捕捉的状态切换的快捷键。

（2）思考在"正交模式"下，怎样的鼠标位置能够使动态连线呈水平或垂直状态？

（3）指出 ZOOM 命令 A 和 E 方式的含义与区别。

（4）在 ZOOM 命令 S 方式中，若指定比例分别为 2、2x 或 2xp，则它们的含义和区别是什么？

（5）绘出如题图 3.1 所示的图形。

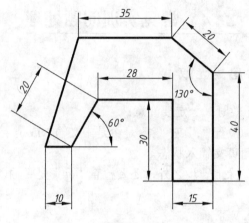

题图 3.1

第 4 章

圆、捕捉和编辑

图形中，线与线之间总是关联的。这种关联要么是平行、垂直、相切或相交的位置关系，要么是点与点的相互连接关系。为了能够满足并实现线与线的关联要求，AutoCAD 提供了点捕捉工具等手段。当然，形状的建构还需要相应的编辑才能得以实现。本章主要内容有：

- 学会画圆和捕捉。
- 熟悉基本编辑。

4.1 学会画圆和捕捉

线由点构成，因此线段（包括曲线）上总是有许多具有特殊意义的点，如端点、中点、节点等，甚至线段之间还有交点、切点、垂足等。为了能够捕捉到这些特殊点，AutoCAD 提供了对象捕捉等工具，以便更好地绘制出各种要求的线段。当然，在掌握这些内容之前有必要首先学习圆的绘制。

4.1.1 圆（CIRCLE）

AutoCAD 中，圆的命令方式有（"…"表示有子项）：

命令名	CIRCLE, C
快捷键	—
菜单	绘图→圆→…
工具栏	绘图→⊙

功能区	常用→绘图→圆→…

需要强调的是，在功能区和菜单中，圆的子命令方式有六种，如图 4.1 所示。其中，"相切、相切、半径"子命令就是指定圆命令提示中的"切点、切点、半径"选项。

在命令行输入命令名"C"并按【Enter】键后，命令行提示为：

指定圆的圆心或 [三点(3P)/两点(2P)/切点、切点、半径(T)]:

当指定圆心位置点后，命令行提示为：

指定圆的半径或 [直径(D)]:

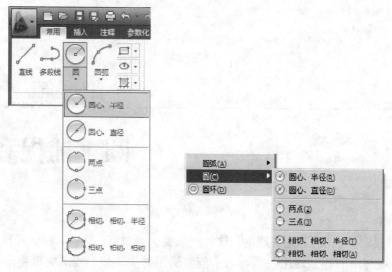

图 4.1　圆的六种子命令方式

指定半径大小，或输入"D"并按【Enter】键后再指定直径大小（为叙述方便，以后"指定直径为φx"时，就是这样的操作）。这一过程便就是圆的"圆心、半径"（默认方式）和"圆心、直径"方式。需要说明的是，当指定半径或直径时，除可直接输入数值外，还可用上一指定点与当前指定点的距离来确定。当然，指定的点还可由点捕捉工具（后面讨论）来确定。

圆绘制命令的六种子命令方式的含义，如图 4.2 所示。

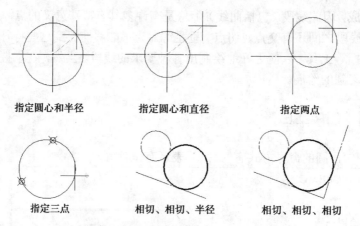

图 4.2　六种子命令方式下的圆的绘制

　首先按【Esc】键，然后输入"C"并按【Enter】键，启动圆命令（CIRCLE），选择"两点"等方式绘制圆。再通过菜单或功能区来启动圆命令，尝试一下"相切、相切、相切"方式。

【实训 4.1】"相切、相切、半径"圆

下面首先来看一看圆的"相切、相切、半径"方式的示例。

步骤

1) 启动 AutoCAD 或重新建立一个默认文档，**绘制 A4 图框**并**满显**。

2) 绘制两直线的切圆。

（1）使用直线命令（LINE），按图 a 所示绘制两条直线。

（2）在命令行输入"C"并按【Enter】键，按命令行提示操作，一个与两线相切的半径为 15 的圆绘出：

> CIRCLE 指定圆的圆心或 [三点(3P)/两点(2P)/切点、切点、半径(T)]：t↙
> 指定对象与圆的第一个切点： 拾取任一直线，当出现"相切"图符○...时单击鼠标左键
> 指定对象与圆的第二个切点： 拾取另一直线，当出现"相切"图符○...时单击鼠标左键
> 指定圆的半径： 15↙

（3）重复画圆命令，再绘制一个半径为 40 的圆与两线相切，如图 b 所示。

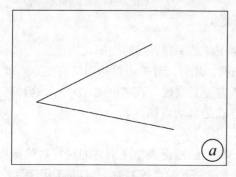
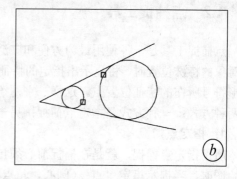

3) 绘制两圆的公切圆。

（1）重复画圆命令，按命令行提示操作，绘出如图 c 所示的公切圆：

> CIRCLE 指定圆的圆心或 [三点(3P)/两点(2P)/切点、切点、半径(T)]：t↙
> 指定对象与圆的第一个切点： 按图 b 方框标记移到小圆位置，当出现"相切"图符○...时单击鼠标左键
> 指定对象与圆的第二个切点： 按图 b 方框标记位置移到大圆对象上，当出现"相切"图符○...时单击鼠标左键
> 指定圆的半径 <40.0000>： 80↙

（2）重复画圆命令，按命令行提示操作，绘出如图 d 所示的另一条公切圆：

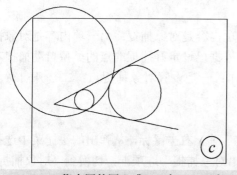
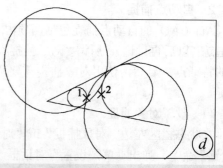

> CIRCLE 指定圆的圆心或 [三点(3P)/两点(2P)/切点、切点、半径(T)]：t↙
> 指定对象与圆的第一个切点： 按图 c 方框标记位置处移到大圆对象上，当出现"相切"图符○...时单击鼠标左键

指定对象与圆的第二个切点： 按图 c 方框标记位置处移到小圆对象上，当出现"相切"图符 ○…时单击鼠标左键

指定圆的半径 <80.0000>： ✓

【说明】

（1）从上例中可以看出，当指定的半径比较大时，"切点、切点、半径"圆的绘制通常是按指定的切点次序的逆时针进行的。

（2）指定"切点、切点、半径"圆的半径一定要大于两个被切图元的最短距离，即图 d 中的点 1 和点 2 之间的距离，否则无法画出。

【实训 4.1】中，两圆还有一些公切圆，尝试绘出？

4.1.2 点捕捉工具

点捕捉工具是一种使用最为方便和广泛的绘图辅助手段，当捕捉模式指定后，光标移至对象的特殊位置时，将显示出指定的特征点图符。此时，若单击鼠标则当前指定点就是图形符号所在的特征位置点。这样一来，绘图既方便又准确。在 AutoCAD 中，这种捕捉有两种方式：一种方式是指定点捕捉；另一种方式是自动点捕捉。

1. 指定点捕捉

所谓指定点捕捉，就是在捕捉前必须指定一种点的捕捉类型之后才能进行后续操作。在绘图时，当提示指定"点"（圆心、角点、第一点、下一点等）时，可以启用下列方式指定要捕捉的点的类型（或称为捕捉模式）。

- 按住【Shift】键不放，在绘图区中右击鼠标，从弹出的快捷菜单中选择要捕捉的点的类型，如图 4.3（a）所示。
- 在"对象捕捉"工具栏上，单击要捕捉的点的类型的图标按钮，如图 4.3（b）所示。
- 在命令行中输入要捕捉的点的类型名称（由三个字符组成，如端点为 END）并按【Enter】键。

各捕捉模式的含义和名称（由三个字符组成）如图 4.3 所示。

2. 自动点捕捉

AutoCAD 的自动点捕捉包括两项内容：一项内容是对象捕捉；另一项内容是对象捕捉追踪（以后再讨论）。所谓"对象捕捉"，就是根据已设定好捕捉的点的类型自动捕捉对象的特征点。显然，使用对象捕捉需要两步操作：一是设置对象捕捉点；二是开启对象捕捉。

（1）设置对象捕捉。

在状态栏区左边"对象捕捉"或"对象追踪"等上右击鼠标，从弹出的快捷菜中选择"设置"命令，弹出"草图设置"对话框。单击"对象捕捉"选项卡，切换到"对象捕捉"设置页面，结果如图 4.4 所示。

第4章 圆、捕捉和编辑

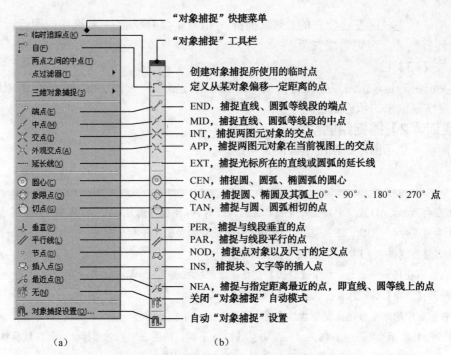

图 4.3 对象捕捉模式

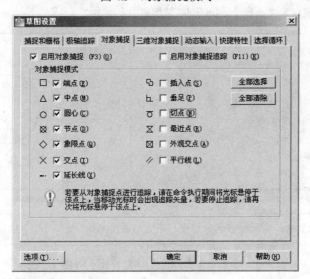

图 4.4 对象捕捉设置

通常，将"对象捕捉模式"左侧选项全部选中，而将右侧选项全部清空，单击 确定 按钮，完成对象捕捉设置（此操作称为"设置对象捕捉为左侧选项"）。

需要强调的是，最好能够记住捕捉模式的图形符号，或者在点捕捉图符出现后再稍等片刻，查看弹出的点捕捉模式名称是否是自己所需要的，否则很有可能由于混淆对象捕捉时的图形符号而造成失误。

（2）开启对象捕捉。

AutoCAD中，开启或关闭对象捕捉有下列两种切换方法。

- 单击状态栏区左边位置的"对象捕捉"图标 可切换状态。凡选中的图标,背景是浅蓝色的,否则为深灰色。
- 按【F3】键。

需要说明的是,指定点捕捉打开后,自动点捕捉将临时关闭,指定点捕捉结束后,自动点捕捉恢复原来的状态。

【实训 4.2】捕捉绘圆切线

下面看一个示例,绘制两个圆的公切线。

(1)启动 AutoCAD 或重新建立一个默认文档。**绘制 A4 图框并满显**,按【F3】键关闭对象捕捉。

(2)启动圆命令(CIRCLE),在矩形框内,任意绘制两个圆(不相交),一大一小,如图 a 所示。

(3)启动直线命令(LINE),指定切点为第一点:

① 在提示指定第一点时,按下【Shift】键并在绘图区右击鼠标,弹出快捷菜单。

② 松开【Shift】键,从快捷菜单中选择"切点"命令。

③ 按图 a 中的方框标记位置将鼠标移到小圆对象上,并当出现"相切"图符 ...时单击鼠标左键。

(4)命令行提示为下一点,输入"tan"并按【Enter】键,按图 a 中的方框标记位置将鼠标移到大圆对象上,并当出现"相切"图符 ...时单击鼠标左键,则切线绘出。

(5)按【Enter】键结束直线命令(LINE),结果如图 b 所示。

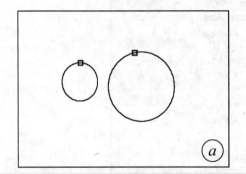
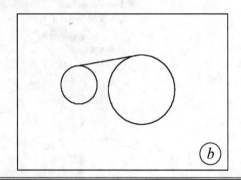

【实训 4.2】中,两圆还有其他切线,将它们画出来!

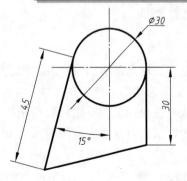

【实训 4.3】圆的角度切线

如图 4.5 所示的图形是由圆、切线和直线构成的,如何绘出它们?其中,最难绘制的是长 45 与竖直方向成 15°角的切线。绘制时可首先指定与圆相切,然后输入相对极坐标"@45<255",过程如下。

图 4.5 有角度的切线

1） 启动 AutoCAD 或重新建立一个默认文档，绘制 150×100 图框并满显。

2） 绘制圆。

在命令行输入"C"并按【Enter】键，按命令行提示操作（若出现"动态输入"，则按【F12】键关闭它），结果如图 a 所示：

CIRCLE 指定圆的圆心或 [三点(3P)/两点(2P)/切点、切点、半径(T)]： 在图框中间偏上位置单击鼠标确定

指定圆的半径或 [直径(D)]： d✓

指定圆的直径： 30✓

3） 绘制右侧竖直线。

（1）按【F10】键，若命令行提示出现"<极轴 关>"，则再按一次【F10】键。按【F3】键，若命令行提示出现"<对象捕捉 关>"，则再按一次【F3】键。

（2）在命令行输入"L"并按【Enter】键，按命令行提示操作，结果如图 b 所示：

LINE 指定第一点： 移至圆最右侧的象限点位置处，当出现捕捉到象限点图标◇时单击鼠标左键

指定下一点或 [放弃(U)]： 极轴：…<270° 30✓

指定下一点或 [放弃(U)]： ✓

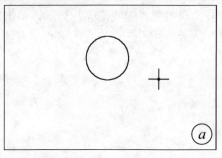
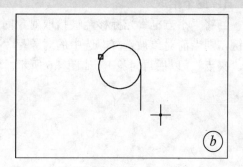

4） 绘制其他直线。

重复直线命令，按命令行提示操作：

LINE 指定第一点：tan✓

到 移至图 b 方框标记的圆位置处，当出现"相切"图符○…时单击鼠标左键

指定下一点或 [放弃(U)]： @45<255✓

指定下一点或 [放弃(U)]： 移至右侧竖直线的端点，如图 c 所示，当出现"端点"图符□时单击鼠标左键

指定下一点或 [闭合(C)/放弃(U)]： ✓

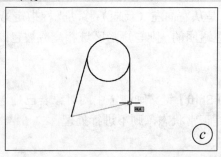

4.2 熟悉基本编辑

若要绘制复杂图形，仅依靠前面所介绍的辅助工具（对象捕捉等）是不够的，还必须对图形进行编辑（修改），如删除、移动、复制、偏移等。不过，在编辑命令启动之前或之后，还必须对被编辑对象进行**拾取**，以便将选中的对象加入**选择集**。需要说明的是，对于编辑命令来说，若在命令启动前已选择了对象，则命令启动后，选择对象这一环节不再进行，直接进入下一步。

4.2.1 选择对象

在 AutoCAD 中，最常用的构造选择集的方法是逐个拾取、框选及【Shift】键辅助等。需要说明的是，在选择对象时，其光标一定是带"小方框"的。空命令时，绘图区中的光标是一个"十"字加上一个"小方框"。因此，在此状态下可以进行对象的拾取操作。

1. 逐个拾取

当将"小方框"光标移至被拾取对象时，若被拾取对象"虚线高亮"显示，单击鼠标左键，则当前对象被选择。选中的对象呈"虚线"显示，且还有一些蓝色实心小方块，称为**夹点**（以后再讨论），如图 4.6 所示。

(a) 原始直线　　(b) 高亮显示　　(c) 选中的直线

图 4.6　直线的单个拾取过程

2. 框选

框选用于多个对象的选择，它通过指定对角点来定义一个矩形区域，并根据区域的构建方向来决定被选择的对象。

当指定矩形区域的第一个角点后，若是从左向右（正向）移动光标指定第二个角点，此时动态显示的实线矩形区域背景是蓝色透明的，则仅是完全落在矩形区域的对象被选择，称为**窗口框选**。若是从右向左（反向）移动光标指定第二个角点，此时动态显示的虚线矩形区域背景是绿色透明的，则与矩形区域相交或被包围的对象均被选择，称为**窗交框选**，如图 4.7 所示。

3. 使用【Shift】键

若在选择对象时按住【Shift】键，则被选中的对象若已是选中状态，则恢复常态，即从当前选择集中去除；若是正常状态，则不进行处理。

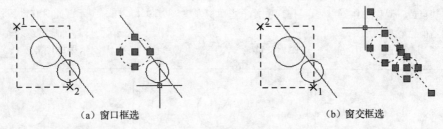

(a) 窗口框选　　　　　　　　　(b) 窗交框选

图 4.7　框选的不同方式

4. 结束对象拾取

在命令执行后提示"选择对象"时，可使用上述选择对象的方法拾取对象。但拾取对象后一定要按【Enter】键或右击鼠标来结束对象拾取，以便执行下一步。为了以后叙述方便，此后 结束拾取 就是指拾取对象后按【Enter】键或右击鼠标。

4.2.2　删除（ERASE）

最简单的删除对象方法是在选定对象后直接按【Delete】键。不过，AutoCAD 还就删除提供了删除命令（ERASE）。其命令方式如下：

需要说明的是，若在启动 ERASE 命令之前已选择了对象，则 ERASE 命令执行后，当前选择的对象被删除。若是先执行 ERASE 命令，则提示选择要删除的对象，按前面介绍的选择方法拾取对象并 结束拾取 后，当前选择的对象被删除。

4.2.3　移动（MOVE）

移动命令（MOVE）是用来将选定的对象从一个位置平移到另一个位置，但其大小和形状却并不改变。

1. 命令方式

2. 命令简例

首先绘制一个任意大小的圆，如图 4.8（a）所示，然后启动移动命令（MOVE）：

命令: _move
选择对象：　拾取图 4.8（a）中的圆，提示为：找到 1 个
选择对象：　结束拾取

指定基点或 [位移(D)] <位移>：任意位置单击鼠标左键，如图 4.8（b）所示，此时移动鼠标，将动态显示圆当前移动的位置

指定第二个点或 <使用第一个点作为位移>：在任意位置单击鼠标左键，结果如图 4.8（c）所示

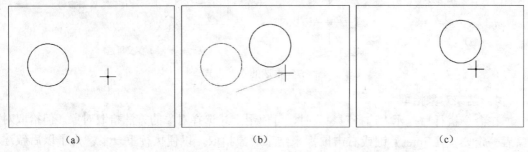

图 4.8　移动命令简例一

撤销移动，再次启动移动命令（MOVE），这一次指定"位移"选项：

命令：_move
选择对象：拾取图 4.9（a）中的圆，提示为：找到 1 个
选择对象：✓
指定基点或 [位移(D)] <位移>：✓
指定位移 <0.0000, 0.0000, 0.0000>：此时移动光标，将动态显示圆当前移动的位置，如图 4.9（b）所示。在任意位置单击鼠标左键，结果如图 4.9（c）所示

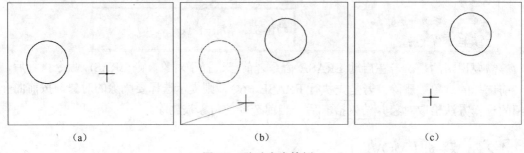

图 4.9　移动命令简例二

3. 总结和说明

从上述命令简例可以看出，对象移动的新位置总是相对于原来位置的，其距离和方向取决于指定的第二点相对于基点的距离和方向，如图 4.8 所示，或是取决于指定的第一点相对于原点的距离和方向，如图 4.9 所示。显然，对于有位置要求的对象移动来说，通常将指定的基点设定为对象的某个特征点（以后还会强调）。

需要说明的是，在绘图过程中，由于视图的缩放和平移，因而坐标原点的位置并不很清楚，任何基于原点的可视化操作其实都是很危险的，所以移动（MOVE）命令启动后的最佳次序是：

选择对象，按【Enter】键或右击鼠标→指定基点→指定第二点

4.2.4 复制(COPY)

1. 命令方式

2. 命令简例

首先绘制一个任意大小的圆,如图 4.10(a)所示,然后启动复制命令(COPY):

命令:_copy
选择对象: 用单选、框选等方式来拾取图 4.10(a)中的圆,提示为:找到 **1** 个
选择对象: 结束拾取
当前设置: 复制模式 = 多个
指定基点或 [位移(D)/模式(O)] <位移>: 在任意位置单击鼠标左键,如图 4.10(b)所示,此时移动光标,将动态显示圆当前复制的位置
指定第二个点或 [阵列(A)] <使用第一个点作为位移>: 在任意位置单击鼠标左键,结果如图 4.10(c)所示
指定第二个点或 [阵列(A)/退出(E)/放弃(U)] <退出>: 按【Esc】键、【Enter】键或【Space】键退出

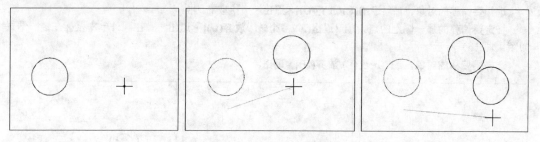

图 4.10 复制命令简例

从命令简例过程可以看出,复制(COPY)与移动(MOVE)过程是相似的,但有两点不同,一个是模式;另一个是阵列(以后讨论)。

3. 模式选项

当对象选择后,可使用"模式"选项,当在命令行提示下输入"O"并按【Enter】键,则下一步提示为:

输入复制模式选项 [单个(S)/多个(M)] <多个>:

按【Enter】键则保留当前默认值(即尖括号中的选项),或输入"S"并按【Enter】键,则当前复制模式为"单个",即对象复制后,COPY 命令退出。

简单地讲,"模式"是决定是否自动重复的一个选项。需要说明的是,在"单个"模式中,复制命令(COPY)还出现"多个"选项,指定后可临时进入"多个"模式状态,而不改变"模式"值。

4.2.5 偏移（OFFSET）

如果说复制命令是对象在位置上的复制，那么，偏移命令就是对象在形状上的复制。也正是因为如此，偏移命令（OFFSET）经常用来创建同心圆、平行线及等距线等图形。

1. 命令方式

命令名	OFFSET，O		
快捷键	—		
菜单	修改→偏移	功能区	常用→修改→
工具栏	修改→		

2. 命令简例

首先绘制一个φ50的圆，再复制（COPY）一个，如图4.11（a）所示，然后启动偏移命令（OFFSET）：

命令：_offset
当前设置：删除源=否　图层=源　OFFSETGAPTYPE=0
指定偏移距离或 [通过(T)/删除(E)/图层(L)] <通过>：10✓
选择要偏移的对象，或 [退出(E)/放弃(U)] <退出>：　拾取左侧圆
指定要偏移的那一侧上的点，或 [退出(E)/多个(M)/放弃(U)] <退出>：　在圆内单击鼠标左键，结果如图4.11（b）所示
选择要偏移的对象，或 [退出(E)/放弃(U)] <退出>：　拾取右侧圆
指定要偏移的那一侧上的点，或 [退出(E)/多个(M)/放弃(U)] <退出>：　在圆外单击鼠标左键，结果如图4.11（c）所示
选择要偏移的对象，或 [退出(E)/放弃(U)] <退出>：✓

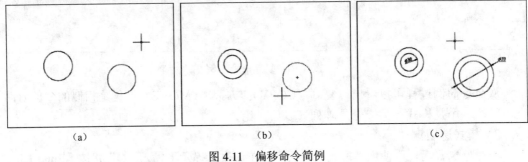

图4.11　偏移命令简例

【说明】

（1）默认时，OFFSET 命令将自动重复，退出时可按【Esc】键、【Enter】键或【Space】键。
（2）"通过"选项用来指定偏移后的对象通过的点。
（3）"删除"选项用来指定偏移后是否删除源对象。
（4）"图层"选项用来指定偏移后的对象是在当前图层还是与源对象图层相同。

【实训 4.4】复制和偏移绘图

下面来看一个示例，用复制和偏移等命令绘出如图 4.12 所示的图形（暂时用细实线

代替点画线)。尺寸中"N-"或"N x"表示有 N 个相同对象。例如,"4-ϕ10"表示有四个 ϕ10 的圆。

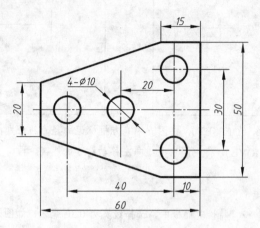

图 4.12 复制和偏移绘图图例

分析 若要绘出图形,左侧 20 端线、右侧 50 端线和中心点画线是关键,一旦它们确定了,则可通过偏移命令(OFFSET)将竖直点画线的位置确定,从而绘出四个 ϕ10 的圆。

事实上,以现有知识绘出左侧 20 端线、右侧 50 端线和中心点画线的方法可以有以下两种。

(1)首先使用直线命令(LINE)绘出长为 60 的水平点画线,再分别绘出两条端线,然后使用移动命令(MOVE),指定端线中点为基点,平移至水平点画线的两个端点即可。但水平点画线还需要拉长(因为国家标准规定绘出的水平点画线要超出轮廓线 2mm~3mm),目前这是一个问题。

(2)首先使用直线命令(LINE)绘出长为 50 的右端线或长为 20 的左端线,然后从端线的中点开始绘出水平点画线。通过偏移命令(OFFSET),指定偏移距离为 60,偏移后的端线与点画线的交点就是另一个端线绘出的位置。另一端线绘出后,使用移动(MOVE)命令平移到位即可。再使用移动命令(MOVE),将水平点画线平移以满足图形规范。

这里采用第二种方法。

步骤

1)启动 AutoCAD 或重新建立一个默认文档,**绘制 150×100 图框并满显**。
2)绘制水平和竖直线。

(1)启动直线命令,首先在图框左侧位置按如图 a 所示绘制出长为 20 的竖直线,然后从垂直线的中点开始绘制一条长约 70 的水平线。

(2)启动偏移命令(OFFSET),按提示进行下列操作,结果如图 b 所示:

当前设置: 删除源=否 图层=源 OFFSETGAPTYPE=0
指定偏移距离或 [通过(T)/删除(E)/图层(L)] <通过>: 60✓
选择要偏移的对象,或 [退出(E)/放弃(U)] <退出>: 拾取图 a 中有方框标记的直线
指定要偏移的那一侧上的点,或 [退出(E)/多个(M)/放弃(U)] <退出>: 在其右侧单击鼠标
选择要偏移的对象,或 [退出(E)/放弃(U)] <退出>: ✓

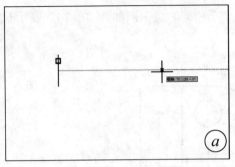
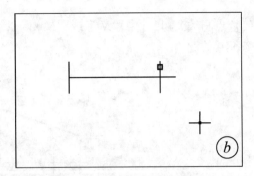

（3）多次重复偏移命令（OFFSET），将图 b 中有方框标记的竖直线分别向左偏移 10、30 和 50。

（4）启动移动命令（MOVE），将中间水平线向左移动约 5 的距离，再将所绘制线条向图框中间位置移动，结果如图 c 所示。

3）绘制外部轮廓线。

（1）在功能区"常用"→"特性"面板中，选择线宽为 0.30 毫米，如图 d 所示。同时，单击状态栏中间的"线宽"图标，打开"线宽"显示。

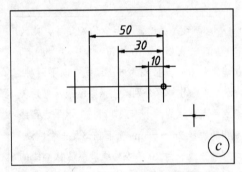
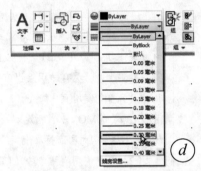

（2）启动直线命令（LINE），首先绘制一条长为 50 的竖直线，然后以其中点为基点将其移动（MOVE）至图 c 中右侧小圆标记的交点处，结果如图 e 所示。

（3）启动直线命令（LINE），指定端点 A 为第一点，向左移动光标，当出现 极轴：…<180° 追踪线时，输入 15 并按【Enter】键，绘出长为 15 的水平线。继续移动光标至左边竖直线的端点 C，当出现"端点"图符时单击鼠标左键，直线绘出，退出直线命令。

（4）重复直线命令（LINE），首先从端点 B 开始向左绘制长为 15 的水平线，然后连接至端点 D，再连接到 C 并退出直线命令，结果如图 f 所示。

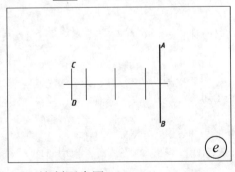
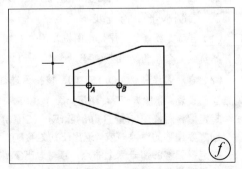

4）绘制四个圆。

（1）启动圆命令（CIRCLE），以图 f 中的交点 A 为圆心，指定直径为 $\phi 10$。

（2）启动复制命令（COPY），拾取刚绘制的圆并 结束拾取，以交点 A 为基点，将其复制到交点 B 处， 退出 复制命令，结果如图 g 所示。

（3）重复复制命令（COPY），拾取中间的圆（方框标记）并 结束拾取，按提示进行下列操作，图形绘出，结果如图 h 所示。

```
当前设置：  复制模式 = 多个
指定基点或 [位移(D)/模式(O)] <位移>：  指定图 g 中有方框标记的圆的圆心
指定第二个点或 [阵列(A)] <使用第一个点作为位移>：  @20,15↵
指定第二个点或 [阵列(A)/退出(E)/放弃(U)] <退出>：  @20,-15↵
指定第二个点或 [阵列(A)/退出(E)/放弃(U)] <退出>：  ↵
```

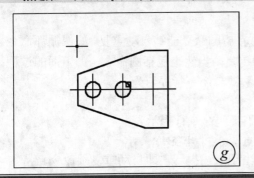
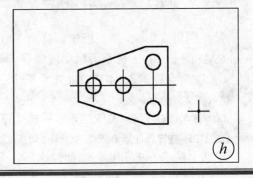

【实训 4.4】中最后绘出的图形有一个问题，右侧上下两个圆的点画线怎么处理？

4.3 常见实训问题处理

在使用 AutoCAD 时，通常会出现一些问题，它们涉及许多方面，这里就捕捉和编辑的一些操作问题作分析和解答。

4.3.1 如何捕捉矩形的中点

若要捕捉矩形的中点，有以下三种方法：
- 绘出矩形的对角线，捕捉对角线的中点即可。
- 在命令行"指定点"提示下，输入"mtp"并按【Enter】键或按住【Shift】键右击绘图区然后松开，从弹出的快捷菜单项中选择"两点之间的中点"，指定矩形的两个对角点后，捕捉到矩形的中点。
- 当要指定点时，透明输入命令"'cal"并按【Enter】键，此时命令提示为">>表达式:"，输入"(END+END)/2"并按【Enter】键，随后分别指定矩形的两个对角点，即可捕捉矩形的中点。

4.3.2 如何删除重线

在对象捕捉（后面会讨论）打开后，初学者通常因为捕捉点的"干扰"而多次绘制了同一位置直线，或者因为输入的坐标超出当前绘图区显示的范围，从而导致多次绘制现象的出现。为了删除因重复多次绘制的线条，可使用 OVERKILL 命令。

① 将功能区选项卡切换到"常用"页面，单击"修改"面板下方的标题或其右侧的下拉按钮，显示出面板的扩展部分。单击面板扩展部分的删除重复对象图标按钮，启动删除重复对象命令。此时，命令提示为"选择对象："。利用窗交选择的框选方式，全部选中对象并结束拾取。

② 弹出"删除重复对象"对话框，保留默认设置，单击 确定 按钮，命令完成。

4.3.3 如何自动重复圆命令

从绘制角度来说，当图形中圆特别多时，总希望圆命令能够自动重复，好似循环命令。AutoCAD 的 multiple 命令可以实现命令的自动重复，当然也包括圆命令，如下面的过程：

① 在命令行输入 MULTIPLE 并按【Enter】键，命令行提示为：

输入要重复的命令名：

② 输入"C"或"CIRCLE"并按【Enter】键，命令行提示为：

CIRCLE 指定圆的圆心或 [三点(3P)/两点(2P)/切点、切点、半径(T)]：

这就是圆命令的开始，当圆绘出后，又会出现上述提示，即自动重复圆命令。

③ 按【Esc】键、【Enter】键或【Space】键退出。

思考与练习

（1）开启或关闭对象捕捉的快捷键是什么，如何设定自动捕捉模式？

（2）思考，当对象捕捉开启，若要捕捉一个圆的圆心，是将光标移至圆心吗？当输入 LINE 并按【Enter】键，而此时光标刚好在圆内，能够捕捉到圆心吗？为什么？

（3）根据题图 4.1 中标明的坐标和关系，绘制图形。

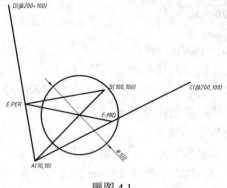

题图 4.1

（4）利用点捕捉工具及以前学过的命令绘制出如题图 4.2、题图 4.3 所示的轮廓图形（点画线不绘制）。

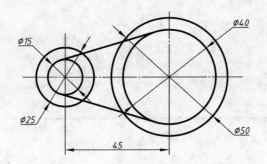

题图 4.2

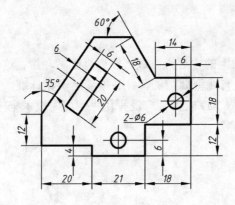

题图 4.3

第 5 章

图线和图层

在画圆时通常首先画圆的中心点画线,然后再画圆轮廓,这是制图的一般习惯。从这个习惯可以看出,图元是有线型要求的,且必须满足国家标准。为了能方便切换所需的线型、线宽和颜色,大多数 CAD 软件都广泛采用"图层"技术来控制它们,AutoCAD 也不例外。本章主要内容有:

- 学会建立图层。
- 熟悉图层基本操作。

5.1 学会建立图层

什么是图层呢?如图 5.1 所示,图层是一种分层技术的结构模型的抽象。每一个图层相当于一张没有厚度的透明薄片,同一层中具有相同的线型、线宽和颜色。这样一来,通过层与层的叠加就组合成为一幅完整的图样。

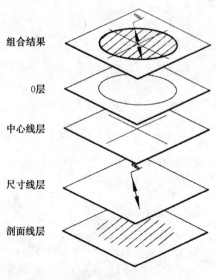

图 5.1 图层的概念

5.1.1 图线属性及画法标准

在用 AutoCAD 绘制图形时，还应遵循图线相关标准。

1. 图线属性

在 CAD 图形中，每个图元对象都包含最基本的线型、线宽和颜色这三种属性。

线型，即图线样式。常见的有，用于可见轮廓线的**粗实线**、用于不可见轮廓线的**虚线**、用于尺寸标注和剖面的**细实线**、用于轴线和中心对称的**细点画线**及用于辅助零件轮廓线的**细双点画线**等。

线宽，即图线宽度，通常在 0.18、0.25、0.35、0.5、0.7、1.0、1.4、2.0（单位为毫米，mm）这组序列中进行选择。线宽有粗、细之分，通常细线是粗线宽度的 1/3 或 1/2 左右。虽然 GB/T 17450-1998 规定细线是粗线宽度的 1/2 左右，但从视觉效果来看，建议使用 1/3 左右的比例，并推荐使用 **0.7/0.25 组**（即粗线线宽为 0.7mm，细线线宽为 0.25mm）或者使用 **1.0/0.35 组**。

颜色，即图线颜色。GB/T 18229-2000 规定了屏幕上的图线一般按表 5.1 中提供的颜色显示，相同类型的图线应采用同样的颜色。

2. 绘制图线注意事项

在进行图线绘制时要注意以下几项内容，如图 5.2 所示。

① 在同一图样中，同类图线的宽度应基本一致。虚线、点画线及双点画线的线段长度和间隔应各自大致相等。

② 两条平行线（包括剖面线）之间的距离应不小于粗实线的两倍宽度，其最小距离不得小于 0.7mm。

③ 绘制圆的对称中心线（简称中心线）时，圆心应为线段的交点。点画线和双点画线的首末两端应是线段而不是短画。

④ 在较小的图形上绘制点画线、双点画线有困难时，可使用细实线代替。

表 5.1 图线颜色

图 线 类 型		屏幕上的颜色	
		GB/T 18229-2000	GB/T 14665-1998
粗实线		白色	绿色
细实线		绿色	白色
波浪线			
双折线			
虚线		黄色	
细点画线		红色	
粗点画线		棕色	
双点画线		粉色	

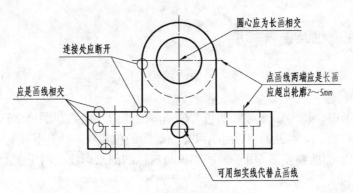

图 5.2 图线的画法及注意点

此外，还应注意如下几点要求。

① 轴线、对称中心线、双折线和作为中断线用的双点画线，应超出轮廓线 2mm～5mm。

② 点画线、虚线和其他图线相交时，都应在线段处相交，不应在空隙或短画处相交。

③ 当虚线处于粗实线的延长线上时，粗实线应画到分界点，而虚线应有空隙。当虚线圆弧和虚线相切时，虚线圆弧的线段应画到切点，而虚线须留有空隙。

5.1.2 图层命令（LAYER）

使用图层之前还必须创建和设置图层，在 AutoCAD 中，这一操作是通过图层命令（LAYER）实现的，其命令方式如下：

图层命令（LAYER）启动后，将弹出如图 5.3 所示的"图层特性管理器"对话框，在这个对话框中可以创建和设置图层。

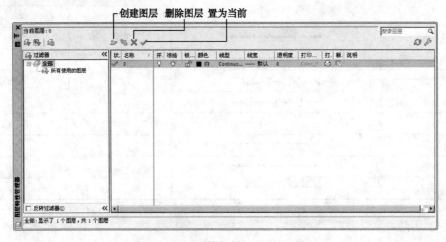

图 5.3 "图层特性管理器"对话框

需要强调的是，由于图层经常要使用，所以要熟悉功能区中的"图层"面板、"图层"和"特性"工具栏，如图 5.4 所示，其中方框标记的就是 LAYER 的图标命令。

图 5.4　在面板和工具栏中启动 LAYER 命令

5.1.3　创建和设置图层

AutoCAD 默认创建了"0"层（不能删除也无法重命名），但从一般图形绘制角度分析，图层通常还需要创建粗实线、细实线、虚线、点画线和双点线等五个内容。下面就来分别创建。

1．粗实线层

在"图层特性管理器"对话框中，单击创建按钮，则对话框的图层列表新建一行，在"名称"框中输入要创建的图层名"粗实线"，如图 5.5 所示。

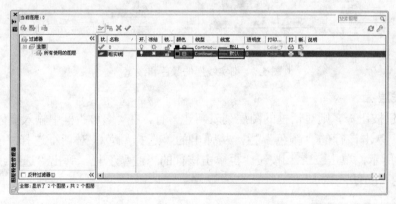

图 5.5　创建粗实线层并设置线宽

单击图 5.5 左边方框标记的"颜色"栏，弹出"选择颜色"对话框，在中间的调色板中选择"绿色"，如图 5.6（a）所示，单击"确定"按钮。再单击图 5.5 右边方框标记的"线宽"栏，弹出"线宽"对话框，从"线宽"列表中选择 0.70mm，如图 5.6（b）所示，单击"确定"按钮，粗实线层设置完成。需要说明的是，默认的线型 Continuous 是连续（实）线。

2．细实线层

单击创建按钮，则对话框的图层列表新建一行，在"名称"框中输入要创建的图层名"细实线"，单击该行的"颜色"栏，从弹出的"选择颜色"对话框选择"黑色"（在深色背景中自动转为"白色"），如图 5.7（a）所示，单击"确定"按钮。再单击该行的"线宽"

栏，弹出"线宽"对话框，从"线宽"列表中选择 0.25mm，如图 5.7（b）所示，单击 确定 按钮，细实线层设置完成。

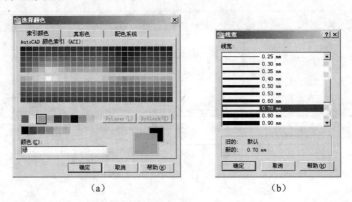

图 5.6　粗实线层的颜色和线宽

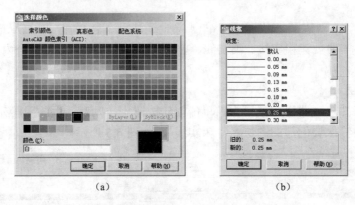

图 5.7　细实线层的颜色和线宽

3. 虚线层

单击创建按钮，则对话框的图层列表新建一行，在"名称"框中输入要创建的图层名"虚线"，单击该行的"颜色"栏，从弹出的"选择颜色"对话框选择"黄色"，如图 5.8（a）所示，单击 确定 按钮。再单击该行的"线型"栏，弹出"选择线型"对话框，如图 5.8（b）所示。

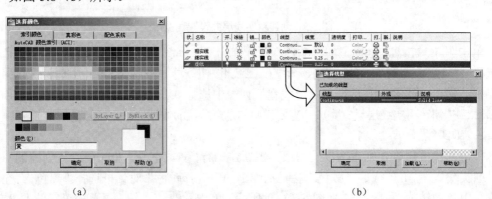

图 5.8　虚线层的颜色和线型

在"选择线型"对话框中,单击 加载(L)... 按钮,弹出"加载或重载线型"对话框,滚动可用线型的列表框,找到并按【Ctrl】键选中 JIS 开关的三个线型(它们更接近我国的线型标准),如图 5.9(a)所示,单击 确定 按钮,回到"选择线型"对话框。选中"JIS_02_4.0"(虚线),如图 5.9(b)所示,单击 确定 按钮。

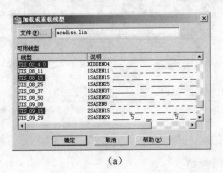 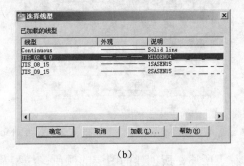

(a)   (b)

图 5.9   加载并选择线型

4. 点画线层

单击创建按钮 ,对话框的图层列表新建一行,在"名称"框中输入要创建的图层名"点画线",单击该行的"颜色"栏,从弹出的"选择颜色"对话框选择"红色",如图 5.10(a)所示,单击 确定 按钮。再单击该行的"线型"栏,弹出"选择线型"对话框,选中"JIS_08_15"(点画线),如图 5.10(b)所示,单击 确定 按钮。

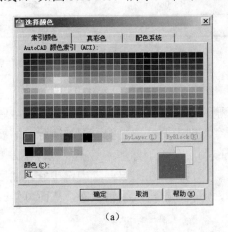 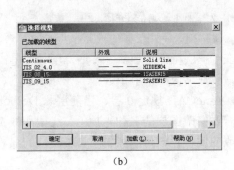

(a)   (b)

图 5.10   点画线层的颜色和线型

5. 双点画线层

单击创建按钮 ,对话框的图层列表新建一行,在"名称"框中输入要创建的图层名"双点画线",单击该行的"颜色"栏,从弹出的"选择颜色"对话框选择"洋色"(建议使用该颜色),如图 5.11(a)所示,单击 确定 按钮。再单击该行的"线型"栏,弹出"选择线型"对话框,选中"JIS_09_15"(双点画线),如图 5.11(b)所示,单击 确定 按钮。

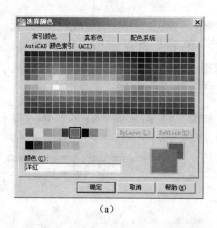
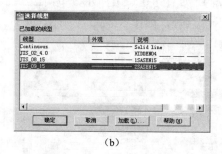

(a)   (b)

图 5.11 双点画线层的颜色和线型

综上所述，所创建的图层的颜色、线型和线宽见表 5.2。

表 5.2 创建的图层

图层名	颜色	线型	线宽
粗实线	绿色	Continuous	0.7mm
细实线	白色	Continuous	0.25mm
虚线	黄色	JIS_02_4.0	0.25mm
点画线	红色	JIS_08_15	0.25mm
双点画线	洋色	JIS_09_15	0.25mm

5.1.4 删除和修改图层

在"图层特性管理器"对话框中，若单击删除图层按钮✖，或在图层列表框区中右击鼠标，从弹出快捷菜单中选择"删除图层"命令，则当前被选中的图层被删除。需要说明的是，AutoCAD 规定 0 层、当前层和 Defpoints 图层（用于标注）等不能删除。

若要修改图层的名称、颜色、线型和线宽等属性，可在图层列表中选中它，然后单击要修改的属性栏即可。例如，单击图层的名称，则名称框进入编辑状态，从而可修改其图层名。

修改图层名称时，还可通过在图层列表框区中右击鼠标，从弹出快捷菜单中选择"重命名图层"命令，则当前被选中的图层名称可重新命名。或者，直接按【F2】键，也可对当前选中的图层名进行重新命名。

【实训 5.1】建立样板文件

学校的计算机多数是 C 盘写保护的，这就意味着每次上机使用 AutoCAD 时都要重新设置图层、极轴追踪、对象捕捉及以后要讨论的文字样式、尺寸样式等相应参数。为了避免重新设置的麻烦，通常需要建立一个满足规范参数的样板文件，这样一来，每次创建时只要基于这个样板就可以了。

步骤

1） 启动 AutoCAD 或重新建立一个默认文档。

2） 建立图层。

（1）在命令行输入"LA"并按【Enter】键，弹出"图层特性管理器"对话框。

（2）按前面的内容和方法设置"粗实线"、"细实线"、"虚线"、"点画（划）线"和"双点画（划）线"五个图层。这里最好还要建立一个"文字尺寸"层（白色、连续实线、线宽为 0.25mm）。最终结果如图 a 所示。

（3）单击左上角✕按钮，关闭"图层特性管理器"对话框。

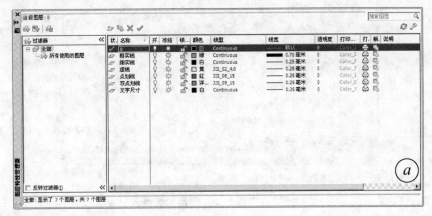

a

3） 绘制图框线并满显。

（1）将当前图层切换到"0"层。

（2）启动矩形命令，若此时移动鼠标，出现"动态输入"，则按【F12】键关闭它。绘制一个矩形，第一个角点为"0,0"，第二个角点为"297,210"。

（3）启动 ZOOM 命令，使用 E 方式，将矩形满显在绘图区窗口中。

【说明】

前面已说过，此步称为"绘制 A4 图框线并满显"。若是"绘制 A3 图框线并满显"，则只是指定第二个角点为 420,297，其他相同。

4） 进行草图设置。

（1）在状态栏左边"捕捉"、"栅格"、"极轴"、"对象捕捉"或"对象追踪"等上右击鼠标，从弹出的快捷菜中选择"设置"命令，弹出"草图设置"对话框。

（2）单击"极轴追踪"选项卡，切换到"极轴追踪"设置页面，将增量角设定为 15°。

（3）单击"对象捕捉"选项卡，切换到"对象捕捉"设置页面，将"对象捕捉模式"左侧选项全部选中，右侧选项全部清空。

（4）单击 确定 按钮，完成设置。

【说明】

前面已说过，此步称为"草图设置极轴增量角 15° 和对象捕捉左侧选项"。

5） 布局默认界面。

（1）在"草图与注释"工作空间下，单击快速访问工具栏的最右下拉按钮，从弹出的下拉选项中找到并选中"显示菜单栏"命令，将"菜单栏"显示出来。

（2）通过菜单"工具"→"工具栏"→"AutoCAD"下的子选项，将"对象捕捉"工具栏显示出来，并将其拖放到绘图区窗口的右边或左边。

【说明】

前面已说过，此步称为"布局默认界面"。

6）其他设置。

当然，以后还有文字、尺寸样式设置等，结果如图 b 所示。

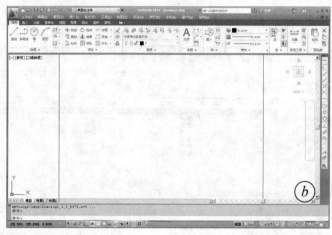

7）保存为样板文件并新建一个文档。

（1）单击快速访问工具栏中的"另存为"图标，弹出"图形另存为"对话框，将"文件类型"选为"AutoCAD 图形样板（*.dwt）"，输入"文件名"为"AutoCAD2012实训"，如图 c 所示。

【说明】

默认时，样板文件存放在隐藏文件夹 C:\Documents and Settings\Adding\Local Settings\Application Data\Autodesk\AutoCAD 2012 - Simplified Chinese\R18.2\chs\Template 中。

（2）单击 保存(S) 按钮，弹出"样板选项"对话框，暂不管它，单击 确定 按钮。

（3）关闭"AutoCAD2012实训.dwt"文档窗口。

（4）单击快速访问工具栏的新建图标，弹出"选择样板"对话框，在样板列表框中找到并选中"AutoCAD2012实训"，如图 d 所示。

（5）单击 打开(O) 按钮，新的基于"AutoCAD2012实训"样板的文件就创建好了。

【实训 5.1】就是样板文件创建和使用的过程，若新建的文档是默认文档时，则每次绘图开始前应进行以下几个设置：

① 布局默认界面或布局经典界面。
② 建立图层。
③ 绘制 A4 图框线并满显。
④ 草图设置极轴增量角 15°和对象捕捉左侧选项。

5.2 熟悉图层基本操作

当图层创建和设置后,就需要对图层进行切换、关闭、冻结等一些基本操作。

5.2.1 当前图层及其切换

在"图层特性管理器"对话框中,若单击"置为当前"按钮✔,则在图层列表框中选中的图层被置为当前,这样一来,"图层特性管理器"对话框关闭后,可在指定的当前层中绘制和操作图形对象。当然,当前图层还可以通过"图层"工具栏或在功能区"常用"→"图层"面板中的图层组合框中直接选定,如图 5.12 所示。

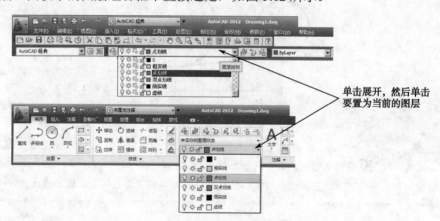

图 5.12 当前图层的切换

单击组合框展开后,可以看到已设置的图层,在名称及其右侧空白处单击要指定的图层列表项,可将该图层切换为当前图层。

5.2.2 关闭、冻结和锁定

在设置图层列表中或是在切换当前图层组合框中,每个图层列表项前面都有三个小图标,分别表示"打开和关闭"💡、"冻结和解冻"☼及"锁定和解锁"🔒。

"打开和关闭"是指当指定的图层打开时,它是可见的并且可以打印输出;而当指定的图层关闭时,它是不可见的并且不能打印,但系统后台还会重生成它。

"冻结和解冻"是指当指定的图层被冻结后,它是不可见的,不能打印且也不会重生成,这样一来,ZOOM、PAN 等操作的运行速度将会有所提高。

"锁定和解锁"是指当指定的图层被锁定后,它虽然可见,但却不能编辑修改。

5.2.3 线宽显示

使用图层绘制图形时，由于各种线型都有相应的颜色标识，所以多数情况下是无须显示图线的线宽的。不过，若要进行"线宽"显示的切换，则可按下列方式进行。

单击状态栏区左边位置的"线宽"图标。若当前"线宽"是隐藏的，则单击"线宽"图标后显示"线宽"，此时图标背景是浅蓝色的，同时在命令行提示中出现"<线宽 开>"；若当前"线宽"显示是开启的，则单击"线宽"图标后关闭"线宽"显示，此时图标背景为深灰色，同时在命令行提示中出现"<线宽 关>"。

【实训 5.2】使用图层画图

下面来看一个图形，如图 5.13 所示，若是通过图层来绘制应如何进行呢？

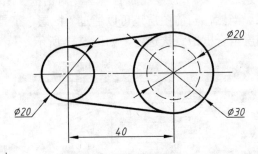

图 5.13 有线型要求的图形

分析 通常，绘制这样的图形时，首先将图层切换到"点画线"层，绘出三条点画线，然后将图层切换到"粗实线"层，绘出圆和切线，最后将图层切换到"虚线"层，绘出虚线圆。

步骤

1）准备绘图。

新建一个基于"AutoCAD2012 实训"样板（前面已介绍过）的文档。删除 A4 图框线，重新**绘制 150×100 图框并满显**。打开对象捕捉和极轴追踪（为印刷需要，将所有图层的颜色设置为"黑"色，同时打开"线宽"显示）。

2）绘制点画线。

（1）将当前图层切换到"点画线"层。

（2）启动直线命令（LINE），在图框中间绘制长约 80 的水平直线。

（3）重复直线命令，在左侧绘制长约 40 的竖直线，如图 a 所示。

（4）启动偏移命令（OFFSET），按命令行提示操作，将偏移左侧点画线 40 的右侧点画线绘出，如图 b 所示：

当前设置：删除源=否　图层=源　OFFSETGAPTYPE=0
指定偏移距离或 [通过(T)/删除(E)/图层(L)] <通过>：　40↵

> **选择要偏移的对象，或 [退出(E)/放弃(U)] <退出>：** 拾取刚绘制的竖直点画线，即图 a 中有方框标记的线
> **指定要偏移的那一侧上的点，或 [退出(E)/多个(M)/放弃(U)] <退出>：** 在竖直点画线右侧位置处单击鼠标
> **选择要偏移的对象，或 [退出(E)/放弃(U)] <退出>：** ✓

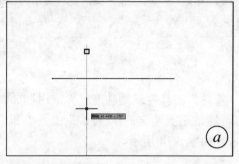 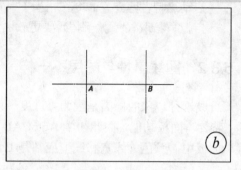

3）绘制轮廓线。

（1）将当前图层切换到"粗实线"层。

（2）启动圆命令（CIRCLE），指定图 b 中的交点 A 为圆心，输入 d 并按【Enter】键，然后输入直径"20"并按【Enter】键，圆绘出。

（3）重复圆命令，指定另一个交点 B 为圆心，绘出 φ30 的圆，结果如图 c 所示。

（4）使用直线命令（LINE），绘制两个圆的切线。

（5）将当前图层切换到"虚线"层，将右侧 φ20 的虚线圆画出，结果如图 d 所示。

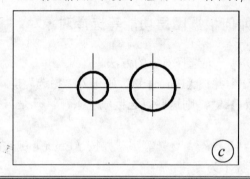 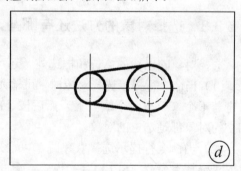

5.3 常见实训问题处理

在使用 AutoCAD 时，通常会出现一些问题，它们涉及许多方面，这里就图层和命令重复的一些操作问题作分析和解答。

5.3.1 发现新绘制的线条的图层错了

初学 AutoCAD 时总是过于关注图形的绘制，当图绘得差不多时或是新绘制时就发现"当前图层"不是要指定的图层怎么办？这里有两种常用的方法。

● 首先将所有绘制错误的图形对象选中，然后直接通过"图层"工具栏或功能区"常

用"页面中的"图层"面板,将它们的图层切换到指定的图层,然后按【Esc】键。需要说明的是,这样指定的图层并不能设置为"当前图层",故要养成先切换图层再绘图的习惯。
- 在"标准"工具栏或功能区"常用"页面中的"剪贴板"面板,找到并单击图标,启动"特性匹配"命令(相当于 Word 中的"格式刷"),选定要指定图层的源对象后,再拾取("刷一刷")要更改图层的对象。

5.3.2 图线属性与图层不一样

造成这种现象的原因是因为"过度"使用"特性"工具栏或是功能区"常用"页面中的"特性"面板功能,因此初学 AutoCAD 时尽可能地不要动它们。"特性"工具栏和"特性"面板中,颜色、线宽和线型应都是 ByLayer,如图 5.14 所示。

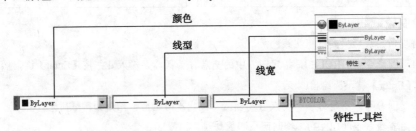

图 5.14 图线的特性

5.3.3 选择对象的方法还有哪些,如何根据图层功能等选择对象

选择对象除以往的单选和框选外,还可以有下列选择对象的方法。

(1)当命令行提示选择对象时,可输入"F"并按【Enter】键,则进入"栏选"模式。指定若干个(至少两个或以上)点后按【Enter】键,则这些点连接成一条链,凡是与链相交的对象都是选定的对象。

(2)当命令行提示选择对象时,可输入"?"、"/"、"*"等字符并按【Enter】键,则进入"选择"命令(SELECT)模式,命令行提示为:

无效选择
需要点或窗口(W)/上一个(L)/窗交(C)/框(BOX)/全部(ALL)/栏选(F)/圈围(WP)/圈交(CP)/编组(G)/添加(A)/删除(R)/多个(M)/前一个(P)/放弃(U)/自动(AU)/单个(SI)/子对象(SU)/对象(O)

再输入选项括号里的字符和词,进入相应的对象选择模式。其中:
- BOX 是框选中的窗口方式。
- ALL 是选择全部对象(冻结和锁定的图层除外)。
- WP 和 CP 是使用指定的多边形作为窗口,进行窗口和窗交选择。
- G 是选择组中的全部对象。
- A 是切换到添加模式,即后面的对象选择将添加到当前选择集中。
- R 是切换到删除模式,即后面的所选择的对象将从当前选择集中删除。
- M 是切换到多对象选择模式,当单独选择对象时,对象不亮显。
- P 是指定最近创建的选择集。

- U 是放弃最近添加到选择集的对象。
- AU 是切换到自动模式,即拾取到对象时为单个选择,若没有拾取到对象则进入框选模式。
- SI 是切换到单个模式,即只进行单个选择,若没有拾取到对象则不进入框选模式。
- SU 是切换到子对象模式,即可以选择整个对象中的子对象。例如,由矩形命令(RECTANG)创建的矩形是一个整体对象,当指定 SU 时,则可选定矩形的单独某个边。
- O 是结束选择子对象的功能,恢复到默认的对象模式。

特别需要说明的是,"添加(A)"、"自动(AU)"和"对象(O)"是默认的选择模式。

(3) 使用快速选择命令(QSELECT)。当命令为空时,用鼠标右击绘图区,从弹出的快捷菜单中选择"快速选择"命令;或是选择菜单"工具"→"快速选择";或是在功能区选择"常用"→"实用工具"→ (表示全部选择),将弹出如图 5.15 所示的对话框。

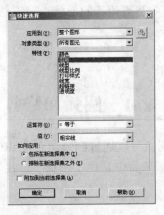

图 5.15 "快速选择"对话框

在"特性"列表中选中"图层",选择"运算符"为"= 等于",选择"值"为"粗实线"。单击 确定 按钮,所有"粗实线"对象被选中。

注意,快速选择(QSELECT)命令不能透明使用。这就意味着,使用它选择对象时,应在"修改"等编辑命令启动前完成。

思考与练习

(1) 说明哪些图层不能删除?
(2) 图层的关闭、冻结和锁定有什么区别?如何快速切换当前图层?
(3) 按【实训 5.1】的过程建立自己的样板文件。
(4) 使用图层并按线型要求重新绘制第四章的【实训 4.4】、【题图 4.1】和【题图 4.2】。

第 6 章

圆弧、修剪和过渡

圆弧连接是稍复杂平面图形中最常遇到的构成方法,为了能够快速绘制它们,AutoCAD 提供了圆弧命令、修剪及圆角等的形状过渡方法。本章主要内容有:
- 圆弧和修剪。
- 学会形状过渡。

6.1 圆弧和修剪

圆弧是常见的形状之一。圆弧可以通过圆弧命令(ARC)直接绘制,也可通过打断圆、修剪圆及圆角命令实现。由于圆角命令是属于形状"过渡"方法,后面还会专门讨论,所以这里先不进行详细讲解。

6.1.1 圆弧(ARC)

1. 命令方式

AutoCAD 中,圆弧的命令方式有("…"表示有子项):

命令名	ARC, A
快捷键	—
菜单	绘图→圆弧→…
工具栏	绘图→

功能区	常用→绘图→圆弧→…

需要强调的是,在功能区和菜单中,圆弧的子命令方式有 11 种,如图 6.1 所示。

2. 命令简例

首先任意画一条直线,如图 6.2(a)所示,然后在命令行输入命令名"A"并按【Enter】键,按命令行提示操作:

ARC 指定圆弧的起点或 [圆心(C)]: 指定图 6.2(a)中直线的端点 A

指定圆弧的第二个点或 [圆心(C)/端点(E)]: 指定图 6.2(a)中直线的端点 B,此时移动鼠标,结果如图 6.2(b)所示

指定圆弧的端点: 指定一点后,圆弧绘出,命令退出

第 6 章　圆弧、修剪和过渡

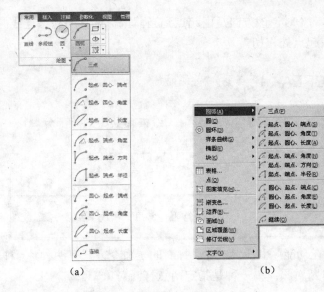

(a)　　　　　　　　　　　　(b)

图 6.1　圆弧的 11 种子命令方式

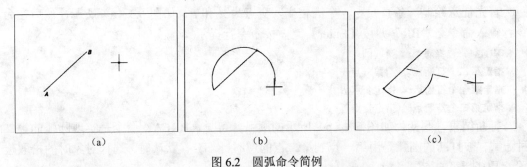

(a)　　　　　　　　(b)　　　　　　　　(c)

图 6.2　圆弧命令简例

这是默认的圆弧"三点"方式。撤销刚才绘制的圆弧，重启圆弧命令：

命令： a✓
ARC 指定圆弧的起点或 [圆心(C)]： c✓
指定圆弧的圆心： 指定图 6.2（a）中直线的中点
指定圆弧的起点： 指定图 6.2（b）中直线的端点 A，此时移动鼠标，结果如图 6.2（c）所示
指定圆弧的端点或 [角度(A)/弦长(L)]： 指定一点后，圆弧绘出，命令退出

这是圆弧的"圆心、起点、端点"方式，余下的方式可由读者自行测试。

【说明】

（1）当使用圆弧的"继续"方式时，或在显示提示"指定圆弧的起点或 [圆心(C)]："时直接按【Enter】键，则圆弧将从上一条直线、圆弧或多段线的端点开始，且新绘制的圆弧与它们相切。

（2）当指定"角度"时，该角度是指圆弧所对的圆心角的度数。若角度为正值时，则逆时针绘制圆弧；若角度为负值时，则顺时针绘制圆弧。若使用鼠标操作时，则当前动态连线与水平 x 轴的夹角就是要指定的角度。

（3）当指定"弦长"时，该弦长是圆弧两个端点连线的长度。若弦长为正值时，则逆时针绘制劣弧（圆心角小于 180°的圆弧）；若弦长为负值时，则逆时针绘制优弧（圆心角大于或等于 180°的圆弧）。

(4) 当指定"方向"时，该方向是由起点到当前鼠标位置的动态连线的方向，所绘制的圆弧与动态连线在起点处相切。

6.1.2 打断（BREAK）

打断命令（BREAK）用于将对象一分为二或去掉其中的一部分。

1. 命令方式

需要强调的是，在功能区和工具栏中，打断的子命令方式有两种：一种是"打断于点"，即用一个点来打断对象；另一种是指定两点打断对象。

2. 命令简例

首先任意绘制一条直线和一个圆相交，交点为 A 和 B，如图 6.3（a）所示，然后在命令行输入命令名"BR"并按【Enter】键，按命令行提示操作：

BREAK 选择对象： 拾取圆
指定第二个打断点 或 [第一点(F)]: f↙
指定第一个打断点： 指定交点 B
指定第二个打断点： 指定交点 A

打断结束，圆变为如图 6.3（b）所示的圆弧。可见，BREAK 命令是实现圆弧的第二种方式，被打断的圆弧是由第一点到第二点的逆时针部分。默认时，选择对象时的拾取位置就是打断第一点。

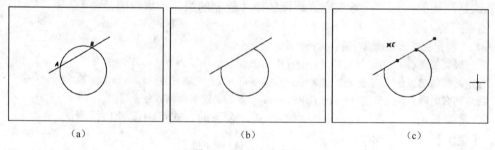

图 6.3 圆弧命令简例

启动 BREAK 的"打断于点"命令，按命令行提示操作：

命令:_break 选择对象： 拾取直线
指定第二个打断点 或 [第一点(F)]: _f
指定第一个打断点： 在直线外的图 6.3（c）点标记位置 C 处指定一点
指定第二个打断点:@

打断结束，单击直线时，可发现直线被打断两段，分段点是 C 到直线的垂足，如图 6.3（c）所示。

【实训 6.1】绘制键槽孔

下面来看一个示例，如图 6.4 所示是一个轮的键槽孔形状，现用直线、矩形、圆、打断和删除等命令绘出。

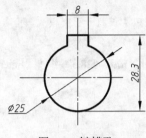

图 6.4 键槽孔

 绘制键槽孔的关键是如何绘出宽为 8 的方形缺口，且距圆最下面的象限为 28.3。

从目前所学来看，绘制方形缺口可有两种方案：第一种是先绘出长为 8 的线段，并以其中点为基点移至圆最下面的象限点处，再向上移动距离 28.3，最后从线段的两个端点开始画线至圆上交点即可；第二种是先绘出矩形（长为 8，高度不限），将其上边的中点为基点移至圆最下面的象限点处，再向上移动距离 28.3，最后打断删除或修剪（修剪命令后面将讨论）。**这里采用第二种方案**。

步骤

1）准备绘图。

启动 AutoCAD 或重新建立一个默认文档，按标准要求建立"点画线"和"粗实线"图层，草图设置对象捕捉左侧选项，绘制 100×75 图框并满显。

2）绘制点画线。

（1）将当前图层切换到"点画线"层。

（2）启动直线命令（LINE），在图框中间绘制长约 45 的相互垂直的两条直线，结果如图 a 所示。

3）绘制圆和矩形。

（1）打开"线宽"显示，将当前图层切换到"粗实线"层。

（2）启动圆命令（CIRCLE），指定交点为圆心，绘制直径为 φ25 圆。

（3）启动矩形命令（RECTANG），在任意位置绘制 8×10 的矩形框，结果如图 b 所示。

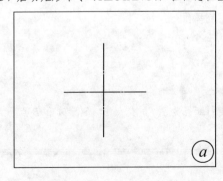
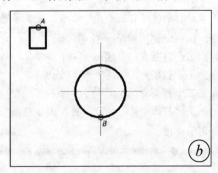

4）将矩形移动到位。

（1）启动移动命令（MOVE），拾取矩形并 结束拾取，指定矩形上边中点 A 为基点，移动光标至圆的最下面的象限点位置处，当出现"象限点"图符时，如图 c 所示，单击鼠标左键。

（2）将矩形向上移动 28.3。

① 启动移动命令（MOVE），按【F8】键打开正交模式，拾取矩形并 结束拾取，指定任意一点为基点，将鼠标向上移动，如图 d 所示。

② 当出现 正交：…<90° 追踪线时，输入"28.3"并按【Enter】键，结果如图 e 所示。

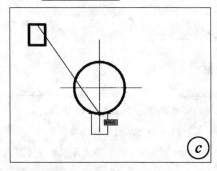

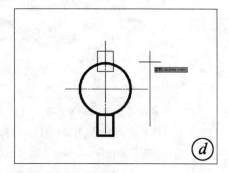

5）打断圆。

启动打断命令（BREAK），按提示进行下列操作，结果如图（f）所示：

BREAK 选择对象： 拾取圆
指定第二个打断点 或 [第一点(F)]: f✓
指定第一个打断点： 拾取图 e 的交点 B
指定第二个打断点： 拾取图 e 的交点 A

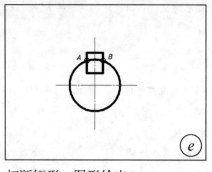

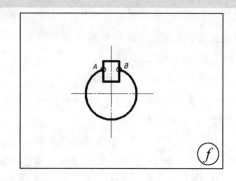

6）打断矩形，图形绘出。

（1）启动打断的"打断于点"命令，按提示进行下列操作：

命令: _break 选择对象： 拾取矩形
指定第二个打断点 或 [第一点(F)]: _f
指定第一个打断点： 拾取图 f 的交点 A
指定第二个打断点: @

（2）重复"打断于点"命令，拾取矩形对象，指定打断点为图 f 的交点 B，删除 A 和 B 点下面的矩形对象，图形绘出。

6.1.3 修剪(TRIM)

修剪命令（TRIM）是绘图中经常要使用的命令。

1. 命令方式

命令名	TRIM，TR		
快捷键	—		
菜单	修改→修剪	功能区	常用→修改→修剪
工具栏	修改→ /--		

2. 命令简例

首先任意绘制两条直线和一个圆相交，交点为 A、B 和 C、D，如图 6.5（a）所示，然后启动修剪命令，按命令行提示操作：

> 当前设置:投影=UCS，边=无
> 选择剪切边...
> 选择对象或 <全部选择>：拾取图 6.5（a）中之一直线 找到 1 个
> 选择对象： 拾取图 6.5（a）中另一直线 找到 1 个，总计 2 个
> 选择对象： ↙，结果如图 6.5（b）所示
> 选择要修剪的对象，或按住 Shift 键选择要延伸的对象，或
> [栏选(F)/窗交(C)/投影(P)/边(E)/删除(R)/放弃(U)]： 在图 6.5（b）的小方框位置处拾取圆，结果如图 6.5（c）所示
> 选择要修剪的对象，或按住 Shift 键选择要延伸的对象，或
> [栏选(F)/窗交(C)/投影(P)/边(E)/删除(R)/放弃(U)]： ↙

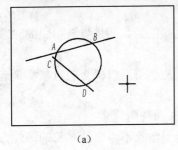 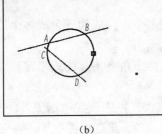 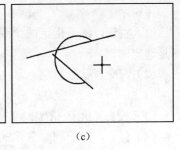

(a)　　　　　　　　　　(b)　　　　　　　　　　(c)

图 6.5　修剪命令简例一

从示例中可以看出，修剪命令（TRIM）过程分成两部分：一部分是选择剪切边对象；另一部分是选择要对象要修剪的部分。当指定图 6.5（a）中的两直线为剪切边对象后，圆被两直线分割为许多段。当在图 6.5（b）的小方框位置处拾取圆时，指定的是 BD 段，故结果如图 6.5（a）所示。若拾取圆的 AC 段，则 AC 段圆弧被修剪掉。

撤销修剪对象，重启修剪命令（TRIM），若这一次在选择剪切边对象时按【Enter】键，则选择全部对象（注意：没有选中标记），然后在图 6.5（b）的小方框位置处拾取圆，结果仍然如图 6.5（c）所示。由此可见，剪切边对象和被修剪对象可以是同一个对象。

再次撤销修剪对象，重启修剪命令（TRIM），按命令行提示操作：

> 当前设置:投影=UCS,边=无
> 选择剪切边...
> 选择对象或 <全部选择>: 拾取图6.6(a)中 CD 直线 找到 1 个
> 选择对象: ✓
> 选择要修剪的对象,或按住 Shift 键选择要延伸的对象,或
> [栏选(F)/窗交(C)/投影(P)/边(E)/删除(R)/放弃(U)]: e✓
> 输入隐含边延伸模式 [延伸(E)/不延伸(N)] <不延伸>: e✓
> 选择要修剪的对象,或按住 Shift 键选择要延伸的对象,或
> [栏选(F)/窗交(C)/投影(P)/边(E)/删除(R)/放弃(U)]: 拾取图6.6(b)AB 直线左侧,结果如图6.6(c)所示
> 选择要修剪的对象,或按住 Shift 键选择要延伸的对象,或
> [栏选(F)/窗交(C)/投影(P)/边(E)/删除(R)/放弃(U)]: ✓

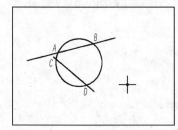 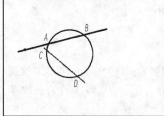 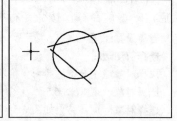

图6.6　修剪命令简例二

由此可见,当指定"边"选项为"延伸"时,若指定被修剪对象,则延伸的交点也被计算在内。但是,延伸的交点有时会产生误剪现象,尤其是在修剪图案填充时更应注意。修剪命令(TRIM)中还有一些其他选项,下面作一些说明。

【说明】

(1)**栏选**,就是指定两个或多个点构成的一个或多个连接的链,凡是与链相交的对象都是选定的对象。

(2)**窗交**,就是指定一个由两个角点决定的矩形窗口,凡是与窗口相交的对象都是选定的对象。

(3)**投影**,用于指定投影模式,投影模式包括无、UCS 和视图。

(4)**删除**,用于删除选定的对象。此选项提供了一种用于删除不需要的对象的简便方式,且无须退出 TRIM 命令。

(5)**放弃**,撤销由修剪命令所做的最近一次的对象修剪。

6.1.4　延伸(EXTEND)

延伸用于将选定的对象与某个对象相接。

1. 命令方式

命令名	EXTEND, EX		
快捷键	—		
菜单	修改→延伸	功能区	常用→修改→修剪▼→延伸
工具栏	修改→--/		

2. 命令简例

绘制一些直线,如图 6.7(a)所示,然后启动延伸命令,按命令行提示操作:

当前设置:投影=UCS,边=延伸
选择边界的边...
选择对象 或 **<全部选择>**: 拾取图 6.7(a)中 V 型其中一直线 **找到 1 个**
选择对象: 拾取图 6.7(a)中 V 型另一直线 **找到 1 个,总计 2 个**
选择对象: ✓
选择要延伸的对象,或按住 Shift 键选择要修剪的对象,或
[栏选(F)/窗交(C)/投影(P)/边(E)/放弃(U)]: 按图 6.7(a)中的小方框标记位置处拾取左侧直线(注意靠右拾取),结果如图 6.7(b)所示
选择要延伸的对象,或按住 Shift 键选择要修剪的对象,或
[栏选(F)/窗交(C)/投影(P)/边(E)/放弃(U)]: 再在刚才直线的右侧拾取,结果如图 6.7(b)所示
选择要延伸的对象,或按住 Shift 键选择要修剪的对象,或
[栏选(F)/窗交(C)/投影(P)/边(E)/放弃(U)]: 再在刚才直线的右侧拾取,没有反应
对象未与边相交。
选择要延伸的对象,或按住 Shift 键选择要修剪的对象,或
[栏选(F)/窗交(C)/投影(P)/边(E)/放弃(U)]: ✓

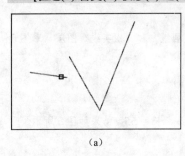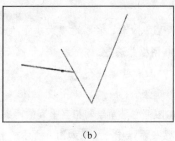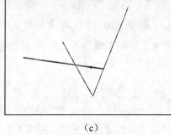

(a)　　　　　　　　　　(b)　　　　　　　　　　(c)

图 6.7　延伸命令简例

从示例中可以看出,延伸与修剪命令过程几乎一样。也正是如此,两者命令过程中有【Shift】键的操作互换:在修剪命令过程按【Shift】键选择对象**延伸**,而在延伸命令过程按【Shift】键选择对象修剪。

但是,要注意延伸对象的拾取位置,它决定延伸的方向。对于直线来说,以中点为界,拾取左侧则向左延伸,拾取右侧则向右延伸。若有可延伸的边界,则延伸,否则不进行处理。

延伸命令的选项的含义与修剪相同,这里不再赘述。

【实训 6.2】圆弧连接

如图 6.8 所示是一个圆弧连接的平面图形,若用直线、圆、复制、偏移和修剪等命令绘制,应如何进行呢?

分析　事实上,绘制平面图形前应首先进行线段和尺寸分析,以后还会专门讨论。这里直接给出本例绘制的方案,即首先绘出圆的点画线及圆,接着绘出 $R54$ 圆弧及最下面的水平线与 $R60$ 圆弧,再绘出 $R50$ 圆弧及其相连的水平线,最后绘出 $R10$ 的两处圆弧。

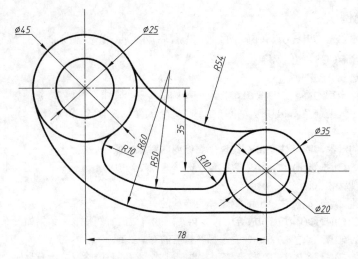

图 6.8　圆弧连接图形

1）准备绘图。

启动 AutoCAD 或重新建立一个默认文档，按标准要求建立"点画线"和"粗实线"图层，草图设置对象捕捉左侧选项，绘制 150×100 图框并满显。

2）绘制点画线。

（1）将当前图层切换到"点画线"层。

（2）启动直线命令（LINE），在图框左上角绘制相互垂直的两条线，长约 55，结果如图 a 所示。

（3）启动复制命令（COPY），按提示操作，结果如图 b 所示：

选择对象：　使用窗交框选　指定对角点：　窗交所有点画线　找到 2 个
选择对象： ✓
当前设置：　复制模式 = 多个
指定基点或 [位移(D)/模式(O)] <位移>： 指定"相交"点捕捉　_int 于 指定相互垂直的两直线交点
指定第二个点或 [阵列(A)] <使用第一个点作为位移>： @78,-35 ✓
指定第二个点或 [阵列(A)/退出(E)/放弃(U)] <退出>： ✓

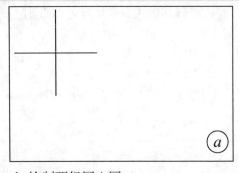
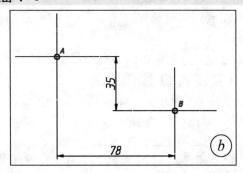

3）绘制两组同心圆。

（1）打开"线宽"显示，将当前图层切换到"粗实线"层。

（2）启动圆命令（CIRCLE），指定图 b 中小圆标记的交点 A 为圆心，绘制直径为 $\phi25$、$\phi45$ 圆。

(3)重复启动圆命令(CIRCLE),指定图 b 中小圆标记的交点 B 为圆心,绘制直径为 φ20、φ35 圆,结果如图 c 所示。

4)绘制 R54 圆弧。

(1)启动圆命令(CIRCLE),输入"T"并按【Enter】键指定"切点、切点、半径"方式,分别按图 c 中小方框标记位置处拾取 φ45 和 φ35 圆,输入半径"54"并按【Enter】键,结果如图 d 所示。

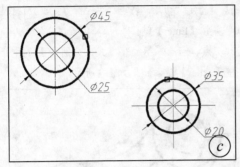
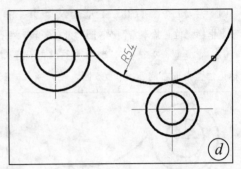

(2)启动修剪命令(TRIM),拾取 φ45 和 φ35 圆为剪切边对象,在图 d 小方框位置处拾取 R54 圆要修剪的部分,结果如图 e 所示。

5)绘制最下方水平线和 R60 连接弧。

(1)启动直线命令(LINE),在图 e 小方框位置处拾取圆的象限点,向左绘制水平线,长约 70 左右,如图 f 所示。

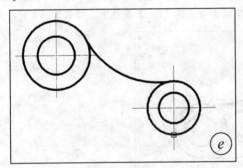
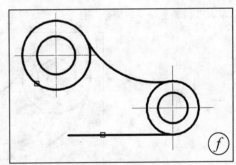

(2)启动圆命令(CIRCLE),输入"T"并按【Enter】键指定"切点、切点、半径"方式,分别按图 f 中小方框标记位置拾取 φ45 圆和直线,输入半径"60"并按【Enter】键,结果如图 g 所示。

(3)启动修剪命令(TRIM),按图 g 中小方框标记位置分别拾取 φ45、直线和刚绘的圆为剪切边对象并结束拾取,按图 g 中小圆位置处拾取直线和新绘制的圆要修剪的部分,结果如图 h 所示。

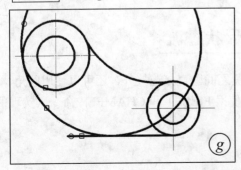
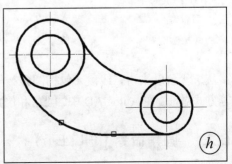

6) 绘出 R50 圆弧及其相连的水平线。

（1）启动偏移命令（OFFSET），指定偏移距离为 10，当选择偏移对象时，按图 h 中小方框标记位置拾取圆弧，并指定向上的内侧为偏移方向。

（2）拾取直线，并指定上方为偏移方向。按【Esc】键退出，结果如图 i 所示。

7) 绘出 R10 圆弧，图形绘出。

（1）启动圆命令（CIRCLE），输入"T"并按【Enter】键指定"切点、切点、半径"方式，分别按图 i 中小方框标记位置拾取左侧 ø45 圆和圆弧，输入半径"10"并按【Enter】键。

（2）重复圆命令，输入"T"并按【Enter】键指定"切点、切点、半径"方式，分别按图 i 中小方框标记位置拾取右侧直线和 ø35 圆，输入半径"10"并按【Enter】键，结果如图 j 所示。

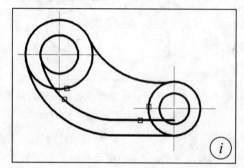 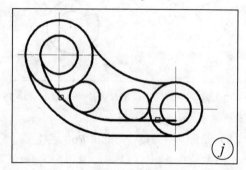

（3）启动修剪命令（TRIM），拾取刚绘出的两个圆为剪切边对象并结束拾取，在图 j 中小方框位置处拾取 R50 圆弧要修剪的部分，再拾取直线对象要修剪的部分，按【Esc】键退出，结果如图 k 所示。

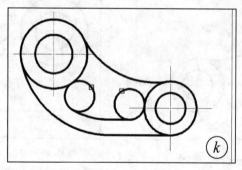

（4）重复修剪命令（TRIM），选择全部对象为剪切边对象，在图 k 中小方框位置处拾取圆弧要修剪的部分（注意：要将"边"选项首先还原为默认的"不延伸"方式），按【Esc】键退出，图形绘出。

6.2　学会形状过渡

从形状角度来讲，线段（包括圆弧）与线段之间除直接连接外，还可以使用圆角、倒角等方式过渡。在 AutoCAD 中，圆角和倒角是使用 FILLET 和 CHAMFER 命令来实现的。

6.2.1　圆角命令（FILLET）

圆角是用指定半径的圆弧来连接两个对象，且圆弧与对象相切。这就是说，上述

【实训 6.2】中的 R10 圆弧使用圆角命令绘出更为简便。

1. 命令方式

命令名	FILLET，F
快捷键	—
菜单	修改→圆角
工具栏	修改→⌐

功能区	常用→修改→⌐圆角

2. 命令简例

绘制一些直线和圆弧，如图 6.9（a）所示，然后启动圆角命令（FILLET），按提示操作：

> 当前设置：模式 = 修剪，半径 = 0.0000
> 选择第一个对象或 [放弃(U)/多段线(P)/半径(R)/修剪(T)/多个(M)]：r↙
> 指定圆角半径 <0.0000>： 10↙
> 选择第一个对象或 [放弃(U)/多段线(P)/半径(R)/修剪(T)/多个(M)]： 按图 6.9（a）中的小方框标记位置处拾取下方直线，将光标移至上方直线，结果如图 6.9（b）所示
> 选择第二个对象，或按住【Shift】键选择对象以应用角点或 [半径(R)]： 按图 6.9（a）中的小方框标记位置处拾取另一直线，结果如图 6.9（c）所示

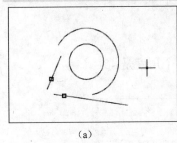 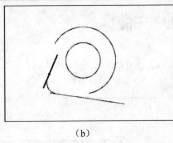 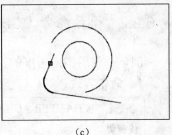

（a）　　　　　　　　　　　（b）　　　　　　　　　　　（c）

图 6.9　圆角命令简例一

从示例中可以看出，圆角命令分两步：第一步指定圆角半径；第二步拾取被圆角的两个对象。圆角绘出时，被圆角的两个对象的多余部分被修剪，但对整圆不修剪。当然，还可以重置"修剪"选项，下面来看看。

重复圆角命令（FILLET），按命令行提示操作：

> 当前设置：模式 = 修剪，半径 = 10.0000
> 选择第一个对象或 [放弃(U)/多段线(P)/半径(R)/修剪(T)/多个(M)]： 拾取圆
> 选择第二个对象，或按住 Shift 键选择对象以应用角点或 [半径(R)]： 按图 6.9（c）中的小方框标记位置处拾取直线，圆角绘出，结果如图 6.10（a）所示
> 命令： ↙
> FILLET
> 当前设置：模式 = 修剪，半径 = 10.0000
> 选择第一个对象或 [放弃(U)/多段线(P)/半径(R)/修剪(T)/多个(M)]：t↙
> 输入修剪模式选项 [修剪(T)/不修剪(N)] <修剪>： n↙
> 选择第一个对象或 [放弃(U)/多段线(P)/半径(R)/修剪(T)/多个(M)]： 按图 6.10（a）中的小方框标记位置处拾取圆弧
> 选择第二个对象，或按住 Shift 键选择对象以应用角点或 [半径(R)]： 按图 6.10（a）中的小方框标记位置处拾取直线，圆角绘出，结果如图 6.10（b）所示

需要说明的是,若"修剪"开启,则结果如图6.10(c)所示。另外,圆角命令(FILLET)中还有一些其他选项,下面来说明。

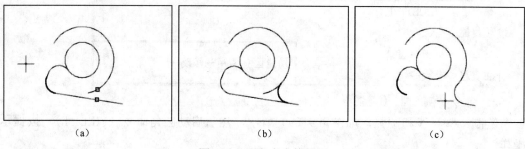

图6.10 圆角命令简例二

【说明】

(1) **放弃**。放弃命令的当前操作,恢复上一个操作(似乎不起作用)。

(2) **多线段**。拾取二维多段线,将其所有与直线段相交的部分用圆角过渡。

(3) **多个**。用相同的半径重复圆角过程,直到按【Esc】键、【Enter】键或【Space】键退出。

6.2.2 倒角命令(CHAMFER)

倒角是使用指定角度的直线连接两个对象。默认时,这个角度是45°。

1. 命令方式

2. 命令简例

首先绘制一些直线,如图6.11(a)所示,然后启动倒角命令(CHAMFER),按提示操作:

("不修剪"模式)当前倒角距离 1 = 0.0000,距离 2 = 0.0000
选择第一条直线或 [放弃(U)/多段线(P)/距离(D)/角度(A)/修剪(T)/方式(E)/多个(M)]: 按图6.11(a)中的小方框标记位置处拾取直线 1
选择第二条直线,或按住【Shift】键选择直线以应用角点或 [距离(D)/角度(A)/方法(M)]: 按图6.11(a)中的小方框标记位置处拾取直线 2

命令退出,没有任何反应。由此可见,命令使用时一定要查看命令已设定的参数值。重复倒角命令(CHAMFER),这一次指定修剪和距离,按提示操作:

("不修剪"模式)当前倒角距离 1 = 0.0000,距离 2 = 0.0000
选择第一条直线或 [放弃(U)/多段线(P)/距离(D)/角度(A)/修剪(T)/方式(E)/多个(M)]: t↙
输入修剪模式选项 [修剪(T)/不修剪(N)] <不修剪>: t↙
选择第一条直线或 [放弃(U)/多段线(P)/距离(D)/角度(A)/修剪(T)/方式(E)/多个(M)]: d↙
指定 第一个 倒角距离 <0.0000>: 10↙

指定 第二个 倒角距离 <10.0000>: 15✓
选择第一条直线或 [放弃(U)/多段线(P)/距离(D)/角度(A)/修剪(T)/方式(E)/多个(M)]: 按图 6.11（a）中的小方框标记位置处拾取直线 *1*
选择第二条直线，或按住 Shift 键选择直线以应用角点或 [距离(D)/角度(A)/方法(M)]: 按图 6.11（a）中的小方框标记位置处拾取直线 *2*

命令退出，结果如图 6.11（b）所示。由此可见，第一个倒角距离是指从两直线的交点处开始在第一次拾取的直线上的距离，而第二个倒角距离是指从交点处开始在第二次拾取的直线上的距离。重复倒角命令（CHAMFER），这一次指定角度，按提示操作：

("修剪"模式) 当前倒角距离 1 = 10.0000，距离 2 = 15.0000
选择第一条直线或 [放弃(U)/多段线(P)/距离(D)/角度(A)/修剪(T)/方式(E)/多个(M)]: a✓
指定第一条直线的倒角长度 <0.0000>: 10✓
指定第一条直线的倒角角度 <0>: 60✓
选择第一条直线或 [放弃(U)/多段线(P)/距离(D)/角度(A)/修剪(T)/方式(E)/多个(M)]: 拾取图 6.11（b）的直线 *1*
选择第二条直线，或按住 Shift 键选择直线以应用角点或 [距离(D)/角度(A)/方法(M)]: 拾取图 6.11（b）的直线 *3*

命令退出，结果如图 6.11（c）所示。由此可见，倒角长度是指从两直线的交点处开始在第一次拾取的直线上的距离，而倒角角度是指倒角线与第一次拾取的直线的角度。

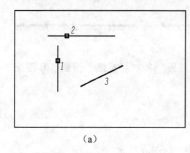
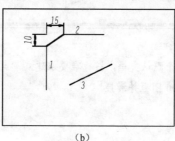
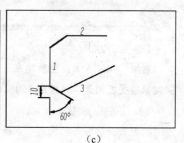

图 6.11 倒角命令简例

从示例中还可看出，倒角命令分两步：第一步是设置倒角参数；第二步是拾取被倒角的两个对象。

需要强调的是，若在选择倒角对象同时按住【Shift】键，则使用尖角（倒角距离为"0"）代替倒角，即两直线汇交于一点。另外，倒角命令（CHAMFER）中还有一些其他选项，下面来说明。

【说明】
（1）**放弃**。放弃命令的当前操作，恢复上一个操作（似乎也不起作用）。
（2）**多线段**。拾取二维多段线，将其所有与直线段相交的部分用倒角过渡。
（3）**多个**。用相同的参数重复倒角过程，直到按【Esc】键、【Enter】键或【Space】键退出。

【实训 6.3】利用圆角和倒角绘图

下面来看一个图形，如图 6.12 所示，若用圆、直线、修剪、倒角和圆角等命令来绘制应如何进行呢？

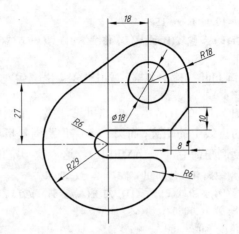

图6.12 圆角和倒角绘图图例

分析 事实上,相比【实训6.2】的图形来说,该图形比较简单,绘制时应首先绘出点画线及R29、R6、R18和φ18的圆,接着绘出图中的水平线、竖直线和左上部分的连接线,最后进行倒角和圆角。

步骤

1)准备绘图。

启动AutoCAD或重新建立一个默认文档,按标准要求建立"点画线"和"粗实线"图层,草图设置对象捕捉左侧选项,绘制150×100图框并满显。

2)绘制点画线。

(1)将当前图层切换到"点画线"层。

(2)启动直线命令(LINE),在图框左下角绘制长约45的十字线,如图 a 所示。

(3)启动复制命令(COPY),按提示操作,结果如图 b 所示:

选择对象: 使用窗交框选 **指定对角点:** 窗交所有点画线 **找到 2 个**
选择对象: ✓
当前设置: 复制模式 = 多个
指定基点或 [位移(D)/模式(O)] <位移>: 指定"相交"点捕捉 _int 于 指定十字线的交点
指定第二个点或 [阵列(A)] <使用第一个点作为位移>: @18,27✓
指定第二个点或 [阵列(A)/退出(E)/放弃(U)] <退出>: ✓

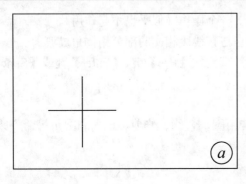
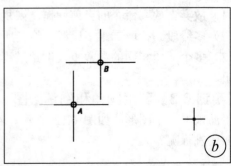

3）绘制圆。

（1）打开"线宽"显示，将当前图层切换到"粗实线"层。

（2）启动圆命令（CIRCLE），指定图 b 中小圆标记的交点 A 为圆心，绘制半径为 R6、R29 的圆。

（3）重复启动圆命令（CIRCLE），指定图 b 中小圆标记的交点 B 为圆心，绘制直径为 ø18、半径为 R18 的圆，结果如图 c 所示。

4）绘制所有的直线。

（1）启动直线命令（LINE），绘出 AB 切线。

（2）重复直线命令（LINE），绘出分别从图 c 中小方框 1、2 位置处的圆的象限点开始的向右水平线，要超出半径为 R29 的圆的最右侧。

（3）再重复直线命令（LINE），绘出从图 c 小方框 3 位置处的圆的象限点开始的向下竖直线，结果如图 d 所示。

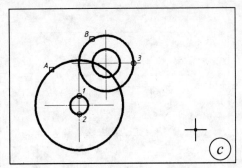
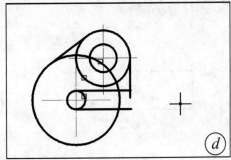

5）修剪过渡，图形绘出。

（1）首先启动修剪命令（TRIM），拾取所有粗实线为剪切边对象并 结束拾取，然后按图 d 中小方框位置处拾取圆要修剪的部分，结果如图 e 所示。

（2）首先启动圆角命令（FILLET），指定"修剪"模式、圆角半径为 R6，然后按图 e 中小方框位置处拾取点 A 和 B。

（3）首先启动倒角命令（CHAMFER），指定"修剪"模式，指定第一个倒角距离为 8，第二个倒角距离为 10，然后按图 e 中小方框位置处拾取直线 1 和 2，结果如图 f 所示，图形绘出。

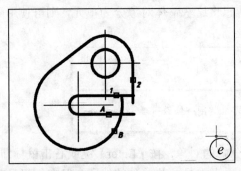
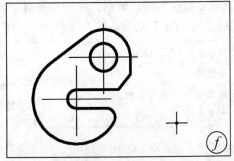

6.3 常见实训问题处理

在使用 AutoCAD 时，通常会出现一些问题，它们涉及许多方面，这里就圆角和倒角等方面的一些操作问题作分析和解答。

6.3.1 如何为矩形作圆角过渡

首先启动圆角命令（FILLET），指定圆角半径和"多段线"选项，然后拾取矩形即可，如图 6.13（a）所示。当然，也可在矩形命令中指定圆角，如下面的操作：

命令: _rectang
指定第一个角点或 [倒角(C)/标高(E)/圆角(F)/厚度(T)/宽度(W)]: f↵
指定矩形的圆角半径 <0.0000>: 6↵
指定第一个角点或 [倒角(C)/标高(E)/圆角(F)/厚度(T)/宽度(W)]: 任意
指定另一个角点或 [面积(A)/尺寸(D)/旋转(R)]: 任意

绘出的矩形的四个角是 R6 圆角，如图 6.13（b）所示。类似地，还有矩形的倒角问题，利用同样的方法解决！

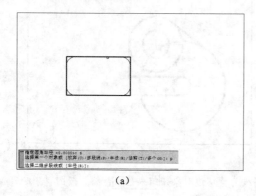
(a)

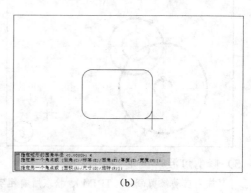
(b)

图 6.13 矩形圆角

6.3.2 如何将整体对象分为单元

AutoCAD 的图形命令对象都是整体对象，如多边形、矩形、多段线等，尽管它们可能由直线或圆弧组成，但它们是一个整体。若想将这些整体对象分为单元，则可使用分解命令（EXPLODE）来"炸开"、"打散"它们：

命令名	EXPLODE		
快捷键	—		
菜单	修改→分解		
工具栏	修改→🔨	功能区	常用→修改→🔨

分解命令（EXPLODE）启动后，选择要分解的对象，按【Enter】键或右击鼠标即可。特别需要说明的是，当整体对象修剪后，虽然看上去是一些单独的线段，但它们仍是整体对象，此时有些操作是无法进行的，必须首先将整体对象"炸开"。

思考与练习

（1）若绘制一个半径为 6 的左侧半圆，请问有几种方法？
（2）思考修剪的主要步骤有哪些？
（3）使用圆角、圆弧等命令重绘【实训 6.2】的图形。
（4）建立点画线、粗实线图层，绘制如题图 6.1 所示的图形（尺寸不标）。

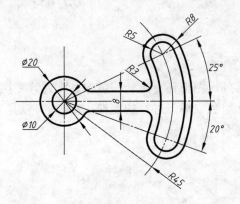

题图 6.1

第 7 章

旋转、镜像和阵列

除移动、复制、偏移外，图形还有旋转、镜像、阵列等变换。这些变换有两个特点：一是均以选定的对象为一组独立单元进行的变换；二是均可以是以选定的对象为源对象的复制操作。本章主要内容有：
- 学会旋转和镜像。
- 熟悉图形阵列。

7.1 学会旋转和镜像

图形的旋转和镜像是常见的图形变换手段。在使用它们之前首先来看看"多边形"命令。

7.1.1 多边形（POLYGON）

各边相等，各角也相等的多边形称为**正多边形**。AutoCAD 中的多边形命令（POLYGON）用于绘制"正多边形"。

1. 命令方式

命令名	POLYGON, POL
快捷键	—
菜单	绘图→多边形
工具栏	绘图→⬠

功能区	常用→ ⬠ ·下拉→⬠

2. 命令简例

首先绘制一个任意大小的圆，如图 7.1（a）所示，然后启动 POLYGON 命令：

POLYGON 输入侧面数 <4>: 7✓
指定正多边形的中心点或 [边(E)]: 指定圆的圆心
输入选项 [内接于圆(I)/外切于圆(C)] <I>: ✓
指定圆的半径: 移动光标至圆右侧象限点，如图 7.1（b）所示，单击鼠标左键，正多边形绘出

撤销刚才的正七边形，再次启动 POLYGON 命令：

POLYGON 输入侧面数 <4>: 7↙
指定正多边形的中心点或 [边(E)]: 指定圆的圆心
输入选项 [内接于圆(I)/外切于圆(C)] <I>: c↙
指定圆的半径: 移动光标至圆右侧象限点，如图 7.1（c）所示，单击鼠标左键，正多边形绘出

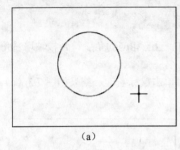 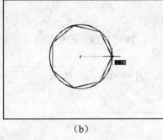 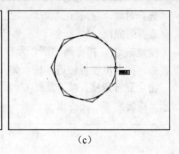

(a)　　　　　　　　　　　(b)　　　　　　　　　　　(c)

图 7.1　正多边形命令简例一

多边形命令（POLYGON）还有"边"选项，下面来看一看。撤销刚才的正七边形，删除圆，启动 POLYGON 命令：

命令: _polygon 输入侧面数 <4>: 7↙
指定正多边形的中心点或 [边(E)]: e↙
指定边的第一个端点: 任意　指定边的第二个端点: 如图 7.2（a）所示，极轴…<330° 30↙

边长为 30 的正七边形绘出，如图 7.2（b）所示。由此可见，由两点指定的参考连线的大小和方向就是多边形的"边"的大小和方向。

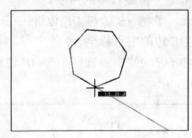 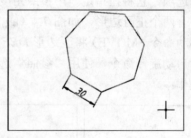

图 7.2　正多边形命令简例二

7.1.2　旋转（ROTATE）

旋转用于将选定的对象围绕基点旋转一定的角度。若在旋转之后还保留原来的副本，则称为**旋转复制**。

1. 命令方式

命令名	ROTATE, RO		
快捷键	—		
菜单	修改→旋转	功能区	常用→修改→旋转
工具栏	修改→		

2. 命令简例

首先绘制一个圆和一个正五边形，其中，正五边形的中心在圆上，如图7.3（a）所示，然后在命令行输入命令名"RO"并按【Enter】键，按命令行提示操作：

> **ROTATE**
> **UCS 当前的正角方向： ANGDIR=逆时针　ANGBASE=0**
> **选择对象：** 拾取正五边形　找到 1 个
> **选择对象：** ✓
> **指定基点：** 指定圆的圆心为基点后，移动鼠标，若极轴追踪打开，且当相应的角度符合极轴增量角设置时，则会出现极轴追踪线，如图7.3（b）所示
> **指定旋转角度，或 [复制(C)/参照(R)] <0>：** 当为 极轴...<75° 时单击鼠标左键，结果如图7.3（c）所示，旋转完毕，命令退出

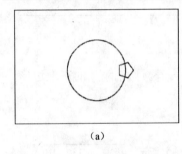
(a)
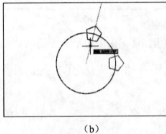
(b)
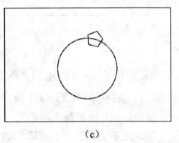
(c)

图7.3　旋转命令简例一

旋转命令（ROTATE）还有"复制"选项，它将在原位置保留源对象。除此之外，还有"参照"选项，它将在指定一个参照角度的基础上再旋转新的角度。

例如，有两个正五边形，如图7.4（a）所示，若将 AB 边与 DE 边拼接在一起，则可首先启动移动命令（MOVE）将五边形 DEF 以 DE 边的中点移至 AB 的中点，如图7.4（b）所示，然后启动旋转命令，使用"参照"选项将 DE 边绕中点旋转至与 AB 边重合，如下面所示的操作：

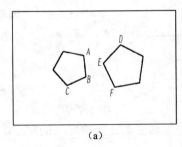
(a)
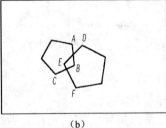
(b)
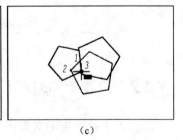
(c)

图7.4　旋转命令简例二

> **UCS 当前的正角方向： ANGDIR=逆时针　ANGBASE=0**
> **选择对象：** 拾取图7.4（b）中的正五边形 DEF　找到 1 个
> **选择对象：** ✓
> **指定基点：** 指定 AB 或 DE 边的中点为基点
> **指定旋转角度，或 [复制(C)/参照(R)] <0>：** r✓
> **指定参照角 <0>：** 参看图7.4（c）的 1 位置，拾取 AB 或 DE 边的中点为第一点　**指定第二点：** 参看图7.4（c）的 2 位置，拾取 DE 边的端点

指定新角度或 [点(P)] <0>: 移动光标至图7.4（c）的3位置处的 **AB边** 的端点，当出现"端点"捕捉图符时单击鼠标左键，图形绘出

由此可见，在旋转命令过程用鼠标操作来指定角度更为直观一些。

 如图7.4（a）所示，若将角ABC（B为顶点）与角DEF（E为顶点）重复，则如何操作？

7.1.3 镜像（MIRROR）

镜像就是将所拾取的图元对象以指定的一个直线为对称轴（镜像线）进行对称复制。

1. 命令方式

命令名	MIRROR，MI
快捷键	—
菜单	修改→镜像
工具栏	修改→⚠
功能区	常用→修改→镜像

2. 命令简例

首先任意绘制一条直线和一个圆，如图7.5（a）所示，然后在命令行输入命令名"MI"并按【Enter】键，按命令行提示操作：

MIRROR
选择对象： 拾取圆 **找到 1 个**
选择对象： ✓
指定镜像线的第一点： 拾取直线的一个端点 **指定镜像线的第二点：** 将光标移至直线的另一个端点，如图7.5（b），当出现"端点"捕捉图符时单击鼠标左键
要删除源对象吗？[是(Y)/否(N)] <N>: ✓

镜像结束，结果如图7.5（c）。

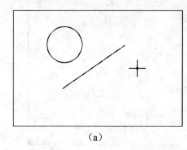 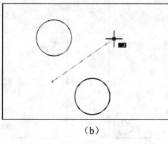 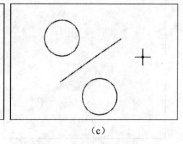

(a)　　　　　　　　　　(b)　　　　　　　　　　(c)

图7.5　镜像命令简例

【实训7.1】旋转镜像绘图

下面来看一个图形，如图7.6所示，若用直线、圆、旋转、镜像和修剪等命令绘制应如何进行呢？

事实上，本例图形是一个左右对称的图形，可用镜像来完成。但难点在左上和右上部分的直角上。若要绘出这样的直角则可首先绘出60°角的斜线，在斜线上找出距圆心垂直距离为56的定位点，然后以此定位点为第一角点，绘出宽（长）为20的矩形（高度不

限），然后旋转即可。具体的绘制步骤如下。

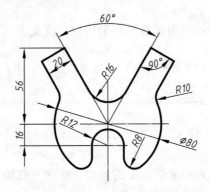

图 7.6　旋转和镜像绘图图例

1）准备绘图。

启动 AutoCAD 或重新建立一个默认文档，按标准要求建立"点画线"和"粗实线"图层，草图设置对象捕捉左侧选项，绘制 150×100 图框并满显。

2）绘制点画线。

（1）将当前图层切换到"点画线"层。

（2）启动直线命令（LINE），在图框中间偏下位置绘出两条相互垂直的直线，水平直线长约 90，竖直直线长约 70。注意，水平点画线距图框最下面的边不要超出 40，如图 a 所示。

（3）启动偏移命令（OFFSET），指定偏移距离为 56，拾取图 a 中有小方框标记的水平点画线，在该线上方单击鼠标左键，按【Enter】键退出。

（4）重复偏移命令，指定偏移距离为 16，拾取图 a 中有小方框标记的水平点画线，在该线下方单击鼠标左键，按【Enter】键退出，结果如图 b 所示。

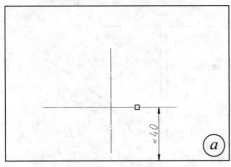
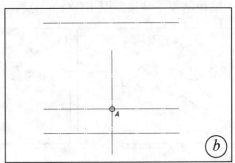

（5）启动直线命令（LINE），拾取图 b 中的交点 A 为第一点，打开极轴追踪，沿极轴…<60° 追踪线方向移至最上面的水平点画线，当出现"交点"捕捉图符时，如图 c 所示，单击鼠标左键。退出直线命令。

3）绘制圆。

（1）打开"线宽"显示，将当前图层切换到"粗实线"层。

（2）启动圆命令（CIRCLE），指定图 c 中小圆标记的交点 A 为圆心，绘制直径为 ϕ80 圆。

（3）重复启动圆命令，指定图 c 中小圆标记的交点 B 为圆心，绘制半径为 R12 的圆，结果如图 d 所示。

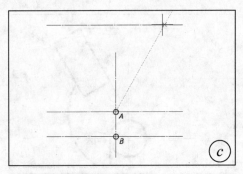
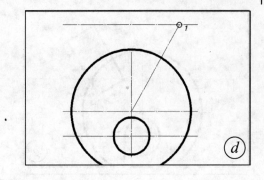

4）绘制矩形并旋转。

（1）启动矩形命令（RECTANG），指定图 d 中小圆标记的交点 1 为第一角点，输入"@20,-40"并按【Enter】键，矩形绘出，结果如图 e 所示。

（2）启动旋转命令（ROTATE），按提示操作，结果如图 f 所示：

UCS 当前的正角方向： ANGDIR=逆时针 ANGBASE=0
选择对象： 拾取图 e 的矩形 找到 1 个
选择对象： ✓
指定基点：将光标移至图 e 中小圆标记的交点 1，当出现点捕捉图符时单击鼠标左键
指定旋转角度，或 [复制(C)/参照(R)] <0>：r✓
指定参照角 <0>： 指定图 e 的交点 1 为第一点 指定第二点： 指定图 e 的角点 2 为第二点
指定新角度或 [点(P)] <0>： 将光标移至图 e 中交点 3 位置，当出现点捕捉图符时单击鼠标左键

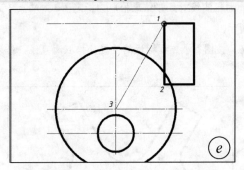
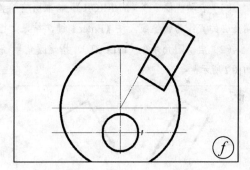

5）绘制直线并修剪圆。

（1）启动直线命令（LINE），从图 f 中象限点 1 位置处开始向下绘出一竖直线，如图 g 所示。

（2）启动分解命令（EXPLODE）将矩形"打散"。

（3）启动修剪命令（TRIM），拾取图框和矩形右侧边为剪切边对象并结束拾取，在图 g 中的小方框位置处拾取大圆要修剪的部分，再拾取图框下方外面的大圆要修剪的部分，按【Enter】键退出修剪命令，结果如图 h 所示。

6）删除多余直线并圆角。

（1）按图 h 中的小方框标记的位置拾取直线，按【Delete】键删除，结果如图 i 所示。

（2）启动圆角命令（FILLET），指定圆角半径为 R10，按图 i 中的小方框 1 和 2 标记的位置处拾取直线和圆弧对象，圆角绘出。

（3）重复圆角命令，指定圆角半径为 R8，按图 i 中的小方框 3 和 4 标记的位置处拾取直线和圆弧对象。结果如图 j 所示。

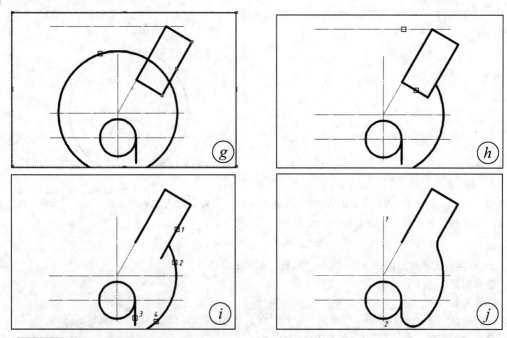

【说明】若圆角"修剪"模式没有开启,则应首先开启它。

7)镜像并绘制 R16 连接弧,图形绘出。

(1)启动镜像命令(MIRROR),拾取所有除整圆外的粗实线对象并结束拾取,指定图 j 中端点 1 到端点 2 的直线为镜像线,按【Enter】键,结果如图 k 所示。

(2)启动圆角命令(FILLET),指定圆角半径为 16,按图 k 小方框标记的位置处拾取两直线,结果如图 l 所示。

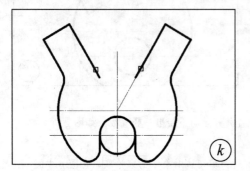
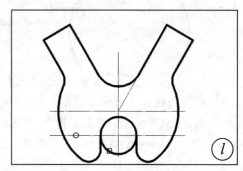

(3)启动修剪命令(TRIM),拾取图 l 中小圆标记的水平点画线为剪切边对象,在图 l 中的小方框位置处拾取圆要修剪的部分,按【Enter】键退出修剪命令,图形绘出。

7.2 熟悉图形阵列

在图样绘制中,阵列是一种非常高效的复制手段,通过一次操作可同时生成若干个相同的图形,以提高作图效率。在 AutoCAD 中,阵列可以有线形阵列、矩形阵列、环形阵列和路径阵列等多种方式。

7.2.1 线形阵列

线形阵列是通过复制命令（COPY）的"阵列"选项实现的。首先绘制一个任意大小的圆，如图7.7（a）所示，然后启动复制（COPY）命令：

命令：_copy
选择对象：用单选、框选等方式来拾取图7.7（a）中的圆，提示为：找到 1 个
选择对象：结束拾取
当前设置：复制模式 = 多个
指定基点或 [位移(D)/模式(O)] <位移>：任意
指定第二个点或 [阵列(A)] <使用第一个点作为位移>：…

由此可见，"阵列"选项是在指定基点后、等待指定第二点时出现的。当输入"A"并按【Enter】键，则下一步提示为：

输入要进行阵列的项目数：

此时，若指定项目数目为"4"后，则连同原来的对象一共四个从原有对象位置处按参考连线的方向布排，这就是**线形阵列**。这个参考连线就是由基点和下一步要指定的第二个点所构成的连线。默认时，布排的对象间距就是这两个的距离，如图7.7（b）所示。

下一步提示为：

指定第二个点或 [布满(F)]：

此时，若输入"F"并按【Enter】键，则布排的四个对象将均布在由基点和第二个点所构造的参考范围之中，如图7.7（c）所示。

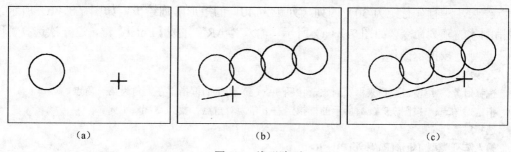

图 7.7 线形阵列

需要强调的是，若"阵列"选项指定后按【Esc】键，则将取消阵列，恢复到最初的对象复制的一般模式。

7.2.2 传统阵列

AutoCAD 2012 的阵列命令分为两种：一种是使用传统的阵列命令"-ARRAY"（注意命令名前面有一个连字符"-"），支持矩形和环形阵列，但启动后不弹出对话框，只是在命令行中显示等价的操作选项；另一种是使用最新的 ARRAY 命令（后面讨论）。

这里首先讲解传统的阵列命令"-ARRAY"。首先重新建立一个默认文档，按标准要求建立"点画线"和"粗实线"图层，草图设置对象捕捉左侧选项，绘制 210×150

图框并满显。在图框中绘制如图 7.8（a）所示的直线、圆（点画线）和正三角形（粗实线）。

在命令行输入命令名"-ARRAY"（或"-AR"）并按【Enter】键，按提示操作：

```
-ARRAY
选择对象：    按图 7.8（a）中的小方框标记位置处拾取竖直点画线 找到 1 个
选择对象：    按图 7.8（a）中的小方框标记位置处拾取点画线圆 找到 1 个，总计 2 个
选择对象：    按图 7.8（a）中的小方框标记位置处拾取粗实线正三角形 找到 1 个，总计 3 个
选择对象：  ✓
输入阵列类型 [矩形(R)/环形(P)] <R>：  r✓
输入行数 (---) <1>：  3✓
输入列数 (|||) <1>：  4✓
输入行间距或指定单位单元 (---)：  30✓
指定列间距 (|||)：  40✓
```

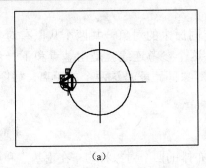   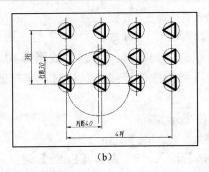

　　　　　(a)　　　　　　　　　　　　　　(b)

图 7.8　传统矩形阵列图例

结果，三行（行距为 30）四列（列距为 40）的矩形阵列绘出，如图 7.8（b）所示。撤销刚才的阵列命令，如图 7.9（a）所示，输入"-AR"并按【Enter】键，这一次选择"环形"选项，按提示操作：

```
-ARRAY
选择对象：   用窗口选择来框选对象，按图 7.9（a）所示的框指定左上角为第一角点
指定对角点：  按图 7.9（a）所示的框指定右下角为对角点 找到 3 个
选择对象：  ✓
输入阵列类型 [矩形(R)/环形(P)] <R>：  p✓
指定阵列的中心点或 [基点(B)]：  指定"圆心"点捕捉 _cen 于 将光标移至大圆的圆心，当出现"圆心"捕捉图符时，单击鼠标左键
输入阵列中项目的数目：  5✓
指定填充角度 (+=逆时针，-=顺时针) <360>：  300✓
是否旋转阵列中的对象？[是(Y)/否(N)] <Y>：  y✓
```

结果，填充角度为 300°、五个项目的环形阵列绘出，如图 7.9（b）所示。需要说明的是，环形阵列还有"基点"选项，用于指定选定对象的新的基准点，当环形阵列时，该基准点与环形中心点的距离保持不变。

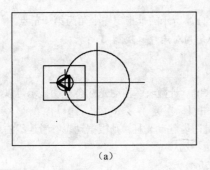
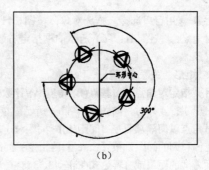

图7.9 传统环形阵列图例

7.2.3 阵列（ARRAY）

AutoCAD 2012 对以往的 ARRAY 命令进行了变更。ARRAY 命令启动后，可在命令行提示中选择矩形、路径和极轴（即环形）等阵列类型，其命令方式如下（"…"表示有子项）：

需要强调的是，在功能区、菜单和"修改"工具栏中，ARRAY 命令有三个子项，如图7.10所示（这里暂不讨论"路径阵列"）。

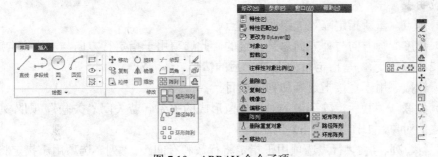

图7.10 ARRAY 命令子项

1. 矩形阵列（ARRAYRECT）

矩形阵列（ARRAYRECT）相当于 ARRAY 中的"矩形"选项，用于创建行、列阵列，其含义如前面传统的矩形阵列，但操作大不一样。

这里首先重新建立一个默认文档，按标准要求建立"点画线"和"粗实线"图层，草图设置对象捕捉左侧选项，绘制297×210图框并满显。在图框左下角中绘制如图7.11（a）所示的直线、圆（点画线）和正三角形（粗实线）。

若对选定的对象进行三行（行距为30）四列（列距为40）的矩形阵列，则启动矩形阵列命令（ARRAYRECT）后，按提示进行如下操作：

选择对象： 用窗口选择来框选对象，按图7.11（a）所示的框指定左上角为第一角点
指定对角点： 按图7.11（a）所示的框指定右下角为对角点 **找到 3 个**
选择对象： ✓
类型 = 矩形 关联 = 是
为项目数指定对角点或 [基点(B)/角度(A)/计数(C)] <计数>： 移动光标会自动显示可以阵列的行与列数，当出现3行4列时，如图7.11（b）所示，单击鼠标左键
指定对角点以间隔项目或 [间距(S)] <间距>： 此时若移动光标，则根据动态参考连线的水平和垂直分量来决定行和列的间距，按【Enter】键指定"间距"选项
指定行之间的距离或 [表达式(E)] <43.3348>： 30✓
指定列之间的距离或 [表达式(E)] <27.2791>： 40✓
按 Enter 键接受或 [关联(AS)/基点(B)/行(R)/列(C)/层(L)/退出(X)] <退出>： ✓

图7.11（c）是"接受"前的阵列，当按【Enter】键后，指定的三行（行距为30）四列（列距为40）的矩形阵列绘出，同时阵列后的对象全都变为一个整体。

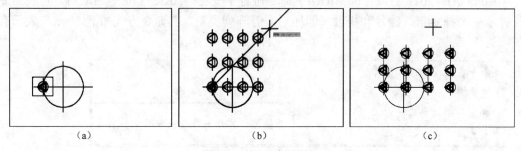

图7.11 矩形阵列图例

矩形阵列（ARRAYRECT）还有一些其他选项，这里说明如下。

【说明】
（1）**基点**。重新指定阵列的参照基准点。
（2）**角度**。行方向与列方向总是垂直的，此选项用于指定行方向与水平方向的夹角，如图7.12（a）所示，是指定角度为30°后的情形。
（3）**计数**。用于直接指定行和列的数目。
（4）**关联**。关联后，阵列后的对象保留形成的关系。若关闭"关联"，则阵列后的对象为独立的对象，如图7.12（b）所示。
（5）**行、列、层**。"行"选项用于指定将行数和行间距；"列"选项用于指定将列数和列间距；"层"选项用于指定将层数和层间距（三维场合）。

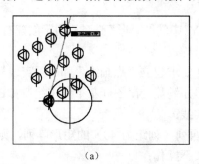
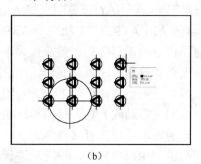

图7.12 矩形阵列说明

2. 环形阵列（ARRAYPOLAR）

环形阵列（ARRAYPOLAR）相当于 ARRAY 中的"极轴"（环形）选项，用于围绕中心点或旋转轴在环形中均匀分布对象。

撤销前面的操作，恢复到如图 7.13（a）所示情形，若将选定的对象环形阵列成填充角度为 300°、五个项目，则启动环形阵列命令（ARRAYPOLAR）后，应按提示进行如下操作：

> **选择对象：** 用窗口选择来框选对象，按图 7.13（a）所示的框指定左上角为第一角点
> **指定对角点：** 按图 7.13（a）所示的框指定右下角为对角点　**找到 3 个**
> **选择对象：** ✓
> **类型 = 极轴　关联 = 是**
> **指定阵列的中心点或 [基点(B)/旋转轴(A)]：** 指定"圆心"点捕捉　_cen 于　将光标移至大圆的圆心，当出现"圆心"图形符号时，单击鼠标左键
> **输入项目数或 [项目间角度(A)/表达式(E)] <4>：** 5✓
> **指定填充角度(+=逆时针、-=顺时针)或 [表达式(EX)] <360>：** 300✓
> **按 Enter 键接受或 [关联(AS)/基点(B)/项目(I)/项目间角度(A)/填充角度(F)/行(ROW)/层(L)/旋转项目(ROT)/退出(X)] <退出>：** ✓

环形阵列绘出，如图 7.13（b）所示。需要强调的是，若在"接受"前指定"旋转项目"选项，则有：

> **按 Enter 键接受或 [关联(AS)/基点(B)/项目(I)/项目间角度(A)/填充角度(F)/行(ROW)/层(L)/旋转项目(ROT)/退出(X)] <退出>：** rot✓
> **是否旋转阵列项目？[是(Y)/否(N)] <是>：** n✓
> **按 Enter 键接受或 [关联(AS)/基点(B)/项目(I)/项目间角度(A)/填充角度(F)/行(ROW)/层(L)/旋转项目(ROT)/退出(X)] <退出>：** ✓

若指定"旋转项目"选项为"否"，则结果如图 7.13（c）所示，注意与图 7.13（b）的区别。

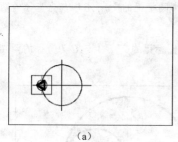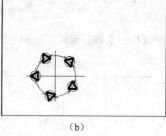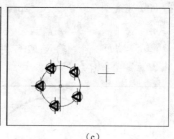

(a)　　　　　　　　　(b)　　　　　　　　　(c)

图 7.13　环形阵列图例

【实训 7.2】利用阵列绘图

下面来看一个图形，如图 7.14 所示，若使用圆、直线、修剪和阵列等命令来绘制则应如何进行呢？

事实上，该图形是一个旋转阵列的典型图形，绘制时只要绘出要旋转阵列的那部分图形再阵列即可。具体过程如下。

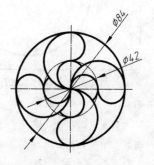

图 7.14　阵列绘图图例

步骤

1)准备绘图。

启动 AutoCAD 或重新建立一个默认文档,按标准要求建立"点画线"和"粗实线"图层,草图设置**对象捕捉左侧选项,绘制 150×100 图框**并**满显**。

2)绘制点画线。

(1)将当前图层切换到"点画线"层。

(2)启动直线命令(LINE),在图框中间绘制长约 95 的相互垂直的两条直线,如图 a 所示。

(3)启动圆命令(CIRCLE),指定图 a 中的小圆标记的交点为圆心,绘制直径为 $\phi42$ 的圆,如图 b 所示。

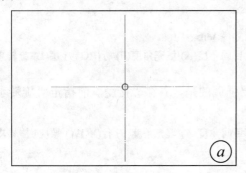

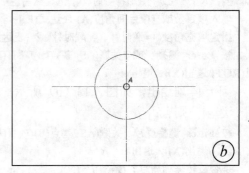

3)绘制圆和阵列源。

(1)打开"线宽"显示,将当前图层切换为"粗实线"层。

(2)启动圆命令(CIRCLE),指定图 b 中的小圆标记的交点 A 为圆心,绘制直径为 $\phi84$ 的圆,结果如图 c 所示。

(3)重复圆命令,输入"2p"并按【Enter】键,指定图 c 中的小圆标记的交点 A 与 B 为直径的两端点。

(4)重复圆命令,输入"2p"并按【Enter】键,指定图 c 中的小圆标记的交点 A 与 C 为直径的两端点,结果如图 d 所示。

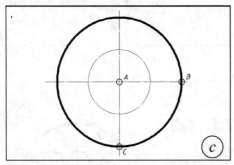

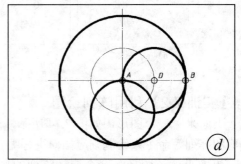

(5)重复圆命令,输入"2p"并按【Enter】键,指定图 d 中的小圆标记的交点 A 与圆心 D 为直径的两端点。

(6)重复圆命令,输入"2p"并按【Enter】键,指定图 d 中的小圆标记的交点 B 与圆心 D 为直径的两端点,结果如图 e 所示。

4) 修剪阵列，图形绘出。

（1）启动修剪命令（TRIM），拾取水平点画线为剪切边对象，按图 e 中的小方框位置处拾取圆要修剪的部分，结果如图 f 所示，退出修剪命令。

（2）重复修剪命令，拾取图 f 中有小圆标记的圆为剪切边对象，按图 f 中的小方框位置处拾取圆要修剪的部分，结果如图 g 所示，退出修剪命令。

（3）选中图 g 中有选中标记的圆，按【Delete】键删除。在命令行输入"AR"并按【Enter】键，按提示操作，结果如图 h 所示：

> **ARRAY**
> **选择对象：** 拾取图 g 中有小方框的圆 A　找到 1 个
> **选择对象：** 拾取图 g 中有小方框的圆 B　找到 1 个，总计 2 个
> **选择对象：** 拾取图 g 中有小方框的圆 C　找到 1 个，总计 3 个
> **选择对象：** ✓
> **输入阵列类型 [矩形(R)/路径(PA)/极轴(PO)] <矩形>：** PO✓
> **类型 = 极轴　关联 = 是**
> **指定阵列的中心点或 [基点(B)/旋转轴(A)]：** 指定两点画线的交点为阵列中心点
> **输入项目数或 [项目间角度(A)/表达式(E)] <3>：** 4✓
> **指定填充角度(+=逆时针, -=顺时针)或 [表达式(EX)] <360>：** ✓
> **按 Enter 键接受或 [关联(AS)/基点(B)/项目(I)/项目间角度(A)/填充角度(F)/行(ROW)/层(L)/旋转项目(ROT)/退出(X)] <退出>：** ✓

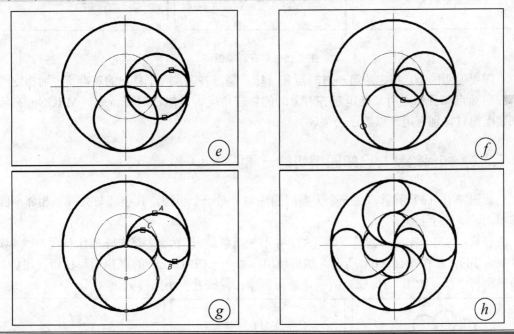

7.3　常见实训问题处理

在使用 AutoCAD 时，通常会出现一些问题，它们涉及许多方面，这里就旋转、镜像和阵列等方面的一些操作问题进行分析和解答。

7.3.1 如何对齐对象

在前面的旋转命令图例中,曾有两个正五边形边与边对接的例子。事实上,实现边与边对接还可使用对齐命令(ALIGN)。启动该命令,可选择功能区"常用"→"修改"面板扩展→ ,或选择菜单"修改"→"三维操作"→"对齐"命令。

例如,有任意大小的两个正五边形 *ABC* 与 *123*,现将它们沿边 *AB-23* 对接,如图 7.15 (a) 所示。启动对齐命令(ALIGN),按提示进行下列操作,结果如图 7.15 (c) 所示:

选择对象: 拾取正边形 *123* 找到 **1 个**
选择对象: ✓
指定第一个源点: 指定 *23* 边的中点
指定第一个目标点: 指定 *AB* 边的中点
指定第二个源点: 指定 *23* 边的端点 *2*
指定第二个目标点: 指定 *AB* 边的端点 *B*,如图 7.15 (b) 所示
指定第三个源点或 <继续>: ✓
是否基于对齐点缩放对象? [是(Y)/否(N)] <否>: ✓

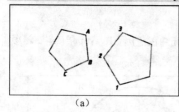 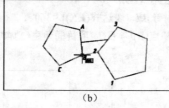 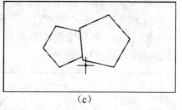

(a)　　　　　　　　　　　(b)　　　　　　　　　　　(c)

图 7.15　对齐对象图例

需要说明的是,指定的第一对源点和目标点是对齐对象(平移)的基准点,而指定的第二对源点和目标点用来确定对齐对象时的旋转角度。显然,对齐命令(ALIGN)在绘制装配图时特别有用(以后还会强调)。

7.3.2 如何绘制与已知圆相切的一圈圆

如图 7.16 (a) 所示,在一个大圆周围均匀分布十个小圆,且小圆与大圆、相邻小圆都相切。如何绘制呢?

显然,均匀分布的小圆是很特殊的,并不能随意画出。为此,首先阵列任意径向线(项目数为10),如图 7.16 (b) 所示,然后使用圆命令(CIRCLE)的"相切、相切、相切"画出相切小圆,如图 7.16 (c) 所示,最后删除径向线并将小圆阵列。

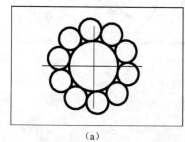 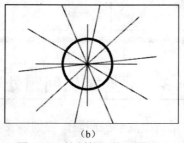 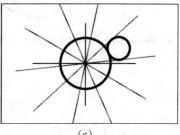

(a)　　　　　　　　　　　(b)　　　　　　　　　　　(c)

图 7.16　绘制相切的一圈圆

思考与练习

（1）列出镜像的主要步骤有哪些？
（2）若使用旋转绘制一直线的垂直平分线，则如何操作？
（3）传统阵列和阵列的命令方式各是什么？
（4）除 COPY 命令之外，列出还有哪些命令具备"复制"功能？
（5）建立点画线、粗实线图层，绘制如题图 7.1～题图 7.4 所示的图形（尺寸不标）。

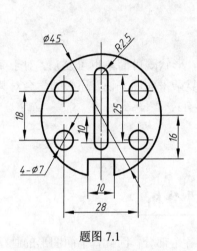

题图 7.1

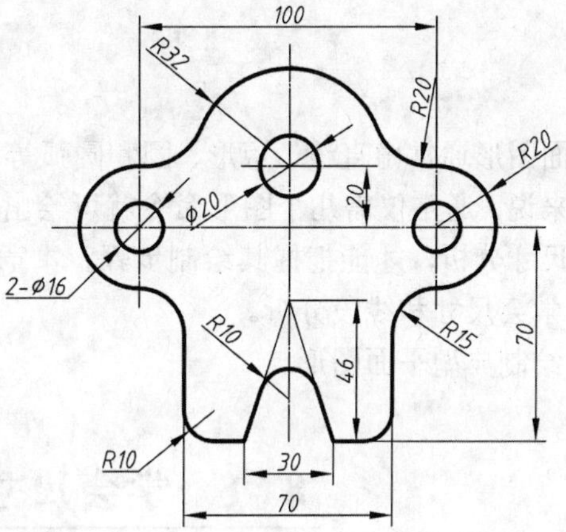

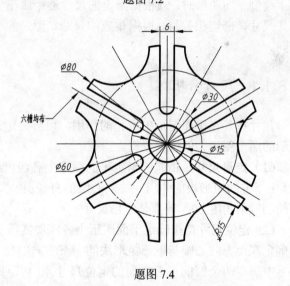

题图 7.2

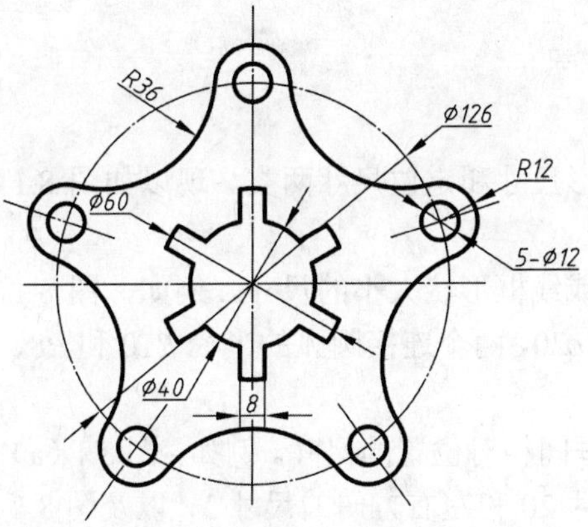

题图 7.3

题图 7.4

第 8 章

绘制平面图形

平面图形通常由直线、矩形、圆和圆弧等图元组成，形状既可简单也可复杂。对于简单图形来说，通常仅需几个图形命令就可绘出。但对于复杂平面图来说，还必须学会对其线段和尺寸分析，才能把握其绘制步骤。本章主要内容有：
- 学会尺寸和线段分析。
- 绘制典型平面图形。

8.1 学会尺寸和线段分析

绘制平面图形时，须根据给定的尺寸逐个画出它的各个部分。因此，平面图形的画法与其尺寸是密切相关的。根据相应的尺寸，图形的线段（直线段、圆和弧的泛指）也各有不同。

8.1.1 尺寸分析

尺寸按其在平面图形中所起的作用，可分为定形尺寸和定位尺寸两类。现以如图 8.1 所示的两个图形为例进行分析。

（1）**定形尺寸**是指能够确定平面图形上各线段或线框形状大小的尺寸。例如，图 8.1（a）中下方的矩形块的 40 和 5、同心圆的直径$\phi12$ 和 $\phi20$、两个连接圆弧的半径 $R10$ 和 $R8$、斜线的倾斜角度 60°等都是定形尺寸。

（2）**定位尺寸**是指确定平面图形上各线段或线框间相对位置的尺寸。例如，图 8.1（a）中确定左上方同心圆与下部矩形块间上下方向的尺寸 20 和左右方向的尺寸 3，以及图 8.1（b）中确定两个圆的左右方向的定位尺寸 40 和距离上边的上下方向的尺寸 25 都是定位尺寸。

对于尺寸来说，尺寸的标注起点称为**基准**。从图 8.1（a）可以看出，通常平面图形中常使用较大圆的中心线或较长的直线作为基准线。对于对称图形，经常将其对称中心线作为基准，如图 8.1（b）所示的左右对称，其长度（左右）方向的尺寸 24、40、70 的注法即体现了以对称中心线为基准。

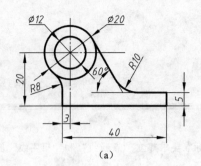
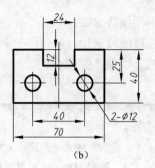

图 8.1　尺寸分析图例

8.1.2　线段分析

根据对平面图形的尺寸分析，可将线段进一步分为已知线段、连接线段和中间线段。

凡是定形尺寸和定位尺寸齐全的线段称为**已知线段**，画图时应首先画出这些已知线段。在平面图形中，由于反映相对位置的有 x 和 y 两个方向，因此经常将两个方向都有的定位尺寸称为定位尺寸**齐全**。有些线段只有定形尺寸而无定位尺寸，通常需要根据与其相邻的两个线段的连接关系才能够画出，这些线段称为**连接线段**。对于有些图形，往往还具有介于上述两者之间的线段，称为**中间线段**。这种线段往往具有定形尺寸，但定位尺寸不全（只有一个方向的定位尺寸），画图时应根据与其相邻的一个线段的连接关系画出。

这样，绘制平面图形时应首先定出图形的基准线、绘制已知线段，然后绘制中间线段，最后绘制连接线段。

【实训 8.1】分析并绘制手柄

绘制如图 8.2 所示的手柄，现在分析其尺寸和线段。从图中尺寸可以看出：

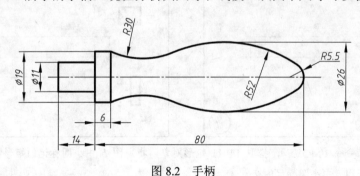

图 8.2　手柄

（1）根据定形尺寸 $\phi19$、$\phi11$、14 和 6 可画出其左侧的两个矩形，根据尺寸 80 和 $R5.5$ 可画出右边的小圆弧 $R5.5$，它们都是已知线段。

（2）大圆弧 $R52$ 的圆心位置尺寸只有垂直方向可根据尺寸 $\phi26$ 确定，而水平方向无定位尺寸，须根据此圆弧与已知 $R5.5$ 圆弧相内切的条件作出，故它是中间线段（中间圆弧）。

（3）$R30$ 的圆弧只给出半径，但它却通过 $\phi19$、6 确定的矩形右端角点，且与 $R52$ 大圆弧相外切，根据这两个条件可作出 $R30$ 圆弧，故它是连接线段（连接圆弧）。

这样一来，可得出手柄的具体作图步骤如下。

（1）定出图形的基准线，画已知线段。

（2）画中间线段 R52。
（3）画连接线段 R30。
（4）修补、调整，完成全图。

步 骤

1）准备绘图。

启动 AutoCAD 或重新建立一个默认文档，按标准要求建立"点画线"和"粗实线"图层，草图设置对象捕捉左侧选项，绘制 150×100 图框并满显。

2）绘制基准及相关点画线。

（1）将当前图层切换到"点画线"层。

（2）启动直线命令（LINE），在图框中间位置绘出长约 100 的水平直线。

（3）启动矩形命令（RECTANG），任意指定第一个角点，输入"@80,26"并按【Enter】键指定第二角点。

（4）启动移动命令（MOVE），拾取矩形对象并结束拾取，指定矩形右侧边的中点为基点，将其移至水平点画线上，且尽可能靠右端，如图 a 所示。

3）绘制矩形轮廓（已知线段）。

（1）打开"线宽"显示，将当前图层切换到"粗实线"层。

（2）启动矩形命令（RECTANG），任指定第一个角点，输入"@14,11"并按【Enter】键指定第二角点，14×11 矩形绘出。

（3）重复矩形命令，任意指定第一个角点，输入"@6,19"并按【Enter】键指定第二角点，6×19 矩形绘出，结果如图 b 所示。

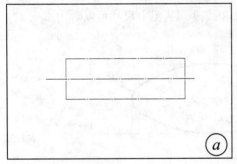
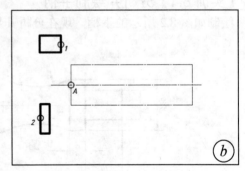

（4）启动移动命令（MOVE），拾取 14×11 矩形对象，指定图 b 中小圆标记的矩形右侧边的中点 1 为基点，将其移至图 b 中小圆标记的交点 A。

（5）重复移动命令，拾取 6×19 矩形对象并结束拾取，指定图 b 中小圆标记的矩形左侧边的中点 2 为基点，将其移至图 b 中小圆标记的交点 A，结果如图 c 所示。

4）绘制右侧圆（已知线段）。

（1）启动圆命令（CIRCLE），在任意位置处绘制半径为 R5.5 的圆。

（2）启动移动命令（MOVE），拾取 R5.5 圆对象，指定圆右侧象限点为基点，将其移至图 c 中小圆标记的交点 A，结果如图 d 所示。

5）绘制 R52 圆弧（中间线段）。

启动圆命令（CIRCLE），输入"T"并按【Enter】键指定"切点、切点、半径"方式，按图 d 中小方框标记位置分别拾取圆和点画线矩形的上边,输入半径"52"并按【Enter】键,结果如图 e 所示。

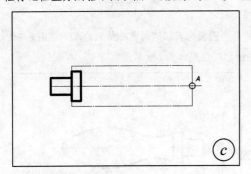

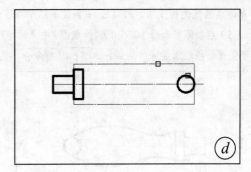

6)绘制 R30 连接弧。

【说明】

R52 圆弧似乎很好求得,然而 R30 圆弧却无法使用圆和圆弧直接绘出,必须先求出其圆心。

(1)将当前图层切换到默认的"0"层。

(2)启动圆命令(CIRCLE),以图 e 中小圆标记的角点为圆心,指定半径为"30"。

(3)重复圆命令,以图 e 中小方框标记的圆弧的圆心为圆心,指定半径为"82"(52+30=82)。

(4)将当前图层切换到"粗实线"层。

(5)启动圆命令(CIRCLE),以新绘出的两圆上方的交点为圆心,指定半径为"30",R30 圆弧绘出,结果如图 f 所示。

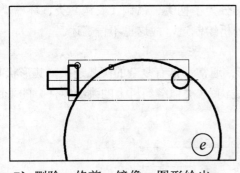

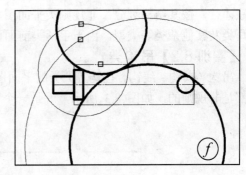

7)删除、修剪、镜像,图形绘出。

(1)按图 f 中小方框标记位置拾取辅助线(共三个对象),按【Delete】键删除,结果如图 g 所示。

(2)启动分解命令(EXPLODE),"炸开"图 g 中小圆标记的矩形。

(3)启动修剪命令(TRIM),拾取图 g 中小圆标记的直线、R30 和 R5.5 圆为剪切边对象并结束拾取,在图 g 中小方框位置处 1 和 2 拾取圆要修剪的部分,退出修剪命令,结果如图 h 所示。

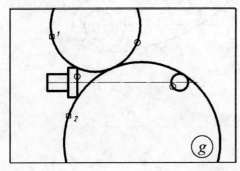

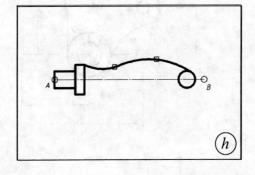

（4）启动镜像命令（MIRROR），拾取图 h 中小方框标记的圆弧对象并 结束拾取 ，指定端点 A 到端点 B 的点画线为镜像线，按【Enter】键，结果如图 i 所示。

（5）启动修剪命令（TRIM），拾取图 i 中小圆标记的两个圆弧为剪切边对象并 结束拾取 ，在图 i 中的小方框位置处拾取圆要修剪的部分， 退出 修剪命令，图形绘出，结果如图 j 所示。

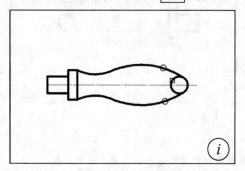
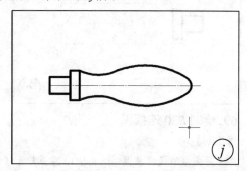

8.2 绘制典型平面图形

平面图形可分为规则类与非规则类两类。规则类平面图形，如环形阵列、矩形阵列、对称等图形，前面讨论过一些，一般较易绘制。而非规则类平面图形较难绘制，须掌握其方法才行，按其结构划分，非规则类平面图形可分为手柄类、吊钩（衣钩）类、环槽类、凸耳类及其他杂类等类型。由于手柄类前面已分析绘制过，故这里不再赘述。

【实训 8.2】吊钩类

吊钩（衣钩、线钩、挂钩等）类的平面图形，通常都带有复杂的圆弧连接，其形状基本都是非规则的，如图 8.3 所示，就是一个"线钩"（类似缝纫机上的跳线零件）的平面图形。

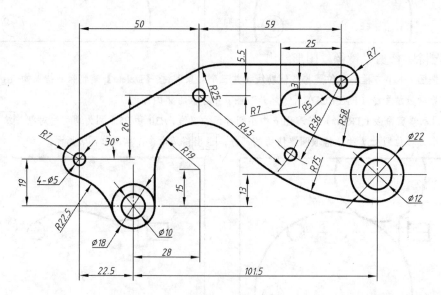

图 8.3 衣钩

从图中尺寸可以看出：

（1）基准线就是左下方同心圆 $\phi 18$ 和 $\phi 10$ 的中心线。

（2）按从左到右的次序，四个 $\phi 5$ 圆和 $R7$ 圆弧、同心圆 $\phi 18$ 和 $\phi 10$、$R19$ 圆弧、右上方两个 $R7$ 圆弧、同心圆 $\phi 22$ 和 $\phi 12$ 都是已知线段。

（3）除 30°斜线和水平直线（粗实线）是中间线段外，其余都是连接线段。

绘制时首先定基准线，然后绘出已知线段（应按先大圆后小圆，先主要后次要的原则），再绘出其他线段，最后补全修整。

步骤

1）准备绘图。

启动 AutoCAD 或重新建立一个默认文档，按标准要求建立点画线和粗实线图层，草图设置**对象捕捉左侧选项**，绘制 **210×150 图框**并满显。

2）绘制基准及主要定位线。

（1）将当前图层切换到"点画线"层。

（2）启动直线命令（LINE），在图框左下方位置绘出长约 20 的十字线。

（3）启动复制命令（COPY），拾取刚绘出的十字线并 结束拾取，指定其交点为基点，输入 "@28,15" 并按【Enter】键，输入 "@101.5,13" 并按【Enter】键，输入 "@-22.5,19" 并按【Enter】键， 退出 复制命令，结果如图 *a* 所示。

（4）启动复制命令（COPY），拾取图 *a* 中 *B* 处的十字线并 结束拾取，指定其交点为基点，输入 "@50,26" 并按【Enter】键，按【Esc】键退出。

（5）重复复制命令，拾取新复制绘出的十字线并 结束拾取，指定其交点为基点，输入 "@59,5.5" 并按【Enter】键， 退出 复制命令，结果如图 *b* 所示。

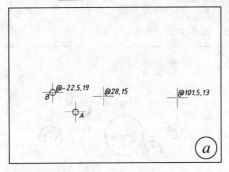
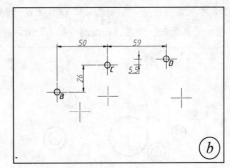

3）绘制 *R*45 和 *R*36 的定位交点。

（1）启动圆命令（CIRCLE），以图 *b* 中的交点 *C* 为圆心，指定半径为 *R*45，圆绘出。

（2）重复圆命令，以图 *b* 中的交点 *D* 为圆心，指定半径为 *R*36，圆绘出，结果如图 *c* 所示。

（3）启动矩形命令（RECTANG），按【F3】键关闭对象捕捉，按图 *c* 中方框的位置和大小指定第一和第二角点，矩形绘出，按【F3】键开启对象捕捉。

（4）启动修剪命令（TRIM），拾取矩形为剪切边对象并 结束拾取，按图 *c* 中小圆标记位置拾取圆要修剪的部分（两处）， 退出 修剪命令，结果如图 *d* 所示。

（5）拾取矩形，按【Delete】键删除。

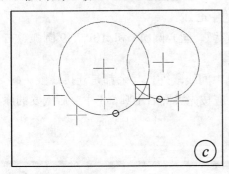

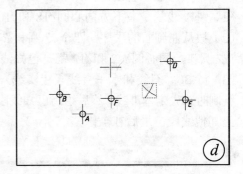

4）绘制已知圆弧。

（1）打开"线宽"显示，将当前图层切换到"粗实线"层。

（2）在命令行输入"MULTIPLE"并按【Enter】键，在提示输入要重复的命令名时，输入"C"并按【Enter】键，自动循环圆命令（CIRCLE）。

（3）指定图 d 中的交点 A 为圆心，绘出同心圆 ϕ10 和 ϕ18。

（4）指定交点 B 为圆心，绘出同心圆 ϕ5 和 R7。

（5）指定交点 D 为圆心，绘出圆 R7。

（6）指定交点 E 为圆心，绘出同心圆 ϕ12 和 ϕ22。

（7）指定交点 F 为圆心，绘出圆 R19。

（8）退出圆的循环，结果如图 e 所示。

5）继续绘制已知圆弧。

（1）启动复制命令（COPY），拾取图 e 中小方框标记的 ϕ5 小圆并结束拾取，指定其圆心为基点，分别指定 e 中小圆标记的交点 1、2 和 3 为复制的第二点，退出复制命令。

（2）重复复制命令，拾取图 e 中右上角 R7 的圆并结束拾取，指定其圆心为基点，输入"@-18,-10"（根据尺寸计算得出）并按【Enter】键，退出复制命令，结果如图 f 所示。

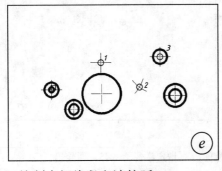

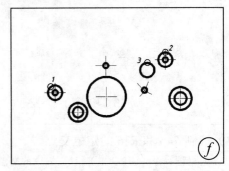

6）绘制中间线段和连接弧。

（1）启动直线命令（LINE），指定"相切"点捕捉，按图 f 中小圆标记 1 的位置处拾取圆，输入"@60<30"并按【Enter】键（60 是近似的），退出直线命令。

（2）重复直线命令，从图 f 中小圆标记为 2 的圆的最上面象限点向左画水平线，长约 55，退出直线命令。

（3）重复直线命令，从图 f 中小圆标记为 3 的圆的最上面象限点向右画水平线至右侧圆弧上，如图 g 所示，单击鼠标左键，直线绘出，退出直线命令。

（4）启动直线命令（LINE），指定"相切"点捕捉，按图g中小圆标记A、B的位置处拾取两圆，绘出它们的切线。

（5）启动圆命令（CIRCLE），输入"T"并按【Enter】键指定"切点、切点、半径"方式，按图g中小圆标记的1和2位置分别拾取两个圆，输入半径"58"并按【Enter】键。

（6）重复圆命令，输入"T"并按【Enter】键指定"切点、切点、半径"方式，按图g中小圆标记的3和4位置分别拾取两个圆，输入半径"75"并按【Enter】键。

（7）重复圆命令，输入"T"并按【Enter】键指定"切点、切点、半径"方式，按图g中小圆标记的5和6位置分别拾取两个圆，输入半径"22.5"并按【Enter】键，结果如图h所示。

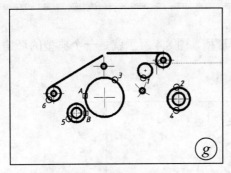
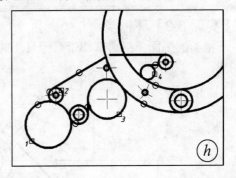

7）修剪、圆角，图形绘出。

（1）启动修剪命令（TRIM），拾取图h中有小圆标记的对象（八个）为剪切边对象并结束拾取，按图h中小方框标记位置拾取圆要修剪的部分（共四处），退出修剪命令，结果如图i所示。

（2）重复修剪命令，拾取图i中有小圆标记的对象为剪切边对象并结束拾取，按图i中小方框标记位置拾取圆要修剪的部分，退出修剪命令，结果如图j所示。

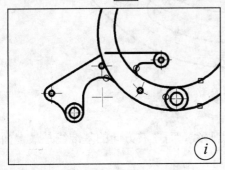
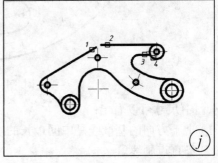

（3）启动圆角命令（FILLET），指定圆角半径为25，按图j中小方框标记1、2的位置处拾取两直线，圆角绘出。

（4）重复圆角命令，指定圆角半径为5，按图j中小方框标记3、4的位置处拾取直线和圆，圆角绘出，结果如图k所示。

（5）启动修剪命令（TRIM），拾取图k中有小圆标记的对象为剪切边对象并结束拾取，按图k中小方框标记位置拾取圆要修剪的部分，退出修剪命令，结果如图l所示。

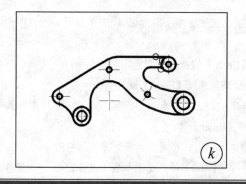 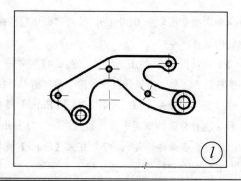

【实训 8.3】环槽类

环槽类的平面图形通常都带有像月牙的环形槽，图 8.4 所示就是一个典型的环槽类平面图形。

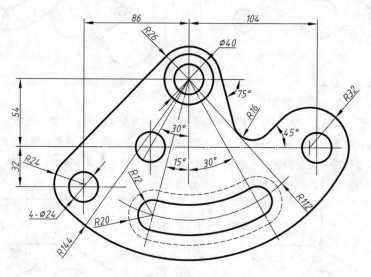

图 8.4　环槽类图例

从图中尺寸可以看出：

（1）上下方向的基准线是中间最长的水平点画线，而左右方向的基准线是最上面同心圆 $\phi 40$ 的竖直点画线。

（2）按从左到右的次序，四个 $\phi 24$ 圆、同心圆 $\phi 40$、$R26$ 圆弧、下方的环形槽和大圆弧 $R144$ 都是已知线段。

（3）左边 $R24$ 圆弧、右侧 $R32$ 圆弧、45°斜线和 75°斜线都是中间线段，其余是连接线段。

同样，绘制时首先定基准线，接着绘出已知线段、中间线段，再绘出其他线段，最后补全修整。具体绘制过程如下。

步骤

1）准备绘图。

启动 AutoCAD 或重新建立一个默认文档，按标准要求建立"虚线"、"点画线"和"粗实线"图层，草图设置极轴增量角15度、对象捕捉左侧选项,绘制A4(297×210)图框并满显。

2)绘制基准及四个φ24圆。

(1)将当前图层切换到"点画线"层。

(2)启动直线命令(LINE),在图框中间偏上位置绘出长约260的水平线。

(3)打开"线宽"显示,将当前图层切换到"粗实线"层。

(4)启动圆命令(CIRCLE),以点画水平线的中点为圆心,指定直径为φ24,圆绘出,如图 a 所示。

(5)复制φ24圆,结果如图 b 所示。

① 启动复制命令(COPY)。

② 拾取图 a 中有小方框标记的圆并 结束拾取 ,指定其圆心为基点。

③ 向右移动光标,当出现 极轴…<0° 追踪线时输入 "104" 并按【Enter】键。

④ 向上移动光标,当出现 极轴…<90° 追踪线时输入 "54" 并按【Enter】键。

⑤ 输入 "@-86,-32" 并按【Enter】键。

⑥ 退出 复制命令。

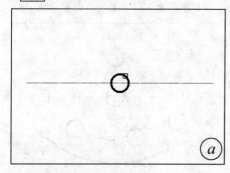
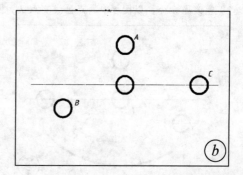

3)补绘圆的中心点画线。

(1)将当前图层切换到"点画线"层。

(2)启动直线命令(LINE),在任意位置绘出长约40的十字线。

(3)启动复制命令(COPY),拾取新绘制的十字线并 结束拾取 ,指定其交点为基点,分别复制到图 b 中的A、B、C圆的圆心。

(4)退出复制命令后,删除新绘制的十字线,结果如图 c 所示。

4)绘制其他定位线。

(1)启动直线命令(LINE),从圆A的圆心开始沿 极轴…<240° 追踪线方向画线至接近图 c 中小圆标记 1 的位置, 退出 直线命令。

(2)重复直线命令,从圆A的圆心开始沿 极轴…<255° 追踪线方向画切线至图 c 中小圆标记 1 的位置, 退出 直线命令。

(3)重复直线命令,从圆A的圆心开始沿 极轴…<300° 追踪线方向画线至图 c 中小圆标记 2 的位置, 退出 直线命令,结果如图 d 所示。

(4)启动圆弧命令(ARC),输入 "C" 并按【Enter】键,指定图 d 中圆A的圆心为圆心,沿小圆标记 1 位置方向移动鼠标,当出现 极轴…<240° 追踪线时,输入 "112" 并按【Enter】键,从而指定了圆弧的起点,在小圆标记 2 位置处指定圆弧的端点,结果如图 e 所示。

5)绘制下方的圆弧。

(1)将当前图层切换到"粗实线"层。

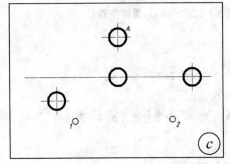
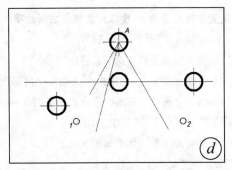

（2）启动圆弧命令，输入"C"并按【Enter】键，指定图 d 中圆 A 的圆心为圆心，沿图小圆标记 1 位置方向移动鼠标，当出现 极轴…<240° 追踪线时，输入"144"并按【Enter】键，从而指定了圆弧的起点，在小圆标记 2 位置处指定圆弧的端点，结果如图 e 所示。

6）绘制下方的粗实线环槽。

（1）启动圆命令（CIRCLE），以图 e 中的点画线交点 1 为圆心，指定半径为 12，圆绘出。

（2）重复圆命令，以图 e 中的点画线交点 1 为圆心，指定半径为 12，圆绘出，结果如图 f 所示。

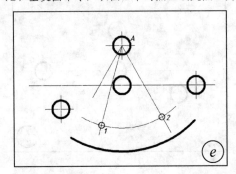
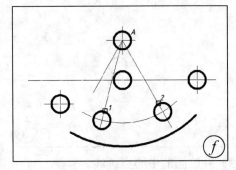

（3）启动圆弧命令（ARC），输入"C"并按【Enter】键，指定图 f 中的圆 A 的圆心为圆心，指定图 f 中的小方框标记 1 位置的交点为圆弧的起点，指定小方框标记 2 位置的交点为圆弧的终点，圆弧绘出。

（4）启动偏移（OFFSET）命令，指定偏移距离为 24，拾取刚绘出的圆弧，指定圆弧外侧一点，结果如图 g 所示， 退出 偏移命令。

（5）启动修剪命令（TRIM），拾取图 g 中有小圆标记的对象为剪切边对象并 结束拾取 ，按图 g 中小方框位置拾取圆要修剪的部分， 退出 修剪命令，结果如图 h 所示。

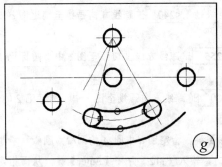
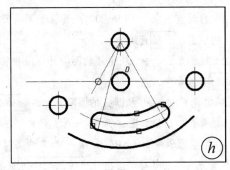

7）将中间小圆移到位并绘出虚线环槽。

（1）启动移动命令（MOVE），拾取图 h 中的圆 D 并 结束拾取 ，指定其圆心为基点，移至图 h 中小圆标记的交点处。

（2）启动偏移命令（OFFSET），指定偏移距离为 8（20-12=8），拾取图 h 中有小方框标记的圆弧，在"环"外侧单击鼠标，"外环"圆弧绘出，退出偏移命令。

（3）拾取"外环"圆弧，将其图层改为"虚线"，按【Esc】键，结果如图 i 所示。

8）绘制其他已知圆弧。

（1）启动圆命令（CIRCLE），以图 i 中的圆 A 的圆心为圆心，指定直径为 ϕ40，圆绘出。

（2）重复圆命令，以图 i 中的圆 A 的圆心为圆心，指定半径为 R26，圆绘出。

（3）找出两侧已知圆弧的圆心位置。

① 将当前图层切换到"点画线"层。

② 启动圆命令，以图 i 中的圆 A 的圆心为圆心，指定半径为 R112（R144-R32），圆绘出。

③ 重复圆命令，以图 i 中的圆 A 的圆心为圆心，指定半径为 R120（R144-R24），圆绘出，结果如图 j 所示。

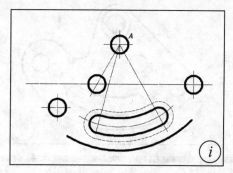
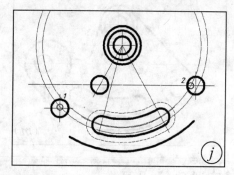

（4）将当前图层切换到"粗实线"层，绘出两侧已知圆弧。

① 启动圆命令（CIRCLE），以图 j 中小圆标记的点画线圆与竖直线的交点为圆心，指定半径为 R24，圆绘出。

② 重复圆命令，以图 j 中小圆标记的点画线圆与水平线的交点为圆心，指定半径为 R32，圆绘出，结果如图 k 所示。

（5）删除点画线圆 R111、R120。

9）绘制连接线段。

（1）启动直线命令（LINE），指定"相切"点捕捉，按图 k 中小方框位置 1 拾取圆对象，确定第一点，输入"@50<-75"并按【Enter】键，直线绘出，退出直线命令。

（2）重复直线命令，指定"相切"点捕捉，按图 k 中小方框位置 2 拾取圆对象，确定第一点，输入"@40<225"并按【Enter】键，直线绘出，退出直线命令，结果如图 l 所示。

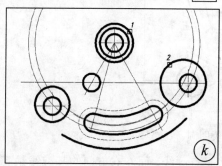
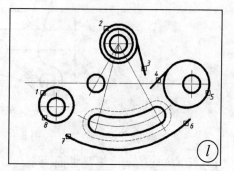

（3）绘制左侧切线。

启动直线命令（LINE），指定"相切"点捕捉，按图 l 中小方框位置 1 拾取圆对象，确定第一点，指定"相切"点捕捉，按图 l 中小方框位置 2 拾取圆对象，切线绘出，退出直线命令。

10）圆角、修剪、完善，图形绘出。

（1）启动圆角命令（FILLET），指定圆角半径为 R16，按图 l 中小方框标记 3、4 的位置处拾取两直线，圆角绘出。

（2）启动延伸命令（EXTEND），拾取图 l 中方框标记 5、8 对象为边对象并结束拾取，按图 l 中小方框 6、7 位置拾取圆要延伸的部分，退出延伸命令，结果如图 m 所示。

（3）启动修剪（TRIM）命令，拾取图 m 中有小圆标记的对象为剪切边对象并结束拾取，按图 m 中小方框位置拾取圆要修剪的部分，退出修剪命令，结果如图 n 所示，图形绘出。

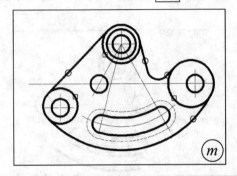
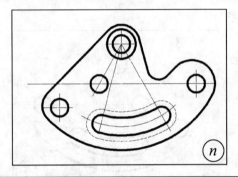

【实训 8.4】 凸耳类

凸耳类的平面图形，通常都在轮廓周围布局一些由同心圆和圆弧组成的像耳朵一样的形状，图 8.5 所示就是一个典型的凸耳类平面图形。其中，由同心圆 $\phi6$ 和 $R6$ 圆弧构成的形状就是凸耳，一共有四组，分布在轮廓的周围。从图中尺寸可以看出：

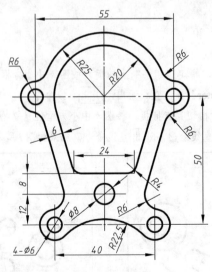

图 8.5 凸耳类图例

（1）上下方向的基准线是上面两个凸耳的水平点画线，而左右方向的基准线是其中心对称线。

(2)按从上到下的次序，R25 圆弧、R20 圆弧、四个凸耳、长为 24 的水平线、φ8 圆都是已知线段。

(3)距离为 6 的四条斜线是中间线段，其余都是连接线段。

同样，绘制时首先定基准线，然后绘出已知线段、中间线段，再绘出其他线段，最后补全修整。当然，该图还可以使用镜像的方法绘制，不过本例是直接绘出的。

步骤

1）准备绘图。

启动 AutoCAD 或重新建立一个默认文档，按标准要求建立虚线、点画线和粗实线图层，草图设置极轴增量角 15 度、对象捕捉左侧选项，绘制 150×100 图框并满显。

2）绘制基准及四个 φ6 圆。

（1）将当前图层切换到"点画线"层。

（2）启动直线命令（LINE），在图框中间偏上位置绘出**十字线**，水平线长约 75，竖直线长约 90。

（3）打开"线宽"显示，将当前图层切换到"粗实线"层。

（4）启动圆命令（CIRCLE），以十字线交点为圆心，指定直径为 φ6，圆绘出。

（5）重复圆命令，以十字线交点为圆心，指定半径为 R6，圆绘出，结果如图 a 所示。

（6）复制同心圆，结果如图 b 所示。

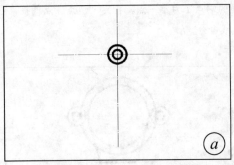
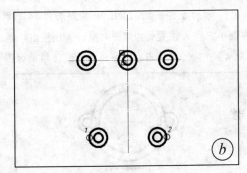

① 启动复制命令（COPY），拾取图 a 中有小方框标记的圆并 结束拾取，指定其圆心为基点。

② 向右移动光标，当出现 极轴...<0° 追踪线时输入 27.5 并按【Enter】键。

③ 向左移动光标，当出现 极轴...<180° 追踪线时输入 27.5 并按【Enter】键。

④ 输入"@-20,-50"并按【Enter】键。

⑤ 输入"@20,-50"并按【Enter】键， 退出 复制命令。

（7）删除图 b 中有小方框标记的一组同心圆（中间）。

3）绘制辅助定位线。

（1）将当前图层切换到"点画线"层。

（2）启动直线命令（LINE），从图 b 中圆 1 的左象限点绘至图 b 中圆 2 的右象限点，水平线绘出， 退出 直线命令。

（3）启动偏移命令（OFFSET），指定偏移距离为 12，拾取刚绘出的水平点画线，指定线上面一点，偏移线绘出， 退出 偏移命令。

（4）重复偏移命令，指定偏移距离为 8，拾取刚偏移绘出的水平线，指定线上侧一点，偏移线绘出， 退出 偏移命令，结果如图 c 所示。

4）绘制中间 $\phi 8$ 圆和长为 24 的水平线。

（1）将当前图层切换到"粗实线"层。

（2）启动圆命令（CIRCLE），以图 c 中小圆标记 1 的交点为圆心，指定直径为 $\phi 8$，绘出圆。

（3）启动直线命令（LINE），在任意位置绘制长为 24 的水平线。

（4）启动移动命令（MOVE），拾取长为 24 的水平线并 结束拾取 ，指定其中点为基点，移至图 c 中小圆标记 2 的交点，结果如图 d 所示。

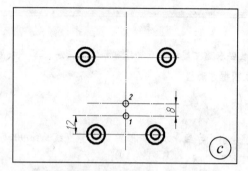 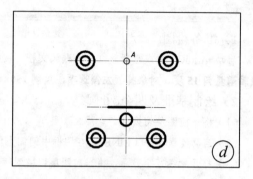

5）绘制上部分的内框线。

（1）启动圆命令（CIRCLE），以图 d 中小圆标记 A 的交点为圆心，指定半径为 R25，圆绘出。

（2）重复圆命令，以图 d 中小圆标记 A 的交点为圆心，指定半径为 R20，圆绘出，结果如图 e 所示。

（3）启动直线命令（LINE），指定长为 24 的水平线的端点 1 为第一点，指定"切点"点捕捉，在图 e 左侧小方框 A 位置处拾取圆对象，直线绘出， 退出 直线命令。

（4）类似地，绘出右侧另一条直线，结果如图 f 所示。

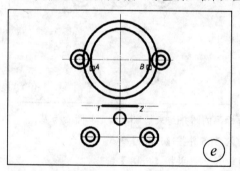 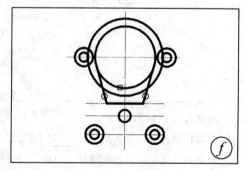

6）绘出两侧斜线及内框圆角，并作最下面的连接圆弧。

（1）启动修剪命令（TRIM），拾取图 f 中有小圆标记的对象为剪切边对象并 结束拾取 ，按图 f 中小方框位置拾取圆要修剪的部分， 退出 修剪命令。

（2）偏移两侧斜线，结果如图 g 所示。

① 启动偏移命令（OFFSET），指定偏移距离为 6。

② 拾取图 f 中有小圆标记的左侧斜线，指定其左外侧一点，偏移线绘出。

③ 拾取图 f 中有小圆标记的右侧斜线，指定其右外侧一点，偏移线绘出。

④ 退出 偏移命令。

（3）启动圆角命令（FILLET），指定圆角半径为 4，按图 g 中小方框标记 1、2 位置处拾取两直线，圆角绘出。重复圆角命令，按图 g 中小方框标记 1、2 位置处拾取两直线，圆角绘出。

（4）启动圆命令（CIRCLE），输入"T"并按【Enter】键指定"切点、切点、半径"方式，分别在图 g 左侧中小方框标记 A 和 B 位置处拾取圆，指定半径为 R22.5，圆绘出，结果如图 h 所示。

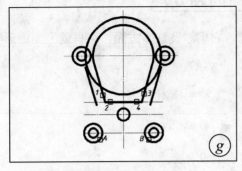 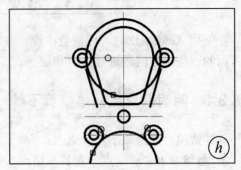

7）圆角和修剪。

（1）启动修剪命令（TRIM），拾取图 h 中有小圆标记的对象为剪切边对象并 结束拾取，按图 h 中小方框位置拾取圆要修剪的部分，退出 修剪命令，结果如图 i 所示。

（2）启动圆角命令（FILLET），指定圆角半径为 R6，指定"多个"方式，按图 i 中的小方框标记位置处依次成对拾取对象，圆角绘出，退出 圆角命令，结果如图 j 所示。

（3）启动修剪命令（TRIM），拾取图 j 中有小圆标记的对象为剪切边对象并 结束拾取，按图 j 中小方框位置拾取圆要修剪的部分，退出 修剪命令，结果如图 k 所示。

8）补绘点画线、完善线段，图形绘出。

（1）将当前图层切换到"点画线"层。

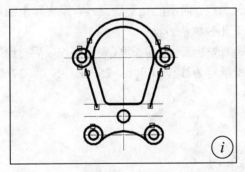 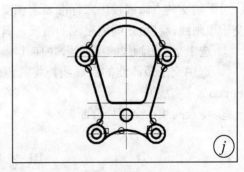

（2）启动直线命令（LINE），在任意位置上绘制长约 16 的竖直线，按【Enter】键退出。

（3）启动复制命令（COPY），拾取刚绘的竖直线，指定其中点为基点，分别复制至图 k 中有小方框标记的圆的圆心，退出 复制命令。

（4）删除新绘出的竖直线和图 k 中有小圆标记的水平点画线，结果如图 l 所示，图形绘出。

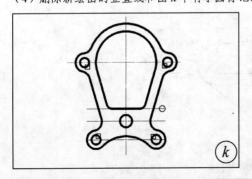 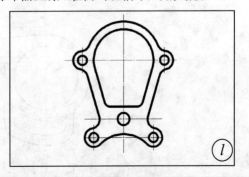

8.3 常见实训问题处理

在使用 AutoCAD 时，通常会出现一些问题，它们涉及许多方面，这里就平面图形绘制方面的一些操作问题进行分析和解答。

8.3.1 明明有交点就是修剪不掉

这种情况可能有如下几种原因：
① 虽然看上去有交点，尤其是切点，但事实上没有交点。
② 虽然有交点，但相切的圆弧太多。
③ 有残余的整体对象存在。

对于第①种情况，解决的办法是检查所画线段的尺寸是否正确，是否是真的存在交点；或者使用延伸命令（EXTEND），将疑似相交的线段延伸到要相交的线段上。

对于第②种情况，解决的办法是选择剪切边对象不要太多，分块逐步进行修剪。

对于第③种情况，解决的办法是将残余的整体对象分解。

8.3.2 如何保证点画线交于长画线

对于相交的点画线按国家标准要求相交于长画线，而不能交于短画线，但实际上经常会交于短画线，甚至是间隔空隙的情况，有如下几种解决方法：
① 选中交于短画线的点画线，拉伸其端点夹点改变点画线的长度（夹点操作以后讨论）。
② 选中交于短画线的点画线，将其点画线指定为线型 JIS_08_25 或 JIS_08_37 或 Continuous（实线）。
③ 将点画线在交点处打断。

思考与练习

（1）什么是基准？什么是定位和定形尺寸？什么是已知线段、中间线段和连接线段？
（2）说明平面图形的绘制步骤。
（3）建立点画线、粗实线图层，绘制如题图 8.1～题图 8.4 所示的平面图形（尺寸不标）。

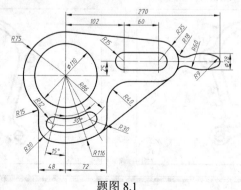

题图 8.1

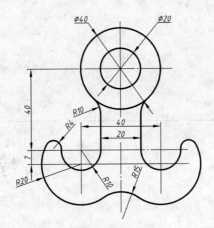

题图 8.2

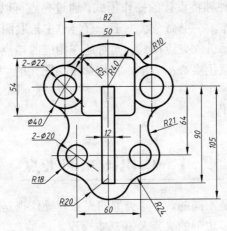

题图 8.3

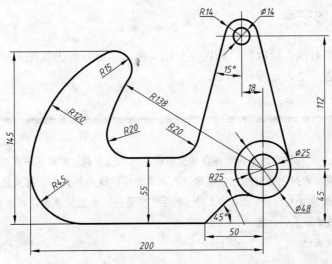

题图 8.4

第 9 章

学会使用夹点

夹点是图元对象的一种独特设计的操作模式,通过夹点可以对图元对象进行移动、拉伸、旋转、缩放等编辑操作。在空命令状态下,直接单击拾取图元后,图元呈虚线状态显示以与其他对象区别,表示进入夹点模式。同时还在相应的端点、中点等处显示相应的正方形、长方形或三角形的蓝色实心小方框,它们都是该图元的"夹点"。本章主要内容有:

- 认识图元的夹点。
- 熟悉夹点的编辑操作。

9.1 认识图元的夹点

不同图元对象的夹点是不同的,不同类型的夹点其操作也是不同的。这里先来认识直线、圆、圆弧、矩形和正多边形的夹点及其基本操作。

9.1.1 直线的夹点

任意绘制一条直线,拾取后,如图 9.1(a)所示,可以看出其夹点一共有三个,中点一个,两个端点各一个,现操作如下。

(1) 操作中点夹点。

① 移动光标至中点的夹点附近,光标自动被吸附到夹点位置处。同时,夹点的颜色变成粉色。此时单击鼠标左键,夹点的颜色变为红色,表示该夹点被激活,称为**热夹点**或**基夹点**。

② 移动光标,直线随之移动,如图 9.1(b)所示。在适当的位置处单击鼠标左键,则直线被平移,但直线仍处于夹点模式状态,如图 9.1(c)所示。

(2) 操作端点夹点。

① 撤销前面的操作,恢复到图 9.1(a)状态。

② 移动光标至直线的任意一端夹点,当夹点的颜色变成粉色时将弹出一个快捷菜单,如图 9.2(a)所示。若不管快捷菜单,直接单击鼠标左键,则夹点的颜色变成红色,表示该夹点被激活。

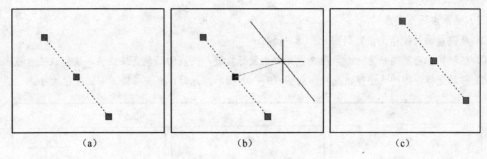

图 9.1 直线中夹点操作图例

③ 移动光标，直线随之变化，如图 9.2（b）所示。在适当的位置处单击鼠标左键，则端点的位置被改变，直线被"拉伸"，直线仍处于夹点模式状态。

④ 若在快捷菜单中选择"拉长"命令，则当前粉色夹点自动被激活，移动光标，直线随之变化，如图 9.2（c）所示。若在适当的位置处单击鼠标左键，则端点的位置沿直线原来的方向被改变，要么拉长，要么缩短。

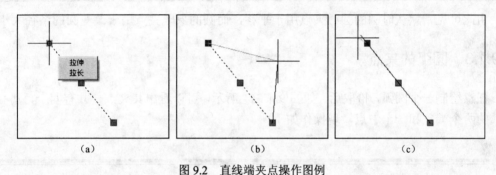

图 9.2 直线端夹点操作图例

由此可见，默认时直线的中夹点用于平移直线，类似以中点为基点的移动（MOVE）操作；而直线的端夹点用于拉伸直线。

需要强调的是，当夹点有快捷菜单的多个选项时，可按【Ctrl】键来切换这些选项。例如，当激活直线端夹点进行拉伸时，按一次【Ctrl】键，则当前夹点操作变为"拉长"，再按一次【Ctrl】键，则当前夹点操作又变回"拉伸"。

9.1.2 圆的夹点

任意绘制一个圆，拾取后，如图 9.3（a）所示，可以看出其夹点一共有五个，圆心和四个象限点，现操作如下。

（1）操作圆心夹点。

① 单击圆心夹点，夹点的颜色变成红色，表示该夹点被激活。

② 移动光标，圆随之移动，如图 9.3（b）所示。在适当的位置处单击鼠标左键，则圆被平移，但圆

仍处于夹点模式状态。

(2) 操作象限点夹点。

① 撤销前面的操作,恢复到图 9.3(a)状态。

② 移动光标至圆的任意一个象限夹点并单击鼠标左键,夹点的颜色变成红色,表示该夹点被激活。

③ 移动光标,圆的大小随之变化,如图 9.3(c)所示。此时,可直接输入圆的半径大小。

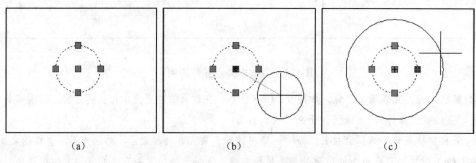

图 9.3 圆的夹点操作图例

由此可见,默认时圆的圆心夹点用于平移,而圆的象限夹点用于改变圆的半径大小。

9.1.3 圆弧的夹点

任意绘制一个圆弧,拾取后,如图 9.4(a)所示,可以看出其夹点一共有四个,圆心、圆弧的两个端点和一个中点,现操作如下。

(1) 操作圆心夹点。

单击圆心夹点,移动光标,圆弧随之移动,如图 9.4(b)所示。若在适当的位置处单击鼠标,则圆弧被平移,圆弧仍处于夹点模式状态。

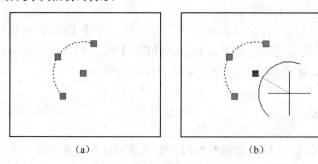

图 9.4 圆弧的圆心夹点操作图例

(2) 操作圆弧中点夹点。

① 撤销前面的操作,恢复到图 9.4(a)状态。

② 移动光标至圆弧上的中点夹点,当夹点的颜色变成粉色时,将弹出一个快捷菜单,如图 9.5(a)所示。

③ 若不管快捷菜单,直接单击鼠标左键,移动光标,圆弧被拉伸,如图 9.5(b)所示。在适当的

位置处单击鼠标左键，则圆弧的中点位置被改变，圆弧被"拉伸"。

④ 若在快捷菜单中选择"半径"命令，则当前粉色夹点自动被激活，移动光标，圆弧的半径大小随之而变化，如图9.5（c）所示，此时可直接输入圆弧的半径大小。在适当的位置处单击鼠标左键，则圆弧的半径被改变。

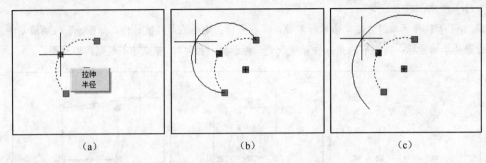

图9.5　圆弧的中点夹点操作图例

（3）操作圆弧端点夹点。

① 撤销前面的操作，恢复到图9.4（a）状态。

② 移动光标至圆弧上的任意端点夹点，当夹点的颜色变成粉色时，将弹出一个快捷菜单，如图9.6（a）所示。

③ 若不管快捷菜单，直接单击鼠标左键，移动光标，圆弧被拉伸，如图9.6（b）所示。在适当的位置处单击鼠标，则圆弧的端点位置被改变，圆弧被"拉伸"。

④ 若在快捷菜单中选择"拉长"命令，则当前粉色夹点自动被激活，移动光标，圆弧沿其弧的方向（弧长）随之变化，如图9.6（c）所示。在适当的位置处单击鼠标左键，则圆弧的弧长被改变。

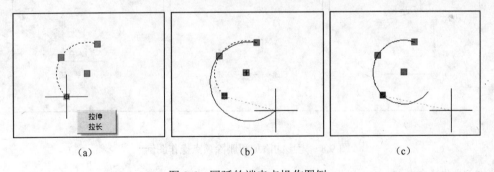

图9.6　圆弧的端夹点操作图例

由此可见，默认时圆弧的圆心夹点用于平移，而圆弧的中点夹点用于改变圆弧的半径大小，圆弧的端夹点用于改变其位置而拉伸圆弧。

9.1.4　矩形的夹点

任意绘制一个矩形，拾取后，如图9.7（a）所示，可以看出其夹点一共有八个，四个边的中点和四个角点。现操作如下：

（1）操作角点夹点。

① 移动光标至矩形任意一个角点夹点，当夹点的颜色变成粉色时，将弹出一个快捷菜单，如图9.7（b）所示。

② 若不管快捷菜单，直接单击鼠标左键，移动光标，矩形的角点被拉伸，如图9.7（c）所示。在适当的位置处单击鼠标，则矩形的角点位置被改变，矩形被"拉伸"，变成了不规则的四边形。

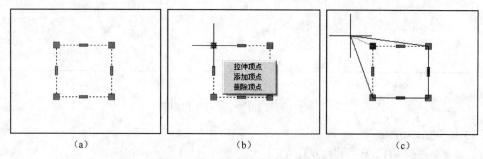

图9.7　矩形的角点夹点操作图例

③ 若在快捷菜单中选择"添加顶点"命令，则当前粉色夹点自动被激活，光标旁有一个"+"标记，移动光标，则与前一个顶点（按逆时针方向计数）构成的边变为三角形，如图9.8（a）所示。在适当的位置处单击鼠标左键，则矩形变为不规则的五边形，如图9.8（b）所示。

④ 若在快捷菜单选择"删除顶点"命令，则当前夹点的顶点被删除，结果如图9.8（c）所示。

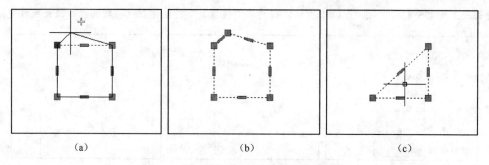

图9.8　矩形的添加和删除顶点操作图例

（2）操作边中点夹点。

① 撤销前面的操作，恢复到图9.7（a）状态。移动光标至矩形任意一个边的中点夹点，当夹点的颜色变成粉色时，将弹出一个快捷菜单，如图9.9（a）所示。

② 若不管快捷菜单，直接单击鼠标左键，移动光标，边随之平移，矩形被拉伸，如图9.9（b）所示。

③ 若在快捷菜单中选择"添加顶点"命令，则与角点夹点的"添加顶点"操作相似。

④ 若在快捷菜单中选择"转换为圆弧"命令，当前粉色夹点自动被激活，光标旁有一个"⌒"标记，移动光标，一个圆弧绘出。该圆弧的端点由边的两个端点确定，而半径由当前动态连线长确定，如图9.9（c）所示。在适当的位置处单击鼠标左键，相应的圆弧绘出，此时边被圆弧代替。

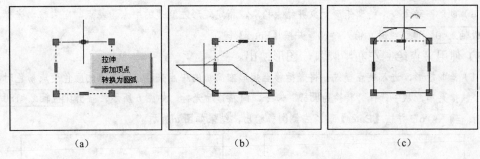

图 9.9　矩形的边的中点夹点操作图例

由此可见，默认时矩形的角点夹点具有"拉伸"、"添加顶点"和"删除顶点"等操作，而矩形的边的中点夹点具有"拉伸"、"添加顶点"和"转换为圆弧"等操作。类似地，正多边形等也具有相同的角点和边中点夹点的功能，如图 9.10 所示。

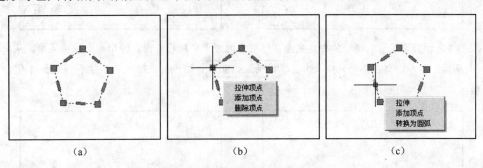

图 9.10　正多边形的夹点及其功能

【实训 9.1】绘制圆头键槽的夹点方法

如图 9.11 所示是一个典型的圆头键槽图形。若使用以前的方法，则可首先画出两边的圆，然后画直线，最后修剪完善。现在，使用夹点方法可以快速地画出圆头键槽图形。具体步骤如下。

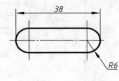

图 9.11　圆头键槽

1）准备绘图。

启动 AutoCAD 或重新建立一个默认文档，按标准要求建立"点画线"和"粗实线"图层，草图设置对象捕捉左侧选项，绘制 100×75 图框并满显。

2）绘制点画线和矩形。

（1）将当前图层切换到"点画线"层。

（2）启动直线命令（LINE），在图框中间位置绘出长约 45 的水平直线。

（3）打开"线宽"显示，将当前图层切换到"粗实线"层。

（4）启动矩形命令（RECTANG），任意指定第一个角点，输入"@26,12"并按【Enter】键指定第二角点。

（5）启动移动命令（MOVE），拾取矩形对象并结束拾取，指定矩形左侧边的中点为基点，将其移至水平点画线的左端点上，如图 a 所示。

（6）重复移动命令，拾取矩形对象并结束拾取，指定矩形左侧边的中点为基点，向右移动光标，当出现 极轴…<0° 追踪线时，输入"10"并按【Enter】键。

3）使用夹点绘制左右半圆弧，图形绘出。

（1）拾取矩形，进入夹点模式。将光标移至矩形左侧边的中点夹点，当夹点的颜色变成粉色时，弹出一个快捷菜单，从中选择"转换为圆弧"命令，向左移动光标，如图 b 所示。当出现 极轴…<180° 追踪线时，输入"6"并按【Enter】键。左侧圆弧绘出，结果如图 c 所示。

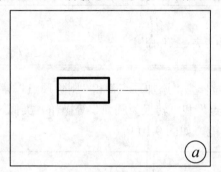
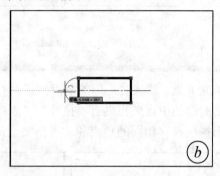

（2）将光标移至矩形右侧边的中点夹点，当夹点的颜色变成粉色时，弹出一个快捷菜单，从中选择"转换为圆弧"命令，向右移动光标，当出现 极轴…<180° 追踪线时，输入"6"并按【Enter】键，右侧圆弧绘出。

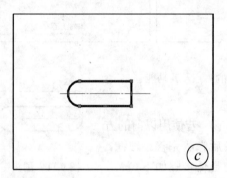
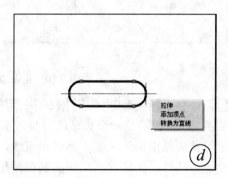

【说明】

若此时将光标移至圆弧边的中点夹点，当夹点的颜色变成粉色时，弹出的快捷菜单中的"转换为圆弧"变为"转换为直线"命令，如图 d 所示。

（3）按两次【Esc】键结束。

9.2 熟悉夹点的编辑操作

前面是就图元的夹点来论述各自夹点的默认操作。事实上，夹点操作远不止这些，它们不仅可以有旋转、缩放、镜像等编辑手段，而且还可以有多个图元、多个热夹点等操作。

9.2.1 拉伸和夹点拉伸

拉伸（STRETCH）是一种变形手段，它通过改变所选对象的局部顶点和端点的位置达到重构形状的目的。

1. 命令方式

2. 命令简例

首先绘制一个圆和一个矩形，修剪（TRIM）后分解（EXPLODE）它们，如图 9.12（a）所示，然后在命令行输入命令名"S"并按【Enter】键，按命令行提示操作：

STRETCH
以交叉窗口或交叉多边形选择要拉伸的对象...
选择对象： 窗交框选指定第 1 点
指定对角点： 指定对角点 2，如图 9.12（a）所示　找到 4 个
选择对象： ✓
指定基点或 [位移(D)] <位移>： 单击鼠标左键任意指定一点，移动光标，则选定的对象被拉伸，如图 9.12（b）所示
指定第二个点或 <使用第一个点作为位移>： 单击鼠标，结果如图 9.12（c）所示

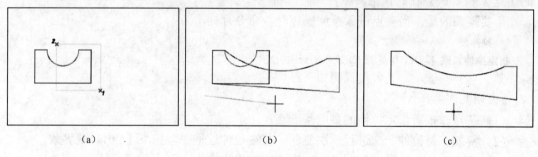

图 9.12　拉伸命令简例

需要强调的是，选择对象必须是窗交框选或是多边形窗交框选，且不能全部选择，否则只是平移而不会拉伸。

3. 夹点拉伸

拉伸是夹点的默认操作，当选定其中一个夹点为热夹点后，则移动光标将改变该夹点的位置，从而使其形状被拉抻。但这种操作只是针对某一个图元，若想将某部分图形进行拉伸，则必须使用多个热夹点。

在图形中，形状由线段（包括圆弧等）构成，而线段则由点构成。当使用【Shift】键指定多个热夹点后，一旦位置改变，由多个热夹点构成的图形只进行整体移动，其他相关的图元被拉伸，从而达到局部图形拉伸的目的。看看下列的图例步骤。

步骤

(1) 撤销前面的操作,恢复到图9.12(a)状态。选中所有对象,进入夹点操作模式。

(2) 按下【Shift】键,分别拾取如图9.13(a)中有方框标记的夹点为热夹点,然后松开【Shift】键。

【说明】

若当前夹点为热夹点,按住【Shift】键的同时再拾取它,则该热夹点恢复为蓝色实心小块的一般夹点状态。

(3) 首先直接拾取右侧直线的中点夹点,然后移动光标,如图9.13(b)。

(4) 单击鼠标左键,图形被拉伸,结果如图9.13(c)所示。

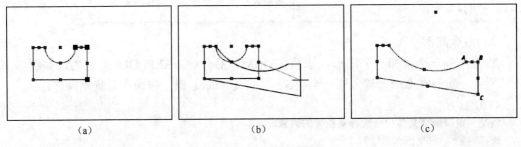

图9.13 夹点拉伸简例

从中可以看出,由热夹点A、B和C(参看图9.13c)所确定的直线AB和BC在操作过程中只是位置移动而已,形状并没有改变。被拉伸的半圆弧和最下面直线本身就是它们的端点A和C夹点在起作用。

需要强调的是,当夹点进入拉伸操作时,命令行提示为:

** 拉伸 **
指定拉伸点或 [基点(B)/复制(C)/放弃(U)/退出(X)]:

其中有一些选项,其含义说明如下。

【说明】

(1) **基点**。重新指定拉伸的参照基准点。

(2) **复制**。每拉伸一次进行一次复制。与在拉伸过程中,按下【Ctrl】键等效。

(3) **放弃**。如果进行了复制操作,则放弃该操作。

(4) **退出**。退出夹点编辑。

9.2.2 夹点移动、旋转和镜像

默认时,夹点编辑使用拉伸操作。按【Enter】键或【Space】键可在拉伸(ST)、移动(MO)、旋转(RO)、比例缩放(SC)和镜像(MI)操作之间进行切换,或者直接输入要操作的命令名(已在括号中注明)并按【Enter】键。

1. 夹点移动

撤销前面的操作,恢复到图9.12(a)状态。选中所有对象,进入夹点操作模式。指定任意一个夹点为热夹点,输入"MO"并按【Enter"】键,命令行提示为:

** MOVE **
指定移动点 或 [基点(B)/复制(C)/放弃(U)/退出(X)]:

移动光标,则所有对象随之移动,如图 9.14(a)所示,在任意位置单击鼠标左键指定移动点,结果如图 9.14(b)所示。

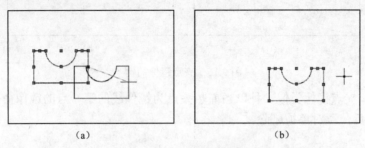

图 9.14 夹点移动简例

由此可见,夹点移动是一种以当前热夹点为基点的移动命令(MOVE)操作。

2. 夹点旋转

撤销前面的操作,恢复到图 9.12(a)状态。选中所有对象,进入夹点操作模式。指定任意一个夹点为热夹点,输入"RO"并按【Enter】键,命令行提示为:

** 旋转 **
指定旋转角度或 [基点(B)/复制(C)/放弃(U)/参照(R)/退出(X)]:

移动光标,则所有对象随之旋转,如图 9.15(a)所示,在任意位置单击鼠标左键,结果如图 9.15(b)所示。

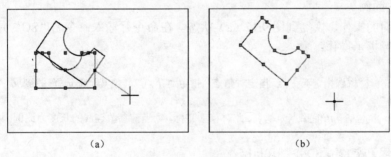

图 9.15 夹点旋转简例

由此可见,夹点旋转是一种以当前热夹点为基点的旋转命令(ROTATE)操作。其中,也有"参照"选项。

3. 夹点镜像

撤销前面的操作,恢复到图 9.12(a)状态。选中所有对象,进入夹点操作模式。指定任意一个夹点为热夹点,输入"MI"并按【Enter】键,命令行提示为:

** 镜像 **
指定第二点或 [基点(B)/复制(C)/放弃(U)/退出(X)]:

移动光标,则以当前热夹点与当前光标点的连线为镜像线进行镜像,如图 9.16(a)所示,在任意位置单击鼠标,结果如图 9.16(b)所示。

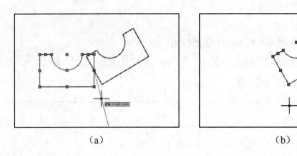

图 9.16 夹点镜像简例

由此可见,夹点镜像类似一种以当前热夹点为镜像线的第一点的镜像命令(MIRROR)操作。但镜像后,源对象被删除。

9.2.3 比例缩放和夹点缩放

不同于视图的缩放(ZOOM),比例缩放(SCALE)用于按比例更改形状的尺寸大小。

1. 命令方式

2. 命令简例

撤销前面的操作,恢复到图 9.12(a)状态。在命令行输入命令名"SC"并按【Enter】键,按命令行提示操作:

SCALE
选择对象: 窗交框选指定第 1 点 **指定对角点:** 指定对角点 2,使其全部选择 **找到 6 个**
选择对象: ✓
指定基点: 指定左下角的端点为基点,此时移动光标,则当前参数连线的长度为比例因子,如图 9.17(a)所示
指定比例因子或 [复制(C)/参照(R)]: 1.5✓

结果如图 9.17(b)所示。需要进行如下说明。

(1)图形比例缩放后,尺寸大小被改变。当指定的比例因子大于 1,则为放大;当指定的比例因子小于 1 且大于 0,则为缩小。

(2)图形比例缩放后,源对象被删除。但可以指定"复制"选项,这样当指定比例因子缩放后,源对象被保留。

(3)比例缩放命令(SCALE)还有"参照"选项,用于将指定的"新的长度"值与"参考长度"的比值作为缩放的比例,是一种比例计算的便利手段。

3. 夹点缩放

撤销前面的操作,恢复到图 9.12(a)状态。选中所有对象,进入夹点操作模式。指定任意一个夹点为热夹点,输入"SC"并按【Enter】键,命令行提示为:

** 比例缩放 **
指定比例因子或 [基点(B)/复制(C)/放弃(U)/参照(R)/退出(X)]:

移动光标,则以当前热夹点与当前光标点的参考连线长度为比例因子,如图9.17(c)所示,在任意位置单击鼠标,图形被缩放。缩放后,对象仍处于夹点模式中。

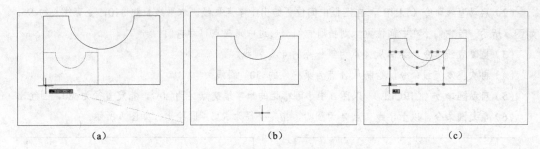

图 9.17　比例缩放简例

由此可见,夹点缩放是一种以当前热夹点为基点的缩放命令(SCALE)操作。其中,也有"参照"选项。

【实训 9.2】使用夹点编辑绘图

如图 9.18 所示是一个带有环槽和凸耳、左右对称的综合性的平面图形。从图中尺寸可以看出:

(1) 上下方向的基准线就是最长的水平点画线,而左右方向的基准线是中心对称线。

(2) 除圆角的 $R5$、$R10$ 为连接弧外,其他都是已知线段。

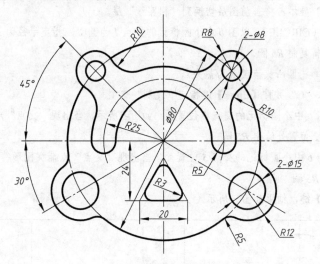

图 9.18　使用夹点编辑绘图图例

绘制时首先确定水平点画线和中心对称线这些基准线,然后绘出已知线段和连接线段,为了简化画法还采用了左右镜像的方法(带圆角的三角形除外),且图线编辑和修整均尽可能使用夹点来操作,最后完善。具体步骤如下。

1) 准备绘图。

启动 AutoCAD 或重新建立一个默认文档,按标准要求建立细实线、点画线和粗实线图层,**草图设置极轴增量角 15 度、对象捕捉左侧选项**,绘制 150×100 图框并满显。

2）绘制基准线及相关点画线。

（1）将当前图层切换到"点画线"层。

（2）启动直线命令（LINE），在图框中间位置绘出十字点画线，水平线长约 110，竖直线长约 95，如图 a 所示。若它们不在中间位置，则拾取它们，通过中点夹点移动它们。

（3）重复直线命令，绘制从 A 点为第一点的 45°斜线。

（4）再次重复直线命令，绘制从 A 点为第一点的-30°斜线。

（5）启动圆命令（CIRCLE），以图 a 中小圆标记的十字线交点 A 为圆心，指定直径为 ⌀80，圆绘出。

（6）重复圆命令，以十字线交点 A 为圆心，指定半径为 R25，圆绘出，如图 b 所示。

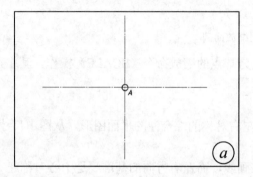
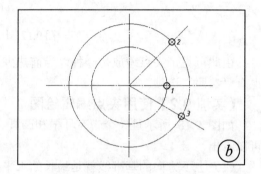

3）绘制右侧 R5 圆并使用夹点复制。

（1）打开"线宽"显示，将当前图层切换到"粗实线"层。

（2）启动圆命令（CIRCLE），以图 b 中小圆标记的交点 1 为圆心，指定半径为 R5，圆绘出。

（3）使用夹点编辑复制 R5 圆。

① 拾取 R5 圆，单击圆心夹点使其为热夹点。

② 在命令行输入"C"并按【Enter】键指定"复制"选项。

③ 移动光标至图 b 中小圆标记的交点 2 位置处，如图 c 所示，当出现"交点"点捕捉图形符号时单击鼠标左键，在交点 2 位置处绘出 R5 圆。

④ 移动光标至图 b 中小圆标记的交点 3 位置处，当出现"交点"点捕捉图形符号时单击鼠标左键，在交点 3 位置处绘出 R5 圆。

⑤ 按两次【Esc】键，结果如图 d 所示。

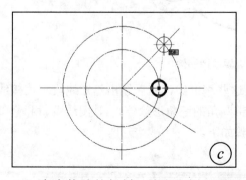
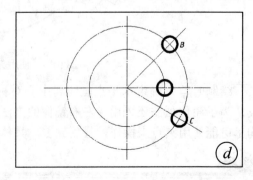

4）夹点修改并复制，绘出右侧凸耳同心圆。

（1）拾取图 d 中的圆 B，单击任意一个象限点为热夹点，移动光标，输入"8"并按【Enter】键，圆 B 的半径被修改为 R8。

（2）再次单击使圆 B 的象限点为热夹点，输入"C"并按【Enter】键指定"复制"选项，输入"4"并按【Enter】键，圆ϕ8绘出，如图 e 所示，按两次【Esc】键。

（3）同样，拾取图 e 中的圆 C，单击任意一个象限点使其成为热夹点，移动光标，输入"12"并按【Enter】键，圆 C 的半径被修改为 R12。

（4）再次单击圆 C 的象限点使其成为热夹点，输入"C"并按【Enter】键指定"复制"选项，输入"7.5"并按【Enter】键，圆ϕ15绘出，按两次【Esc】键，结果如图 f 所示。

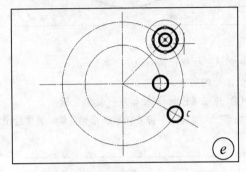
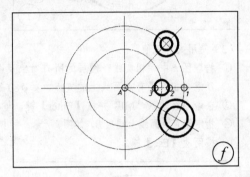

5）绘制中间环槽并圆角。

（1）启动圆命令（CIRCLE），以图 f 中小圆标记的十字线交点 A 为圆心，指定直径为ϕ80，圆绘出。

（2）拾取刚绘出的ϕ80圆（粗实线），单击任意一个象限点使其成为热夹点，输入"C"并按【Enter】键指定"复制"选项，移动光标至图 f 中小圆标记的交点 2 位置处，当出现"交点"点捕捉图形符号时单击鼠标左键，结果如图 g 所示。

（3）移动光标至图 g 中小圆标记的交点 3 位置处，当出现"交点"点捕捉图形符号时单击鼠标左键，按两次【Esc】键，如图 h 所示。

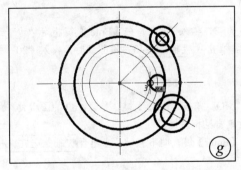
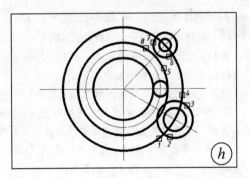

（4）启动圆角命令（FILLET），指定圆角半径为 R5，指定"多个"方式，按图 h 中的小方框标记位置 1 和 2、3 和 4 处依次成对拾取对象，圆角绘出，退出圆角命令。

（5）重复圆角命令，指定圆角半径为 R10，指定"多个"方式，按图 h 中的小方框标记位置 5 和 6、7 和 8 处依次成对拾取对象，圆角绘出，退出圆角命令，结果如图 i 所示。

6）修剪绘出镜像源，并镜像。

（1）启动修剪命令（TRIM），拾取图 i 中有小标记的对象为剪切边对象（共六个）并结束拾取，按图 i 中小方框位置拾取圆要修剪的部分（共八处），退出修剪命令，结果如图 j 所示。

（2）重复修剪命令，拾取图 j 中有小标记的对象为剪切边对象（共一个）并结束拾取，按图 j 中小方框位置拾取圆要修剪的部分（共三处），退出修剪命令，结果如图 k 所示。

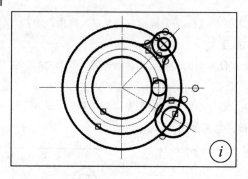
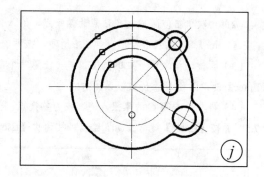

(3) 使用夹点镜像。

① 拾取图 k 中 "粗实线" 图层的所有对象及图 k 中有小方框标记的对象。

② 任意单击在竖直点画线上的夹点，如φ80 的圆心 A 处的夹点。

③ 在命令行输入 "MI" 并按【Enter】键，输入 "C" 并按【Enter】键指定 "复制" 选项。

④ 指定竖直点画线上端点 B，如图 l 所示，当出现 "端点" 点捕捉图形符号时单击鼠标左键，镜像绘出。

⑤ 按两次【Esc】键。

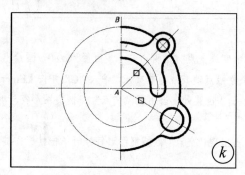
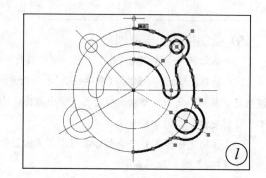

7）绘出下方的正三角形并圆角。

（1）启动正多边形命令（POLYGON），指定侧面数为 3，输入 "E" 并按【Enter】键指定 "边" 选项。在φ80 的圆心处指定第一点，向左下方向移动光标，当出现 极轴…<240° 追踪线时，输入 "20" 并按【Enter】键，正三角形绘出。

（2）使用夹点将正三角形移至指定位置。

① 拾取正三角形，单击最下边的中点夹点，输入 "MO" 并按【Enter】键，移至φ80 的圆心处，如图 m 所示，出现 "交点" 或 "圆心" 点捕捉图形符号时单击鼠标左键。

② 再次单击最下边的中点夹点，输入 "MO" 并按【Enter】键，向下移动，当出现 极轴…<270° 追踪线时，输入 "24" 并按【Enter】键。

③ 按两次【Esc】键，结果如图 n 所示。

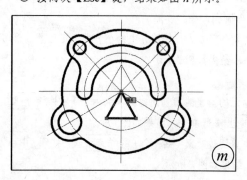
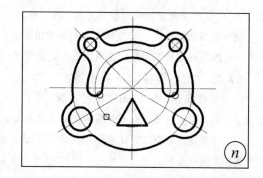

8）圆角、修剪、完善，图形绘出。

（1）命令启动圆角（FILLET），指定圆角半径为 R3，指定"多段线"方式，拾取正三角形，圆角绘出。

（2）启动修剪命令（TRIM），拾取图 n 中有小圆标记的对象为剪切边对象（共两个）并 结束拾取，按图 n 中小方框位置拾取圆要修剪的部分（共一处），退出 修剪命令，结果如图 o 所示。

（3）调整中间圆弧点画线，结果如图 p 所示。

① 拾取图 o 中有小方框标记的圆，将光标移至左边圆弧端点夹点位置，在弹出的快捷菜单中选择"拉长"，移动光标向小圆轮廓线外拉长 2mm～3mm。

② 同样，将光标移至右边圆弧端点夹点位置，在弹出的快捷菜单中选择"拉长"，移动光标向小圆轮廓线外拉长 2mm～3mm。

③ 按两次【Esc】键，图形绘出。

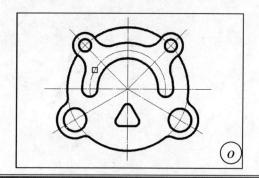
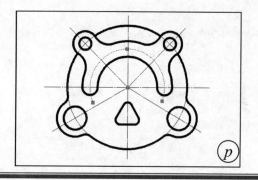

由此可见，使用夹点能使用户更专注于图形绘制和编辑。显然，若熟练掌握夹点的操作，一定能提高绘图的效率。

9.3 常见实训问题处理

在使用 AutoCAD 时，通常会出现一些问题，它们涉及许多方面，这里就夹点方面的一些操作问题作分析和解答。

9.3.1 怎样使用夹点编辑移动多个对象

拾取多个对象，单击圆心或直线中点夹点使其成为热夹点，移动光标并不能移动全部选中对象。这是因为，当进入夹点模式时，每一次进入都将恢复夹点的默认"拉伸"操作。因此在指定热夹点后，要首先输入"MO"并按【Enter】键，再移动光标，所选中的对象就可以一起移动了。

9.3.2 选择了"复制"选项，夹点镜像后还是没有源对象

这很有可能是因为操作的次序不对。只有首先切换到夹点"镜像"功能，再指定"复制"选项，才可进行多次镜像的复制，否则无效。按【Esc】键退出夹点镜像，再按一次【Esc】键退出夹点模式。

思考与练习

（1）什么是夹点？什么是热夹点？夹点的编辑功能有哪些，如何切换？
（2）改用夹点编辑方法绘出第 8 章的实训和题图 8.1～题图 8.4 所示的平面图形。

第 10 章

点、构造线和多段线

复杂图形中,有些等分(定位)是需要通过计算才能得到的。事实上,这些等分(定位)还可直接通过 AutoCAD 中的"点"来实现。除此之外,"多段线"可能在某种程度上改变了人工绘图的固有步骤。本章主要内容有:
- 学会点及其等分。
- 熟悉射线和构造线。
- 学会使用多段线。

10.1 学会点及其等分

等分的方法能够解决许多图形上的问题。例如,可使用圆的等分来绘制正多边形,或是将等腰三角形的底进行等分后,实现角度平分等。在 AutoCAD 中,点命令(POINT)就具有这样的功能。

10.1.1 点(POINT)及其样式

AutoCAD 的点不仅能够创建可捕捉、追踪的参照点,而且还可以对线段进行等数或等距平分。

1. 点命令(POINT)

点命令(POINT)有单点和多点之分,其命令方式如下:

选择菜单"绘图"→"点"→"单点"命令,或在命令行直接输入"PO"并按【Enter】键,则执行的是单点命令,命令行提示为:

当前点模式： PDMODE=0　PDSIZE=0.0000
指定点：

当指定一点后，命令退出。若选择菜单"绘图"→"点"→"多点"命令或单击工具栏功能区上的图标按钮 ，则执行的是多点命令，命令行提示同上，但当指定一点后，将自动重复进入命令循环，可继续指定点，直到按【Esc】键、【Enter】键或【Space】键退出。

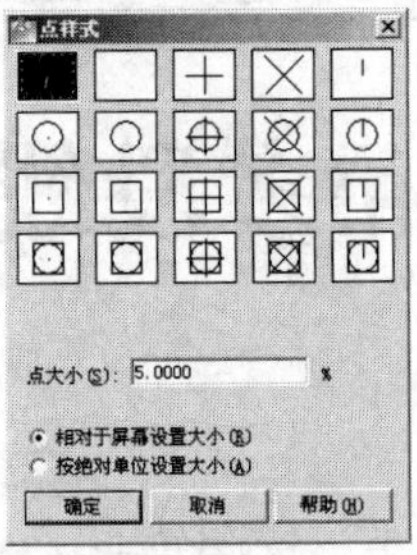

2. 点样式

默认时，屏幕上绘制的点是一个小黑点，不便于观察。因此，在绘制点之前通常要进行点样式的设置。

选择菜单"格式"→"点样式"命令，或在命令行直接输入"DDPTYPE"并按【Enter】键，则弹出"点样式"对话框，如图 10.1 所示。

在该对话框中，可以单击要指定的点样式，并可以指定样式的大小：要么按相对于屏幕的百分比；要么按绝对单位指定大小。单击 确定 按钮，系统自动按新的设定重新生成"点"。

图 10.1 "点样式"对话框

试一试 首先绘制一条直线，在端点和中点处各画一个点，指定点样式，查看这些点的变化。

10.1.2 点的定数等分（DIVIDE）

若要将一个线段等分成若干段，则可使用 DIVIDE 命令来完成。

1. 命令方式

命令名	DIVIDE，DIV		
快捷键	—		
菜单	绘图→点→定数等分	功能区	常用→绘图▼扩展→
工具栏	—		

2. 命令简例

首先将"点样式"设置为如图 10.2 所示的内容，并单击 确定 按钮退出。然后，再绘制一个任意大小的圆和一个直线段，如图 10.3（a）所示，启动 DIVIDE 命令：

DIVIDE
选择要定数等分的对象： 拾取圆
输入线段数目或 [块(B)]： 7↵

结果如图 10.3（b）所示，重复 DIVIDE 命令：

DIVIDE
选择要定数等分的对象： 拾取直线
输入线段数目或 [块(B)]： 5↵

结果如图 10.3（c）所示。

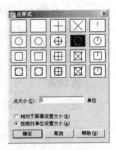

图 10.2 "点样式"设置

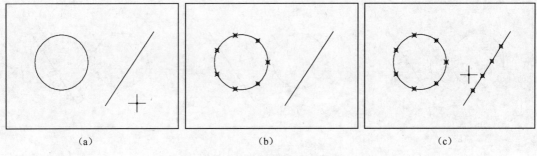

图 10.3 定数等分命令简例

需要说明的是：

（1）DIVIDE 命令过程中还有"块"选项，这里暂且放一放，以后有机会再讨论。

（2）DIVIDE 命令不是真的将对象等分为若干段，而是使用"点"表示等分后的分割位置。

 为什么圆被平分为七段后有七个点，而直线被平分为五段后却只有四个点？

10.1.3 点的定距等分（MEASURE）

MEASURE 命令用于按照指定的距离来划分直线、圆等对象。与定数等分不同的是，定距等分后的线段通常都有剩余。

1. 命令方式

点的定距等分命令（MEASURE）有以下几种启动方式。

命令名	MEASURE, ME		
快捷键	—		
菜单	绘图→点→定距等分	功能区	常用→绘图▼扩展→
工具栏	—		

2. 命令简例

首先绘制一个任意大小的圆和一个直线段，如图 10.4（a）所示，然后启动点的定距等分命令（MEASVRE）：

```
MEASURE
选择要定距等分的对象：拾取圆
指定线段长度或 [块(B)]：30✓
```

结果如图 10.4（a）所示，重复 MEASURE 命令：

```
MEASURE
选择要定距等分的对象：拾取直线
指定线段长度或 [块(B)]：40✓
```

结果如图 10.4（c）所示。

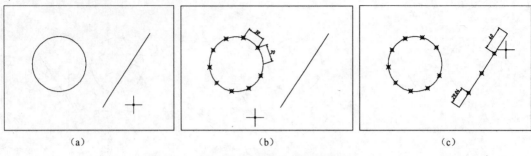

图 10.4　定距等分命令简例

需要说明的是，对于圆等闭合线段来说，定距等分是从它的初始点开始的（圆的初始点是右边的象限点），而对于直线等非闭合线段来说，定距等分从靠近拾取点的端点开始的。

【实训 10.1】斜度和锥度

斜度和锥度是工程制图中的两个概念。所谓"斜度"是指一条直线或一个平面相对另一条直线或另一个平面的倾斜程度，其大小使用两条直线或两个平面间夹角的正切表示。标注时，要将斜度值化为 1 : n 的形式，并使用符号"∠"来标明，如图 10.5（a）所示。所谓"锥度"是以正圆锥和正圆台为模型的概念，正圆锥体的锥度大小为底面直径与其高之比，而正圆台的锥度大小为上下底面直径的差值与其高之比。标注时，同样要将锥度值化为 1 : n 的形式，并使用符号"⊲"来标明，如图 10.5（b）所示。

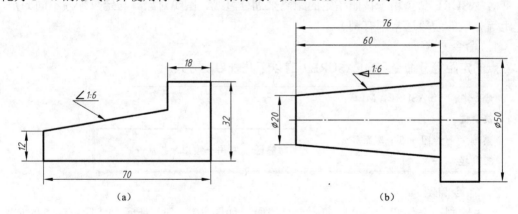

图 10.5　斜度和锥度图例

从图 10.5 中可以看出，相同数值的斜度和锥度，斜度的倾斜程度更大！那么，如何根据所标注的斜度和锥度来绘出图形呢？

> **分析**　这里有两种方法，第一种方法是按照斜度和锥度方向用点的定距等分（MEASURE）来构造斜度和锥度线，然后过指定点绘制其平行线即可；第二种方法是首先计算然后直接输入相对坐标即可，如图 10.5（b）中的锥度线可使用直线命令（LINE）在左上角指定第一点后，输入"@60,5"并按【Enter】键（或者输入"@120,10"并按【Enter】键，然后修剪多余的线段）。**这里采用第一种方法绘出图 10.5（b）中的图形。**

步骤

1）准备绘图。

启动 AutoCAD 或重新建立一个默认文档，按标准要求建立点画线和粗实线图层，草图设置**对象捕捉左侧选项**，绘制 150×100 图框并满显。

2）绘制基准及左侧端线和右侧矩形。

（1）将当前图层切换到"点画线"层。

（2）启动直线命令（LINE），在图框中间位置绘出长约 85 的水平直线。

（3）打开"线宽"显示，将当前图层切换到"粗实线"层。

（4）绘制左侧端线。

① 启动直线命令（LINE），在任意位置绘制长为 20 的竖直线。

② 启动移动命令（MOVE），拾取竖直线并 结束拾取 ，指定竖直线的中点为基点，将其移至水平点画线上，且尽可能靠近左端，如图 a 所示。

（5）绘制右侧矩形。

① 启动矩形命令（RECTANG），任意指定一个角点作为第一角点，输入"@16,50"并按【Enter】键指定第二角点。

② 启动移动命令（MOVE），拾取矩形对象并 结束拾取 ，指定矩形左侧边的中点为基点，将其移至图 a 中小圆标记为 1 的交点上。

③ 重复移动命令，拾取矩形对象并 结束拾取 ，指定矩形左侧边的中点为基点，向右移动光标，当出现 极轴…<0° 追踪线时，输入"60"并按【Enter】键，结果如图 b 所示。

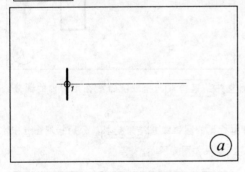 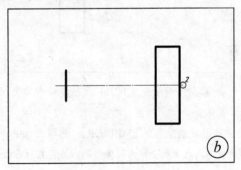

3）绘制等距点并绘制锥度辅助斜线。

（1）在命令行直接输入"DDPTYPE"并按【Enter】键，则弹出"点样式"对话框。在该对话框中，指定"×"点样式，并按绝对单位指定设定其大小为"3"，单击 确定 按钮。

（2）将当前图层切换到"0"层。

（3）启动直线命令（LINE），指定图 b 中小圆标记为 2 的端点为第一点，向上移动光标，当出现 极轴 10.x<90° 追踪线时，单击鼠标左键确定第二点， 退出 直线命令，结果如图 c 所示。

（4）在命令行输入"MEASURE"并按【Enter】键，启动定距等分命令，在图 c 中小方框位置处拾取中间水平点画线，分别在图 c 中 A、B 位置处拾取右侧竖直线的端点，结果如图 d 所示。

（5）启动移动命令（MOVE），拾取右侧竖直线并 结束拾取 ，指定竖直线的中点为基点，将其移至水平点画线的端点 A 上。

（6）启动直线命令（LINE），指定图 d 中小标记的等分点（右数第六个）为第一点，指定右侧竖直线上端点为第二点,退出直线命令,结果如图 e 所示。

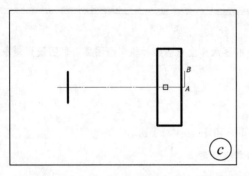

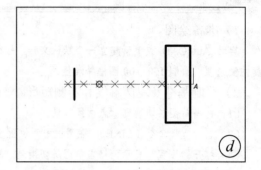

4) 绘制锥度线并删除辅助线,图形绘出。

(1) 将当前图层切换到"粗实线"层。

(2) 绘制锥度线。

① 启动直线命令(LINE),指定图 e 中左侧竖直线端点 C 为第一点,指定"平行"点捕捉,将光标移至图 e 中有小方框标记的斜线处,当出现"平行"图形符号后将鼠标移至其平行线方向,如图 f 所示,当鼠标移过矩形左侧边后,单击鼠标左键,圆锥线画出,退出直线命令。

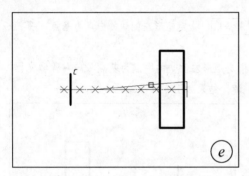

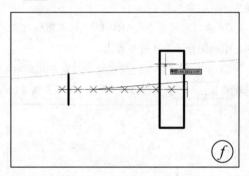

② 启动修剪命令(TRIM),拾取矩形为剪切边对象并结束拾取,拾取圆锥线在矩形内的部分,退出修剪命令,结果如图 g 所示。

③ 启动镜像命令(MIRROR),拾取图 g 中有小方框标记的圆锥线并结束拾取,分别拾取图 g 中水平点画线的端点 1 和 2 作为镜像线的端点,按【Enter】键,结果如图 h 所示。

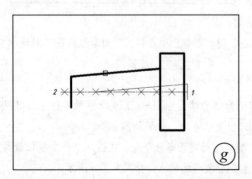

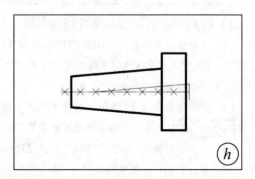

(3) 在命令行输入"QSELECT"并按【Enter】键,启动快速选择命令,在弹出的"快速选择"对话框中指定选择"0"图层对象,单击 确定 按钮。按【Delete】键删除,图形绘出。

10.2 熟悉射线和构造线

为了方便复杂图形的绘制，除了点、直线、圆和圆弧等基本图形命令外，AutoCAD 还提供了射线、构造线及多段线等命令。这里先来讨论射线和构造线。

10.2.1 射线（RAY）

射线命令（RAY）用于从一个起点向一个方向创建一条无限延伸的直线，其命令方式有：

命令名	RAY		
快捷键	—		
菜单	绘图→射线	功能区	常用→绘图扩展▼→
工具栏	—		

射线命令（RAY）启动后，命令行提示为：

RAY 指定起点：

当指定起点后，命令行提示为：

指定通过点：

指定通过点后，绘出一条射线。命令行提示仍为"指定通过点："，继续指定通过点后，可绘出共起点的多条射线。按【Esc】键、【Enter】键或【Space】键退出。

10.2.2 构造线（XLINE）

构造线命令（XLINE）用于向两个方向创建一条无限延伸的参照直线，其命令方式有：

命令名	XLINE, XL		
快捷键	—		
菜单	绘图→构造线	功能区	常用→绘图扩展▼→
工具栏	绘图→		

构造线命令（XLINE）启动后，命令行提示为：

XLINE 指定点或 [水平(H)/垂直(V)/角度(A)/二等分(B)/偏移(O)]：

当指定一点，则提示指定通过点。构造线命令（XLINE）还有不同的方式，其含义说明如下。

【说明】

（1）**水平**，指定水平参照线，随后提示指定通过点。

（2）**垂直**，指定垂直参照线，随后提示指定通过点。

（3）**角度**，可指定与 x 轴正向所成的角度数或是与指定的参考直线所成的角度，随后提示指定通过点。

（4）**二等分**，绘出由指定"角的顶点"、"起点"和"端点"构造的角的平分线。

(5) **偏移**，指定偏移距离或指定两个点来确定偏移距离，随后指定要平行（偏移）的直线对象，以及指定在哪一侧偏移。

需要强调的是，与射线命令（RAY）一样，构造线命令（XLINE）也是自动重复的循环（组）命令，结束命令要按【Esc】键、【Enter】键或【Space】键。

【实训 10.2】垂直平分线的绘制

绘制一条直线的垂直平分线的方法很多，这里介绍三种：①利用构造线生成；②捕捉垂足绘制垂线并平移到中点；③以中点旋转 90°并复制。

步骤

1）准备绘图。

启动 AutoCAD 或重新建立一个默认文档，按标准要求建立细实线和粗实线图层，草图设置**对象捕捉左侧选项**，绘制 150×100 图框并满显。

2）绘制垂直平分线的第一种方法。

（1）打开"线宽"显示，将当前图层切换到"粗实线"层。

（2）启动直线命令（LINE），任意绘出一条直线，如图 a 所示。其中，A、B 是直线的端点，M 是直线的中点。

（3）在命令行输入"XL"并按【Enter】键，按命令行提示操作：

XLINE 指定点或 [水平(H)/垂直(V)/角度(A)/二等分(B)/偏移(O)]: a↙
输入构造线的角度 (0) 或 [参照(R)]: r↙
选择直线对象：拾取编号为 2 的直线
输入构造线的角度 <0>: 90↙
指定通过点：移至拾取直线"中点" M，当出现中点图标（△）时，结果如图 b 所示，单击鼠标左键

（4）按【Esc】键退出，垂直平分线绘出。

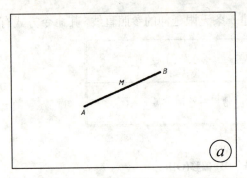

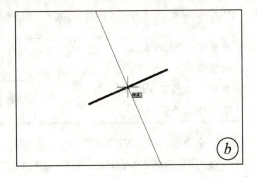

3）绘制垂直平分线的第二种方法。

（1）撤销前面的操作，恢复到图 a 状态。

（2）启动直线命令（LINE），在直线外任意一点处单击鼠标左键指定第一点，在命令行输入"PER"（垂直捕捉）并按【Enter】键，将光标移至直线靠垂直的地方，当出现垂足图标（⊥）时，单击鼠标左键，垂线绘出，退出直线命令，结果如图 c 所示。

（3）在命令行输入"MOVE"并按【Enter】键，启动移动命令。

（4）拾取新绘制的垂线并结束拾取指定新的垂足为基点，然后移至直线中点，如图 d 所示，当出现中点图标（△）时，单击鼠标左键，垂直平分线绘出。

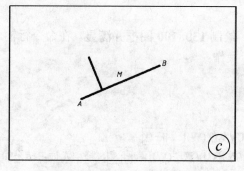
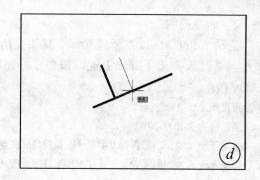

4）绘制垂直平分线的第三种方法。

（1）撤销前面的操作，恢复到图 a 状态。

（2）在命令行输入 "RO" 并按【Enter】键，启动旋转命令，按命令行提示操作：

```
ROTATE
UCS 当前的正角方向： ANGDIR=逆时针   ANGBASE=0
选择对象： 拾取直线 AB  找到 1 个
选择对象： ✓
指定基点： 移至直线的"中点"，当出现中点图标（△）时，单击鼠标左键
指定旋转角度，或 [复制(C)/参照(R)] <0>： c✓
旋转一组选定对象。
指定旋转角度，或 [复制(C)/参照(R)] <0>： 90✓
```

除【实训 10.2】中介绍的绘制垂直平分线的方法外，还有哪些方法呢？

10.3　学会使用多段线

在传统的绘图次序中，通常首先绘制定位线（基准线），然后再绘制圆等线段。但是，当着眼于图线本身时，若能够直接绘出轮廓线岂不更好？也许正是因为这个原因，AutoCAD 提供了多段线（PLINE）功能。

10.3.1　多段线（PLINE）

多段线（PLINE）是由一系列相互连接的具有线宽性质的直线段或圆弧段组成的整体单个对象。

1. 命令方式

命令名	PLINE, PL		
快捷键	—		
菜单	绘图→多段线		
工具栏	绘图→	功能区	常用→绘图→多段线

2. 命令简例

启动 AutoCAD 或重新建立一个默认文档，**绘制 150×100 图框并满显**。在命令行输入命令名"PL"并按【Enter】键，按命令行提示操作：

> PLINE
> 指定起点： 任意
> 当前线宽为 0.0000
> 指定下一个点或 [圆弧(A)/半宽(H)/长度(L)/放弃(U)/宽度(W)]： 任意
> 指定下一点或 [圆弧(A)/闭合(C)/半宽(H)/长度(L)/放弃(U)/宽度(W)]： 任意，移动光标，结果如图 10.6（a）所示
> 指定下一点或 [圆弧(A)/闭合(C)/半宽(H)/长度(L)/放弃(U)/宽度(W)]： c↵

退出多段线命令（PLINE），结果如图 10.6（b）所示。

由此可见，默认的多段线命令（PLINE）与一般直线命令（LINE）的功能是相同的。

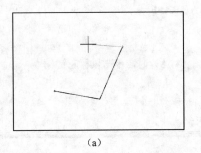
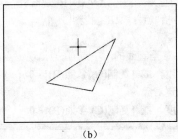

图 10.6　多段线命令默认选项简例

10.3.2　多段线的线宽

与直线命令不同的是，在同一个图层中，多段线中的每一条线段都可以有不同的线宽（线段的粗细程度）。在多段线命令（PLINE）中，与线宽相关的选项有如下两项。

（1）**半宽**，指定多段线的当前线宽的一半的宽度值。

（2）**宽度**，指定多段线的当前线宽的宽度值。

需要强调的是：

（1）当指定"半宽"、"宽度"线宽选项时，根据提示须分别指定"起点"和"端点"的半宽或宽度值；且"端点"的线宽自动为下一线段的"起点"线宽。

（2）当宽度为 0 时，多段线的宽度取决于它所在的图层设定的线宽值。一旦指定多段线的宽度，则绘出的多段线的线宽按指定的值来设定，且指定的宽度值一直有效，直到下一次重新指定新的线宽值为止。

【**实训 10.3**】使用多段线绘出二极管图符

下面来看一个示例，使用多段线命令（PLINE）通过线宽设定来绘制一个如图 10.7 所示的二极管图符。

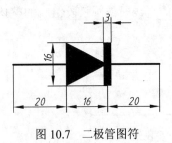

图 10.7　二极管图符

步骤

1) 准备绘图。

启动 AutoCAD 或重建一个默认文档,按标准要求建立粗实线图层,草图设置**对象捕捉左侧选项**,**绘制 100×75 图框并满显**。

2) 绘制直线及三角形。

(1) 打开"线宽"显示,将当前图层切换到"粗实线"层。

(2) 在命令行输入"PL"并按【Enter】键启动多段线命令(PLINE),按命令行提示操作,结果如图 a 所示:

```
PLINE
指定起点:    在图框中间左边位置单击鼠标指定一点
当前线宽为 10.0000
指定下一个点或 [圆弧(A)/半宽(H)/长度(L)/放弃(U)/宽度(W)]:   w✓（先将宽度清为 0）
指定起点宽度 <10.0000>:   0✓
指定端点宽度 <0.0000>:   0✓
指定下一个点或 [圆弧(A)/半宽(H)/长度(L)/放弃(U)/宽度(W)]:   20✓（长 20 的左水平线绘出）
指定下一点或 [圆弧(A)/闭合(C)/半宽(H)/长度(L)/放弃(U)/宽度(W)]:   w✓（重设宽度）
指定起点宽度 <0.0000>:   16✓
指定端点宽度 <16.0000>:   0✓
指定下一点或 [圆弧(A)/闭合(C)/半宽(H)/长度(L)/放弃(U)/宽度(W)]:   16✓（中间三角形绘出）
指定下一点或 [圆弧(A)/闭合(C)/半宽(H)/长度(L)/放弃(U)/宽度(W)]:   20✓（长 20 的右水平线绘出）
指定下一点或 [圆弧(A)/闭合(C)/半宽(H)/长度(L)/放弃(U)/宽度(W)]:   ✓
```

3) 绘制上半部分的竖直线。

(1) 重复多段线命令,将光标移至图 a 中小圆标记的端点处,当出现"端点"点捕捉图形标记时,单击鼠标左键。

(2) 指定"宽度"为 3,向上移动光标,当出现 极轴…<90° 追踪线时,输入"8"并按【Enter】键。

(3) 退出多段线命令,结果如图 b 所示。

4) 绘制下半部分的竖直线,图形绘出。

(1) 拾取新绘制的半截竖直线,结果如图 c 所示。

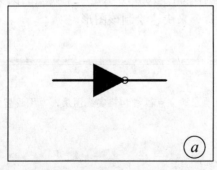
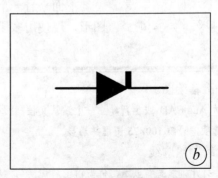

(2) 单击最下面的端点夹点使其成为热夹点,向下移动光标,当出现 极轴…<270° 追踪线时,输入"8"并按【Enter】键。

(3) 按【Esc】键,结果如图 d 所示,图形绘出。

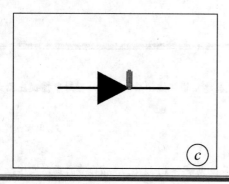
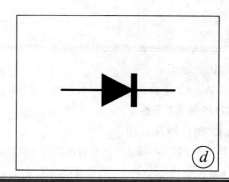

10.3.3 多段线的圆弧

当指定多段线（PLINE）的"圆弧"选项时，命令行提示为：

指定圆弧的端点或
[角度(A)/圆心(CE)/方向(D)/半宽(H)/直线(L)/半径(R)/第二个点(S)/放弃(U)/宽度(W)]:

默认时，需要指定圆弧的端点。这样，由一开始指定的起点和端点构成一段与上一段线相切的圆弧。若没有上一段线，则默认为与过起点的竖直线相切。该命令其他选项含义说明如下。

【说明】

（1）**角度**，指定圆弧段从起点开始的圆心角的度数。角度为正值表示逆时针创建圆弧，角度为负值则表示顺时针创建圆弧。

（2）**圆心**，指定圆弧段的圆心。

（3）**方向**，指定圆弧段在起点的切线方向。

（4）**直线**，退出"圆弧"选项并返回最初的"PLINE"命令提示。

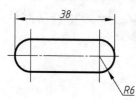

图 10.8 圆头键槽

（5）**半径**，指定圆弧段的半径。

（6）**第二个点**，指定三点圆弧的第二点和端点。

（7）**放弃**，删除最近一次添加到多段线上的圆弧段。

【实训 10.4】使用多段线绘出圆头键槽图形

下面来看一个示例，如图 10.8 所示是一个典型的圆头键槽图形，现使用多段线命令来快速绘制该图形。

步骤

1）准备绘图。

启动 AutoCAD 或重新建立一个默认文档，按标准要求建立点画线和粗实线图层，草图设置**对象捕捉左侧选项，绘制 100×75 图框并满显。**

2）绘制轮廓线。

（1）打开"线宽"显示，将当前图层切换到"粗实线"层。

（2）启动多段线命令（PLINE），在图框左边中间偏下位置单击鼠标指定起点，输入"W"并按【Enter】键，指定"起点"和"端点"宽度均为"0"，向右移动光标，当出现 极轴...<0° 追踪线时，输入"26"并按【Enter】键，结果如图 a 所示。

（3）输入"A"并按【Enter】键进入"圆弧"选项，向上移动光标，当出现 极轴…<90° 追踪线时，输入"12"并按【Enter】键，结果如图 b 所示。

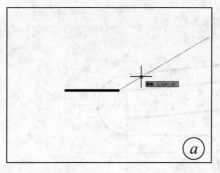 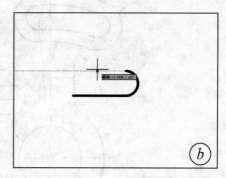

（4）输入"L"并按【Enter】键进入"直线"选项，向左移动光标，当出现 极轴…<180° 追踪线时，输入"26"并按【Enter】键。

（5）输入"A"按【Enter】键进入"圆弧"选项，向下移动光标，当出现 极轴…<270° 追踪线时，输入"12"并按【Enter】键。退出 多段线命令，结果如图 c 所示。

3）补绘点画线，图形绘出。

（1）将当前图层切换到"点画线"层。

（2）补绘水平点画线。

① 启动直线命令（LINE），从左侧圆弧象限点画线至右侧圆弧象限点并超出 5 左右。

② 拾取刚绘制的点画线，用鼠标单击中点夹点使其成为热夹点，向左水平移动 3 左右，按一次【Esc】键。

（3）补绘竖直点画线。

① 重复直线命令，从左侧圆弧的圆心向上画线长约 20，退出 直线命令。

② 拾取它并单击中点使其成为热夹点，向下移动至圆弧的圆心上，如图 d 所示。

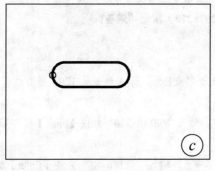 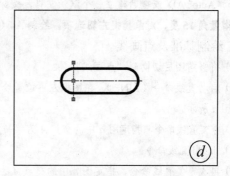

③ 用鼠标单击中点使其成为热夹点，输入"C"并按【Enter】键指定夹点的"复制"选项，移动至右侧圆弧的圆心，当出现"圆心"点捕捉图形标记时，单击鼠标左键。

④ 按两次【Esc】键结束，图形绘出。

【实训 10.5】用多段线绘图

如图 10.9 所示的平面图形，若用点、构造线和多段线来绘出，应如何进行呢？

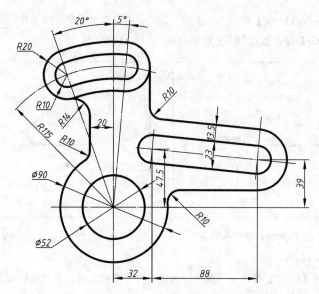

图 10.9　用点、构造线和多段线绘制图例

分析　该平面图形可分为同心圆、上面环槽和右侧环槽三个部分。其中，同心圆的中心点画线应是整个平面图形的基准线，应首先绘出；其次，应绘制图形上部分的环槽和右侧环槽的定位线和辅助线，在绘制时可使用"点"来标明；接着，使用多段线、直线及修剪、圆角等命令绘出轮廓；最后完善。

步骤

1) 准备绘图。

启动 AutoCAD 或重新建立一个默认文档，按标准要求建立细实线、点画线和粗实线图层，草图设置极轴增量角 15 度、对象捕捉左侧选项，绘制 A4（297×210）图框并满显。

2) 绘制基准及点画线。

（1）将当前图层切换到"点画线"层。

（2）启动直线命令（LINE），在图框左下位置绘出十字点画线，水平线长约 120，竖直线长约 200，结果如图 a 所示。

（3）重复直线命令，指定图 a 中的交点 A 为第一点，输入"@140<110"并按【Enter】键（90°-20°=110°），退出直线命令。

（4）再次重复直线命令，指定图 a 中的交点 A 为第一点，输入"@140<85"并按【Enter】键（90°-5°=85°），退出直线命令。

（5）启动圆弧命令（ARC），输入"C"并按【Enter】键，指定交点 A 为圆心，输入"@115<60"并按【Enter】键，向左移动光标，当出现 极轴…<135° 追踪线时，如图 b 所示，单击鼠标左键，R115 圆弧绘出。

3) 进一步绘制右侧图形的辅助点和线。

（1）在命令行直接输入"DDPTYPE"并按【Enter】键，弹出"点样式"对话框。在该对话框中，指定"×"点样式，并按绝对单位指定设定其大小为 7，单击 确定 按钮。

第 10 章　点、构造线和多段线 | 155

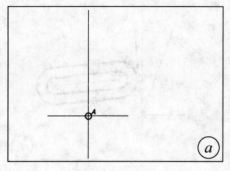 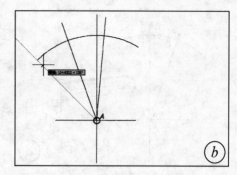

（2）在命令行直接输入"PO"并按【Enter】键，启动单点命令，在图 b 中的交点 A 位置处指定一点。拾取该点，进入夹点模式（只有一个夹点），用鼠标单击夹点使其成为热夹点，输入"C"并按【Enter】键指定夹点"复制"选项，输入"@32,47.5"并按【Enter】键，输入"@120,39"并按【Enter】键，输入"@-20,50"并按【Enter】键。按两次【Esc】键，结果如图 c 所示。

（3）启动直线命令（LINE），指定图 c 中的点 1 为第一点，指定点 2 为下一点，直线 l2 绘出，退出直线命令。

（4）启动偏移命令（OFFSET），指定偏移距离为 11.5，拾取直线 l2，在其上方单击鼠标。再拾取直线 l2，在其下方单击鼠标。退出偏移命令，结果如图 d 所示。

4）绘制右侧图形。

（1）打开"线宽"显示，将当前图层切换到"粗实线"层。

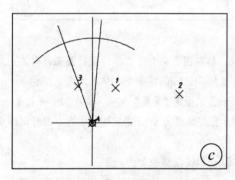 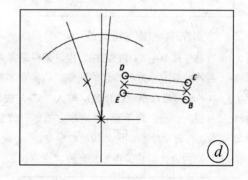

（2）利用多段命令线绘出右侧环槽图形。

① 启动多段线命令（PLINE），指定图 d 中的端点 C 为起点，用鼠标单击端点 D，直线段绘出。

② 输入"A"并按【Enter】键指定"圆弧"选项，用鼠标单击端点 E，半圆弧绘出，结果如图 e 所示。

③ 输入"L"并按【Enter】键恢复直线段模式，用鼠标单击端点 B，直线段绘出。

④ 输入"A"并按【Enter】键，用鼠标单击端点 C，半圆弧绘出。退出多段线命令。

（3）偏移环槽图形。

启动偏移命令（OFFSET），指定偏移距离为 13.5，拾取新绘制的多段线，在其外侧单击鼠标。退出偏移命令，结果如图 f 所示。

（4）进一步绘制右侧图形。

① 启动分解命令（EXPLODE），拾取图 f 中有小方框标记的多段线并结束拾取，多段线被分解。

② 拾取图 f 中有小圆标记的对象，按【Delete】键删除，结果如图 g 所示。

③ 启动直线命令（LINE），从图 g 中小圆标记为 1 位置处的圆弧的象限点开始向左绘出一水平线，长度不限，退出直线命令。

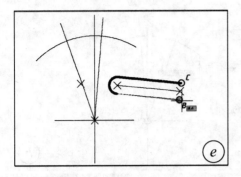
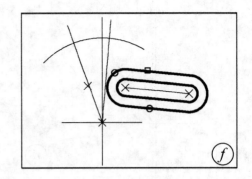

5）绘制中间同心圆。

（1）启动圆命令（CIRCLE），以图 g 中小圆标记位置处的交点 A 为圆心，指定直径为 φ90，圆绘出。

（2）重复圆命令，以交点 A 为圆心，指定直径为 φ52，圆绘出，结果如图 h 所示。

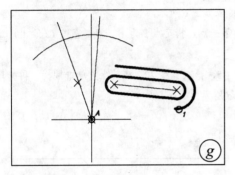
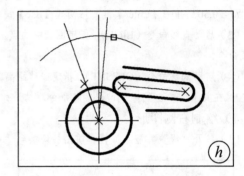

6）绘制左侧环槽的辅助线。

（1）启动偏移命令（OFFSET），指定偏移距离为 10，拾取图 h 中有小方框标记的圆弧，向其上方单击鼠标，再次拾取有小方框标记的圆弧，向其下方单击鼠标，退出偏移命令，结果如图 i 所示。

（2）启动构造线命令（XLINE），输入"A"并按【Enter】键指定"角度"选项，输入"R"并按【Enter】键指定"参照"选项，选择图 i 中有小方框标记的直线。指定角度为 90，指定图 i 中有小圆标记的交点 1 为通过点，构造线绘出，退出构造线命令。

（3）拾取构造线，将其图层指定为"点画线"，按【Esc】键，结果如图 j 所示。

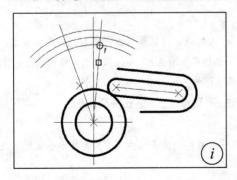
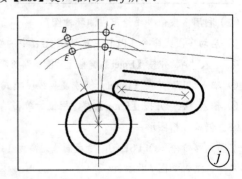

7）绘制左侧环槽。

（1）启动多段线命令（PLINE），指定图 j 中小圆标记处的交点 1 为起点，输入"A"并按【Enter】键指定"圆弧"选项，输入"D"并按【Enter】键指定起点切向，单击构造线上与图框右侧的交点，分别用鼠标单击交点 C、交点 D、交点 E、交点 1，环槽绘出，退出多段线命令，结果如图 k 所示。

（2）拾取图 k 中有小方框标记的对象，按【Delete】键删除。

第 10 章 点、构造线和多段线 | 157

（3）启动偏移命令（OFFSET），指定偏移距离为 10，拾取新绘制的多段线，在其外侧单击鼠标，退出偏移命令，结果如图 *l* 所示。

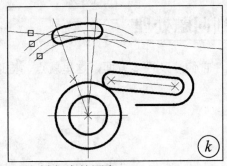
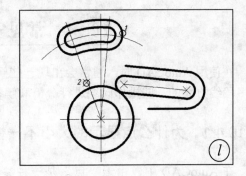

8）绘制直线并圆角。

（1）启动直线命令（LINE），从图 *l* 中小圆标记为 *1* 位置处的圆弧的象限点开始向下绘出一竖直线，长度不限，退出直线命令。

（2）重复直线命令，从图 *l* 中小圆标记为 *2* 位置点开始向上绘出一竖直线，长度不限，退出直线命令，结果如图 *m* 所示。

（3）启动圆角命令（FILLET），指定圆角半径为 10，指定"多个"方式，按图 *m* 中小方框标记位置依次成对拾取对象，圆角绘出，退出圆角命令。

（4）拾取所有点对象，按【Delete】键删除，结果如图 *n* 所示。

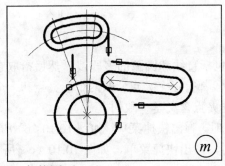
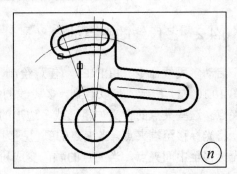

9）完善图形。

（1）启动圆命令（CIRCLE），输入"T"并按【Enter】键指定"切点、切点、半径"方式，在图 *n* 中小方框标记位置分别拾取直线和圆弧，输入半径"14"并按【Enter】键，圆绘出，结果如图 *o* 所示。

（2）启动修剪命令（TRIM），拾取图 *o* 中有小圆标记的对象为剪切边对象（共六个）并结束拾取，按图 *o* 中小方框位置拾取圆要修剪的部分（共四处），退出修剪命令，结果如图 *p* 所示。图形绘出。

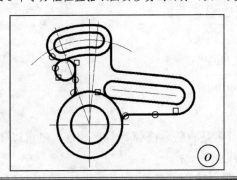
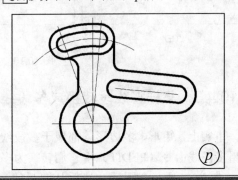

由此可见，利用点、构造线和多段线命令可以更快捷地绘制类似环槽、圆弧连接等图形。

10.4 常见实训问题处理

在使用 AutoCAD 时，通常会出现一些问题，它们涉及许多方面，这里就点、构造线和多段线方面的一些操作问题进行分析和解答。

10.4.1 为什么点显示的大小不一样

在 AutoCAD 中，由于"点"是一种参照，因此只需保证"点"的位置正确即可，而点的样式大小则可以不管它。当指定的点样式大小设置为相对于屏幕的 3%时，绘制几个"点"，缩放当前视图后，再绘制几个"点"，则前后两次的点的大小肯定是不一样的。

解决这个问题有两个办法，一是在命令行输入"REGENALL"并按【Enter】键，或是选择菜单"视图"→"全部重生成"命令；二是在命令行直接输入"DDPTYPE"并按【Enter】键，弹出"点样式"对话框，单击 确定 按钮。

当然，最直接的办法是按绝对单位设置点样式大小。

10.4.2 多段线的夹点的含义是什么

启动多段线命令（PLINE），任意绘制一个包括直线和圆弧的多段线，然后拾取它，如图 10.10（a）所示。可以看到，多段线的每一段都有三个夹点，即两个端夹点和一个中间夹点。这些夹点的含义与矩形或多边形的边的夹点含义是一致的。

将光标移至端夹点，当夹点的颜色变为粉色时，弹出快捷菜单，如图 10.10（b）所示。将光标移至中间夹点，当夹点的颜色变成粉色时，弹出快捷菜单，如图 10.10（c）所示。

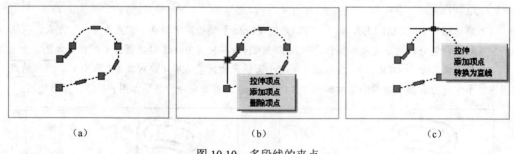

图 10.10 多段线的夹点

10.4.3 怎样将线段转换成多段线

事实上，矩形、多边形等都属于多段线。若多条直线、圆弧等首尾相连，则可以使用编辑多段线命令（PEDIT）将它们转换为多段线。例如：

① 首先画一个圆弧，然后从圆弧的一个端点绘制一条直线，结果如图 10.11（a）

所示。

② 在命令行输入"PE"并按【Enter】键，提示为"选择多段线"，拾取直线后，提示为"是否将其转换为多段线？<Y>"，直接按【Enter】键，直线变为多段线。进入下一步，输入"J"并按【Enter】键指定"合并"选项，拾取圆并结束拾取。

③ 退出编辑多段线命令（PEDIT），结果如图10.11（b）所示。

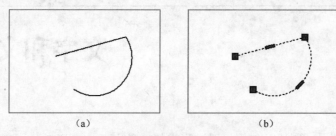

图 10.11 转换成多段线

思考与练习

（1）若使用点等分绘制一个φ60圆内接正七边形，应如何绘制？

（2）什么是构造线？该命令的选项有哪些？说明构造线的夹点含义。

（3）什么是多段线？使用多段线能否绘制一个整圆？若能，如何绘制？（提示：可使用两段圆弧构造）。

（4）说明【实训10.5】中在使用多段线绘制左上角环槽之前，为什么首先使用构造线在1位置处绘出一条与向右倾斜5°的直线相垂直的线？

（5）使用点、构造线和多段线等命令绘出如题图10.1所示的平面图形。

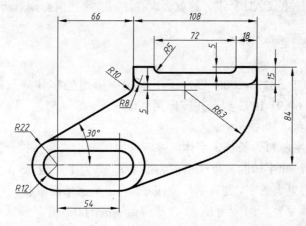

题图 10.1

第 11 章

文字和文字注写

工程图样是设计、制造及使用机器过程中的一种主要技术资料。一张完整的图样除了图形、尺寸外,还应有必要的文字信息,如技术要求、装配说明及材料、施工等方面的文字内容。本章主要内容有:
- 学会创建文字样式。
- 掌握单行文字注写。
- 学会多行文字注写。

11.1 学会创建文字样式

在 AutoCAD 中,所有文字都有与之相关联的文字样式。所谓"文字样式",是对文字外观的一种定义,用来描述文字的特性,包括字体、高度、宽度比例和倾斜角度等。工程图样上的文字必须满足相关的 CAD 标准,这就要求在注写文字之前必须重新创建文字样式。

11.1.1 文字标准

CAD 标准 GB/T 18229-2000 规定了工程图中所用的字体应按照 GB/T 13362.4~13362.5-92 和 GB/T 14691-1993 要求并应做到字体端正、笔画清楚、排列整齐、间隔均匀。此外,还有如下规定。

① 图样中的汉字应写为长仿宋字体,并应采用国家正式公布推行的简化字。

② 字体的号数,即字体的高度(单位为毫米),分为 1.8、2.5、3.5、5、7、10、14、20 共八种。如需书写更大的字,则其字号应按 $\sqrt{2}$ 的比率递增后取整。汉字字体的高度(h)不应小于 3.5mm,其字宽一般应为 $h/\sqrt{2}$,即约为字高的 0.7 倍。

③ 字母和数字分 A 型和 B 型两种。A 型字体的笔画宽度(d)为字高(h)的十四分之一。B 型字体的笔画宽度(d)比 A 型宽一些,为字高(h)的十分之一。在同一张图纸上,同一图样只允许选用一种型号的字体。

④ 字母和数字可写为斜体和直体。斜体字字头向右倾斜,与水平基准线成 75°(建议采用 78°)角。

⑤ 用作指数、分数、极限偏差、注脚等的数字及字母,一般采用小一号字体。对于不同的图纸幅面来说,汉字采用 5 号,而字母和数字应采用 3.5 号。

总之,按照 GB/T 18229-2000 要求,在图样中用于尺寸标注的汉字应采用正体 5 号仿宋字体,而数字和字母宜采用 3.5 号斜体,指数、分数、极限偏差、注脚等数字和字母宜采用 2.5 号斜体。

11.1.2 文字样式(STYLE)

在 AutoCAD 中,创建和设置文字样式是通过文字样式命令(STYLE)实现的,其命令方式如下:

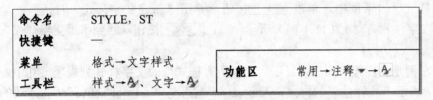

文字样式命令(STYLE)启动后,将弹出如图 11.1 所示的"文字样式"对话框,在这个对话框中可以创建和设置文字样式。

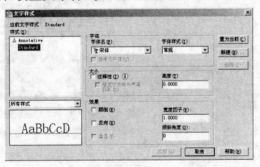

图 11.1 "文字样式"对话框

值得一提的是,由于文字样式经常要使用,因此要熟悉一下功能区中的"注释"面板、"文字"和"样式"工具栏,如图 11.2 所示,图中所标记的 A 就是 STYLE 图标命令。

图 11.2 在面板和工具栏中启动 STYLE 命令

需要强调的是,默认时,"文字"工具栏是不显示的,必要时才将其显示出来。

11.1.3 创建和设置文字样式

AutoCAD 默认创建了 Standard 文字样式(不能删除也无法重命名),但从前面的文字标准来说,文字样式至少要创建两个,一个是强调长仿宋字体的汉字注写的文字样式;另一个是强调字母和数字斜体的文字样式。下面就来分别创建。

(1)强调长仿宋字体。

在 AutoCAD 中,样式名最长不超过 255 个字符,可使用中文,且名称中可含字母、数字和特殊字符,如美元符号($)、下画线(_)和连字符(-)。

在"文字样式"对话框中,单击 新建(N)... 按钮,弹出"新建文字样式"对话框,输入文字样式名"汉字注写",如图 11.3(a)所示,单击 确定 按钮,回到了"文字样式"对话框中。

对话框的左侧是"样式"列表,显示当前"所有样式"的文字样式列表项。其中,样式名前有图标△表示"注释性"的样式,Annotative 意思是"An not active"(非活动的样式名)。而 Standard(标准)是系统创建的默认文字样式名。

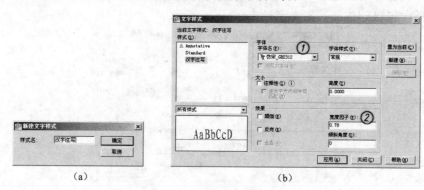

图 11.3 创建并配置文字样式

对话框的右侧有"字体"、"大小"和"效果"三个区域。现来分别说明并设置,结果如图 11.3(b)所示。

① **字体**。单击"字体名"的下拉列表框,从中可以选择 Windows 系统中已有的 TrueType 字体和 AutoCAD 专有的"形文件"字体(扩展名为.shx)。在它们的字体文件名前用图标 T 和 ❀ 来区别。

由于本次创建的"汉字注写"样式是强调长仿宋字体,因此这里选择字体为"仿宋_GB2312"。

② **大小**。该区域用来设定字号的大小。若选中"注释性"复选框,则指定注释性特性,此时"使文字方向与布局匹配"复选框可用,若选中此选项,则后面指定的高度值将为图纸空间中的文字高度。

当指定"高度"值大于 0 时,系统自动将此样式设为文字高度。也就是说,在使用该样式注写文字时不再提示输入高度。若设定的"高度"值为 0,则每次使用该样式时都会提示输入高度。通常,创建的样式中字体的高度保留原来的 0 值,以便可以在注写文字时指定不同的高度值（字号）。

③ **效果**。"颠倒"是与正常文字做上下镜像的效果，而"反向"是与正常文字做左右镜像的效果。"垂直"使文字垂直书写，不过，对于有些字体此项是不可选的。

需要说明的是，"宽度因子"和"倾斜角度"是使样式满足标准的最重要的两项。当"宽度因子"大于 1 时，则字的宽度大于高度。反之，则字的宽度小于高度。对于"汉字注写"样式来说，由于仿宋字体的宽度看上去大致为高度的 0.85～0.92 倍，所以这里指定"宽度因子"为 **0.78**，以尽可能地满足标准中的规定"约为字高的 0.7 倍"。

"倾斜角度"用来设定文字的倾斜角度数，角度为正值表示向右，角度为负值表示向左，取值范围为（-85,85）。这里保留原来的值。

总之，创建的"汉字注写"样式只做两项更改：一是将"字体名"设为"仿宋_GB2312"；二是将"宽度因子"设为 0.78。

单击 应用(A) 按钮，使更改有效并应用到图形中。单击 置为当前(C) 按钮，将样式列表中选定的样式设定为当前使用的样式。单击 删除(D) 按钮，可将样式列表中选定的样式删除，但无法删除系统的、当前的或是已在图形中使用过的文字样式。

（2）强调字母和数字斜体的文字样式。

单击 应用(A) 按钮，使"汉字注写"样式应用到图形中。再次单击 新建(N)... 按钮，弹出"新建文字样式"对话框，输入文字样式名"字母数字"，单击 确定 按钮，回到"文字样式"对话框中。

事实上，AutoCAD 已提供符合标注要求的字体形文件，gbenor.shx、gbeitc.shx 和 gbcbig.shx。其中，gbenor.shx 和 gbeitc.shx 文件分别用于标注直体和斜体字母与数字；gbcbig.shx 则用于标注汉字。因此，"字母数字"一般应有如下设定。

① 将"字体"选为 gbeitc.shx，同时选定"使用大字体"复选框。此时，右边原来的"字体样式"变成了"大字体"，从中选定 gbcbig.shx。

② 指定"宽度因子"为默认的 1.0000。

结果如图 11.4 所示。单击 置为当前(C) 按钮，单击 关闭(C) 按钮退出"文字样式"对话框。

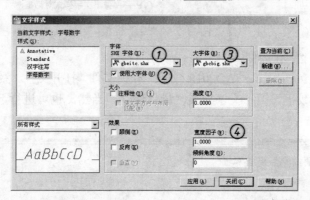

图 11.4　创建并配置"字母数字"文字样式

11.1.4　修改和切换文字样式

在创建文字样式后，若需对文字样式进行修改，可重新打开"文字样式"对话框。在对话框中的样式列表中选定要修改的文字样式,然后直接更改其参数,单击 应用(A) 按钮,使更改有效并应用到图形中。

在"文字样式"对话框中单击 置为当前(C) 按钮,可将样式列表中选定的样式设定为当前使用的样式。当然,当前文字样式还可以通过"样式"工具栏或功能区"常用"→"注释"面板扩展中的文字样式组合框中直接选定,如图 11.5 所示。

图 11.5 当前文字样式的切换

单击"注释"面板标题展开后,可以看到最上面的组合框中显示的就是已经设置为当前的文字样式,在名称及其右侧空白处用鼠标单击要指定的文字样式图标列表项,可将该文字样式切换为当前文字样式。

需要说明的是,功能区"注释"标签中的"文字"面板有更详细的上述操作界面,如图 11.6 所示。

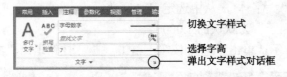

图 11.6 "文字"面板

【实训 11.1】综合训练

本书前面曾建立过"AutoCAD2012 实训"样板文件,打开文件,然后创建并设置"汉字注写"和"字母数字"两个文字样式,最后保存。当然,也可进行下例实训。

(1)布局默认界面或布局经典界面。
(2)建立图层。
(3)绘制 A4 图框线并满显。
(4)草图设置极轴增量角 15°和对象捕捉左侧选项。
(5)建立"汉字注写"和"字母数字"文字样式。

11.2 掌握单行文字注写

文字样式创建后就可使用它进行文字注写。在 AutoCAD 中,文字注写分为单行、多行及外部导入等方法。这里先来讨论单行文字注写。

11.2.1 TEXT 和 DTEXT

AutoCAD 中 TEXT 和 DTEXT 命令功能是一样的,都可以进行单行文字注写。

1. 命令方式

命令名	DTEXT,DT,TEXT		
快捷键	—		
菜单	绘图→文字→单行文字	功能区	常用→注释→文字▼→单行文字
工具栏	文字→A		注释→文字▼→单行文字

2. 命令简例

启动 AutoCAD 或重新建立一个默认文档,**建立"汉字注写"和"字母数字"两个文字样式,绘制 75×50 图框**并**满显**。输入命令名"DT"并按【Enter】键,此时命令行提示为:

TEXT
当前文字样式:"汉字注写"   文字高度: 5.0000   注释性: 否
指定文字的起点或 [对正(J)/样式(S)]:

输入"S"并按【Enter】键重新指定"样式",按操作提示输入"字母数字"样式名并按【Enter】键:

输入样式名或 [?] <汉字注写>:   字母数字✓
当前文字样式: "汉字注写"   文字高度: 7.0000   注释性: 否

显然,提示信息中当前文字样式应为指定的"字母数字",但仍为"汉字注定"样式,这是 AutoCAD 的一个错误,不用管它。此时,命令行提示:

指定文字的起点或 [对正(J)/样式(S)]:

在图框内任意单击一点,按提示操作:

指定高度 <7.0000>:   3.5✓
指定文字的旋转角度 <0>:   ✓

至此进入文字输入模式,如图 11.7(a)所示(图中小圆标记处的角点为指定的起点),输入一行后按【Enter】键,则当前行有效,进入下一行输入,此时若按【Esc】键退出,则在这一行输入无效。

也可输入多行,如图 11.7(b)所示,像"记事本"那样进行简单地编辑。输入完成后,按两次【Enter】键或按【Ctrl+Enter】组合键结束文字输入并退出单行文字注写命令。

需要强调的是:

(1)在进入文字输入模式后,可在其他位置单击鼠标指定新的文字输入起点,则当前输入有效并结束,重新在新的起点处开始输入(这一点非常有用)。

（2）若指定文字的旋转角度，则指定了文字书写方向与水平方向的夹角。例如，当指定的旋转角度为30°时，则创建的文字效果如图11.7（c）所示。

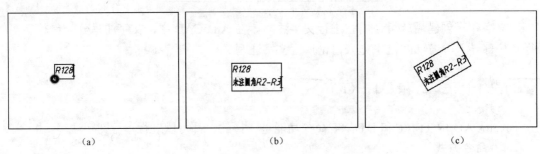

图11.7　单行文字注写命令简例

（3）用单行文字注写命令创建多行文字后，若拾取它们，则可以发现每一行文字都是独立的对象，可对其进行重新定位、调整格式或其他修改。

11.2.2　命令"对正"选项

单行文字注写命令在指定起点之前，还可以有"对正"选项，输入"J"并按【Enter】键，则命令行提示为：

输入选项[对齐(A)/布满(F)/居中(C)/中间(M)/右对齐(R)/左上(TL)/中上(TC)/右上(TR)/左中(ML)/正中(MC)/右中(MR)/左下(BL)/中下(BC)/右下(BR)]:

用来指定文字的对正方式，其含义如图11.8所示。

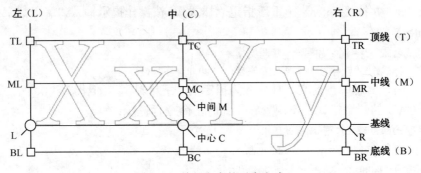

图11.8　单行文字的对齐方式

通常AutoCAD的一行文字垂直方向的位置线为四条，包括顶线、中线、基线和底线。顶线为大写字母的顶部位置线，中线是顶线和基线的中间位置线，基线是大写字母的底部位置线，底线是长尾小写字母的底部位置线。各种对齐方式均以指定的起点为基点，默认时是左（L）对正方式（图中L小圆标记位置）。

特别需要说明的是，在"对正"方式中还有"对齐"和"布满"选项，现操作如下。

（1）如图11.9所示，首先任意绘制两点。输入命令名"DT"并按【Enter】键，按命令行提示操作：

TEXT

当前文字样式："字母数字"　文字高度：46.7227　注释性：否
指定文字的起点或 [对正(J)/样式(S)]: j✓
输入选项 [对齐(A)/布满(F)/居中(C)/中间(M)/右对齐(R)/左上(TL)/中上(TC)/右上(TR)/左中(ML)/正中(MC)/右中(MR)/左下(BL)/中下(BC)/右下(BR)]: a✓
指定文字基线的第一个端点：　拾取左下的点为第一个端点
指定文字基线的第二个端点：　拾取右上的点为第二个端点

此时，进入文字输入模式，当输入"A"时，字很大；当输入"ABCD"时，则结果如图 11.9（a）所示；当输入"ABCDEF"时，则结果如图 11.9（b）所示，按【Ctrl+Enter】组合键结束并 退出 命令。

可以看出，"对齐"选项是按指定的第一端点和第二端点自动调整文本的高度，使其布满两点之间，但字体的高度与宽度之比不变。同时，指定的两个点的连线方向就是文本书写的方向。

（2）撤销刚才的 TEXT 命令，再次输入命令名"DT"并按【Enter】键，按命令行提示操作：

TEXT
当前文字样式："字母数字"　文字高度：46.7227　注释性：否
指定文字的起点或 [对正(J)/样式(S)]: j✓
输入选项 [对齐(A)/布满(F)/居中(C)/中间(M)/右对齐(R)/左上(TL)/中上(TC)/右上(TR)/左中(ML)/正中(MC)/右中(MR)/左下(BL)/中下(BC)/右下(BR)]: f✓
指定文字基线的第一个端点：　拾取左下的点为第一个端点
指定文字基线的第二个端点：　拾取右上的点为第二个端点
指定高度 <46.7227>:　3.5✓

此时，进入文字输入模式，当输入"ABCD"时，则结果如图 11.9（c）所示，按【Ctrl+Enter】组合键结束并 退出 命令。

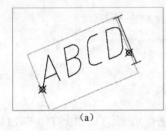 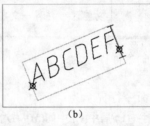 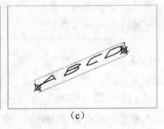

(a)　　　　　　　　　(b)　　　　　　　　　(c)

图 11.9　"对齐"和"布满"方式

由此可见，与"对齐"选项相比，"布满"选项还将提示指定字的高度。这就是说，"布满"选项仅自动调整文本的宽度，使其布满两点之间，而字体的高度不变。

11.2.3　"%%"特殊符号输入

在文字输入时既可插入一个字段，也可插入由"%%"引导的控制符。例如，当在文字中插入"%%c"则表示直径符号"∅"，插入"%%p"则表示正负公差符号"±"，插入"%%d"则表示度"°"等。这些字符通常都是无法直接利用键盘输入的。

11.2.4　文字编辑

对于单行文字而言，文字创建后通常需要对其文本内容、字高和对正样式进行编辑。

1. 更改文字内容

若仅更改文字的内容，则可直接用鼠标双击文字对象进入文字输入模式，从中可以对文本进行修改，或者使用下列命令方式启动 DDEDIT 命令：

命令名	DDEDIT，ED		
快捷键	—		
菜单	修改→对象→文字→编辑	功能区	—
工具栏	文字→🄰		

DDEDIT 命令启动后，命令行提示为：

选择注释对象或 [放弃(U)]：

选择对象后，单击对象则可对文本进行修改，修改后按【Enter】键、【Ctrl+Enter】组合键或在文字外部单击鼠标左键使其有效，或按【Esc】键放弃修改。此时，命令行仍提示为：

选择注释对象或 [放弃(U)]：

按【Esc】键、【Enter】键或【Space】键退出。

2. 更改文字大小

更改文字大小可使用 SCALETEXT 命令：

命令名	SCALETEXT		
快捷键	—		
菜单	修改→对象→文字→比例	功能区	注释→文字▼扩展→🄰缩放
工具栏	文字→🄰		

SCALETEXT 命令启动后，命令行提示为：

选择对象：

当选择对象并 结束拾取 后，命令行提示为：

输入缩放的基点选项[现有(E)/左对齐(L)/居中(C)/中间(M)/右对齐(R)/左上(TL)/中上(TC)/右上(TR)/左中(ML)/正中(MC)/右中(MR)/左下(BL)/中下(BC)/右下(BR)] <现有>：

此时，需要指定缩放时的基点选项，它与单行文字注写的"对正"选项含义相同（见图 11.8）。按【Enter】键指定默认的"现有"选项，命令行提示为：

指定新模型高度或 [图纸高度(P)/匹配对象(M)/比例因子(S)] <3.5>：

若直接输入字体的高度值并按【Enter】键，则选定的文字对象高度被改为设定的值，命令退出。而若指定"匹配对象"选项，则将按选定的"匹配对象"高度来修改被选定的文字对象高度，命令退出。同样，若指定"比例因子"选项，则将按所指定的比例系数来缩放文字。

另外，可通过"图纸高度"选项，按所指定的图纸高度由系统自动计算要缩放的比例。需要强调的是，文字缩放后，原来创建文字时指定的起点（插入点）不会改变。

3. 更改文字的对正样式

使用 JUSTIFYTEXT 命令可以重定义文字的插入点而不移动文字，其命令方式如下：

命令名	JUSTIFYTEXT		
快捷键	—		
菜单	修改→对象→文字→对正	功能区	注释→文字▼扩展→🅰对正
工具栏	文字→🅰		

JUSTIFYTEXT 命令启动后，命令行提示为：

选择对象：

当选择对象并 结束拾取 后，命令行提示为：

输入对正选项[左对齐(L)/对齐(A)/布满(F)/居中(C)/中间(M)/右对齐(R)/左上(TL)/中上(TC)/右上(TR)/左中(ML)/正中(MC)/右中(MR)/左下(BL)/中下(BC)/右下(BR)] <左对齐>：

此时，指定"对正"选项后，命令结束，文字对象大小和位置都没有改变。但是，文字对象的插入点发生改变，通过拾取之后的夹点可以看出其变化。

【实训 11.2】参数表注写

有些零件（如齿轮、弹簧等）通常需要在零件图的右上角以表格的形式注写其相关的参数。为了使表格看上去比较合理美观，表格中单元格的行高和列宽通常按以下规定：当文字高度为 h 时，单元格的行高通常为 $1.4h\sim 2h$，列宽最小不少于 $n\cdot h$（n 为字数）。这样一来，对于齿轮的参数表绘制可有如图 11.10 所示的表格尺寸。

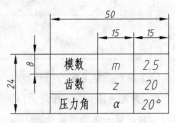

图 11.10　齿轮参数表

分析　（1）表格线的绘制有许多方法，第一种方法是先绘出水平格线和竖直格线，然后偏移（OFFSET）；第二种方法是使用直线命令（LINE）按单元格大小依次绘出水平格线和竖直格式，如绘制左侧竖直格线时，可依次绘出长为 8 的三段竖直线，然后从其端点绘出水平格线；第三种方法是绘出单元格矩形，然后阵列；第四种方法是使用表格命令（以后再讨论）。**这里使用第一种方法。**

（2）当单元格式中的文字采用"正中"对正方式时，其中间的基点如何确定呢？最简单的方法是绘出对角线，其中点就是基点。**本例就是采用这种方法。**

（3）当注写单元格中同类型文字时，可首先复制，然后再修改。

下面来绘制并注写如图 11.10 所示的表格，具体步骤如下。

步骤

1）准备绘图。

启动 AutoCAD 或重新建立一个默认文档，按标准要求建立细实线图层，草图设置 对象捕捉左侧选项，建立"汉字注写"和"字母数字"文字样式，绘制 100×75 图框并满显。

2）绘制表格线。

（1）将当前图层切换到"细实线"层。

（2）绘制表格外框线。

① 启动直线命令（LINE），在绘图区左下角单击鼠标指定第一点，向右水平移动光标，当出现 极轴...<0° 追踪线时，输入"50"并按【Enter】键。

② 向上移动光标，当出现 极轴...<90° 追踪线时，输入"24"并按【Enter】键，退出 直线命令，

结果如图 *a* 所示。

（3）绘制表格水平内框线。

① 启动偏移命令（OFFSET），指定偏移距离为 8，拾取图 *a* 中有小方框标记的水平线为偏移对象，指定向上偏移方向，第一条偏移线绘出。

② 再拾取刚绘出的偏移线，指定向上偏移方向，第二条偏移线绘出。

③ 再拾取刚绘出的偏移线，指定向上偏移方向，第三条偏移线绘出。退出偏移命令，结果如图 *b* 所示。

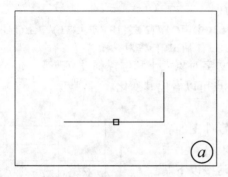
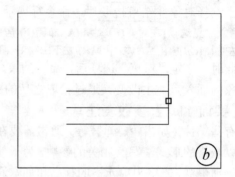

（4）绘制表格竖直内框线。

① 重复偏移命令，指定偏移距离为 15，拾取图 *b* 中有小方框标记的竖直线为偏移对象，指定向左偏移方向，第一条偏移线绘出。

② 再拾取刚绘出的偏移线，指定向左偏移方向，第二条偏移线绘出，退出偏移命令。

③ 重复偏移命令，指定偏移距离为 20，拾取新绘出的偏移线，指定向左偏移方向，第三条偏移线绘出，退出偏移命令。

表格线全部绘出，结果如图 *c* 所示（当然，也可首先绘出一个矩形，分解后，使用偏移命令绘出其他线）。

3）注写表格左侧文字。

（1）在命令行输入"DT"并按【Enter】键，按命令行提示操作，结果如图 *d* 所示：

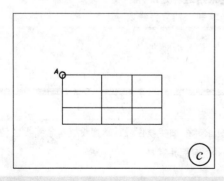
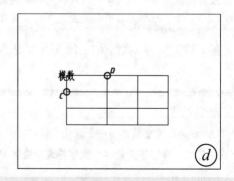

TEXT
当前文字样式："字母数字" 文字高度：2.5000 注释性：否
指定文字的起点或 [对正(J)/样式(S)]: s✓
输入样式名或 [?] <字母数字>：汉字注写✓
当前文字样式："字母数字" 文字高度：2.5000 注释性：否
指定文字的起点或 [对正(J)/样式(S)]: j✓

输入选项 [对齐(A)/布满(F)/居中(C)/中间(M)/右对齐(R)/左上(TL)/中上(TC)/右上(TR)/左中(ML)/正中(MC)/右中(MR)/左下(BL)/中下(BC)/右下(BR)]: mc✓
指定文字的中间点: 拾取图 c 中的端点 A
指定高度 <2.5000>: 3.85✓
指定文字的旋转角度 <0>: ✓

进入文字输入模式,当输入"模数"后直接按【Ctrl+Enter】组合键,完成文字注写。需要特别强调的是,**AutoCAD 对汉字字体的高度计算有约 1.3 左右的误差。因此,当需要实际的汉字字高为 5 时,应指定汉字高度为 5/1.3≈3.85。**

(2) 启动直线命令(LINE),从图 d 中小圆标记的交点 C 画线至交点 D,退出直线命令。

(3) 拾取汉字对象"模数",进入夹点模式,用鼠标单击中间夹点使其成为热夹点,将其平移到直线 CD 的中点,按【Esc】键退出夹点模式,如图 e 所示。

(4) 删除直线 CD,启动复制命令(COPY),拾取汉字对象"模数"并结束拾取,指定图 e 中有小圆标记的角点 A 为基点,依次复制到 1 和 2 点处并退出复制命令。结果如图 f 所示。

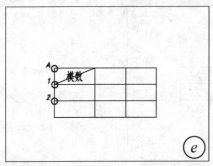
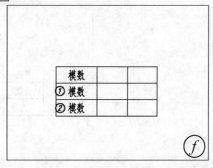

(5) 双击图 f 中"①"标记的文字,进入 DDEDIT 命令,输入"齿数",在空白位置单击鼠标,再单击图 f 中"②"标记的文字,输入"压力角",在空白位置单击鼠标,然后按【Enter】键退出 DDEDIT 命令,结果如图 g 所示。

4) 注写表格其他文字。

(1) 在命令行输入"DT"并按【Enter】键,启动单行文字命令,按命令行提示操作:

TEXT
当前文字样式: "汉字注写" 文字高度: 3.8500 注释性: 否
指定文字的起点或 [对正(J)/样式(S)]: s✓
输入样式名或 [?] <汉字注写>: 字母数字✓
当前文字样式: "汉字注写" 文字高度: 2.5000 注释性: 否
指定文字的起点或 [对正(J)/样式(S)]: j✓
输入选项 [对齐(A)/布满(F)/居中(C)/中间(M)/右对齐(R)/左上(TL)/中上(TC)/右上(TR)/左中(ML)/正中(MC)/右中(MR)/左下(BL)/中下(BC)/右下(BR)]: mc✓
指定文字的中间点: 拾取图 g 中的端点 A
指定高度 <2.5000>: 5✓
指定文字的旋转角度 <0>: ✓

进入文字输入模式,当输入"2.5"后直接按【Ctrl+Enter】组合键,完成文字注写。

(2) 启动直线命令(LINE),从图 g 中小圆标记的交点 C 画线至交点 D,退出直线命令。

(3) 拾取文字对象"2.5",进入夹点模式,单击中间夹点使其成为热夹点,将其平移到直线 CD 的中点,按【Esc】键退出夹点模式,如图 h 所示。

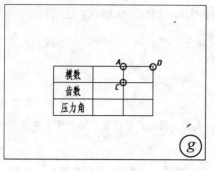
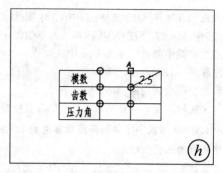

（4）删除直线 CD，启动复制命令（COPY），拾取文字对象"2.5"并 结束拾取，指定图 h 中有小方框标记的角点 A 为基点，依次复制到有小圆标记的位置处并 退出 复制命令。

（5）用鼠标双击复制后的文字，进入 DDEDIT 命令，按图 11.10 所示的内容修改文字，修改后在空白位置单击鼠标，然后按【Enter】键退出 DDEDIT 命令，结果如图 i 所示。

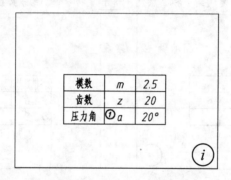

【说明】

图 i 中有"①"标记的文字应为希腊字母 α，这里暂用小写字母 a 来代替（后面还会讨论）。

11.3　学会多行文字注写

与单行文字相比，多行文字是一种段落文本的注写方式。它既可以在段落中为其中的不同文字指定不同的样式，也可以输入特殊字体。但多行文字自身是一个整体对象，而不像单行文字那样可以单独对每行进行编辑。

11.3.1　多行文字注写

多行文字注写是通过 MTEXT 命令进行的，其命令方式如下：

命令名	MTEXT，MT		
快捷键	—		
菜单	绘图→文字→多行文字	功能区	常用→注释→A文字
工具栏	文字→A、绘图→A		注释→A多行文字

启动 AutoCAD 或重新建立一个默认文档，**建立"汉字注写"和"字母数字"两个文**

字样式，绘制 100×75 图框并**满显**。启动矩形命令（RECTANG），在图框中任意绘制一个矩形，如图 11.11（a）所示。

在命令行输入命令名"MT"并按【Enter】键，此时命令行提示为：

MTEXT 当前文字样式: "字母数字" 文字高度: 5 注释性: 否
指定第一角点:

指定图 11.11（a）中小圆标记的角点 A 后，命令行提示为：

指定对角点或 [高度(H)/对正(J)/行距(L)/旋转(R)/样式(S)/宽度(W)/栏(C)]:

指定图 11.11（a）中小圆标记的角点 B 后，进入文本编辑器，在这里可以输入、编辑文本，如图 11.11（b）所示。

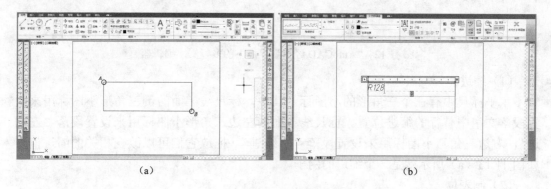

图 11.11 多行文字命令图例

【说明】

（1）指定的第一角点和对角点所构成的矩形区域（文字边框）是多行文本编辑时的参考，其中，矩形区域的宽度限制了该文本段落的宽度。

（2）在指定对角点的提示中，"高度"、"对正"、"旋转"、"样式"选项的含义与单行文字相同。"行距"用来指定多行文字行与行之间的距离；"宽度"用来指定文字边框的宽度；"栏"用来创建分栏格式的多行文字，可以指定每一栏的宽度、两栏之间的距离及每一栏的高度等。事实上，这些选项都可以在随后的多行文本编辑器中进行设定。

11.3.2 多行文本编辑器

多行文本编辑器在不同的工作空间是不同的。将工作空间切换到"AutoCAD 经典"界面，启动多行文字命令（MTEXT），指定文字边框后进入多行文本编辑器，如图 11.12 所示。与图 11.11（b）相比，此时的多行文本编辑器更简洁更熟悉。它们均由下方的带有标尺的输入框、上方的"文字格式"工具栏或功能区"文字编辑器"组成。

1. 输入框

带有标尺的输入框在"AutoCAD 经典"界面与"草图与注释"工作空间中是相同的。它类似于 Microsoft Word 应用程序中的界面，水平标尺中有"制表位"、"首行缩进"、"左缩进"、"右缩进"等，而拖放最右侧的◆图标可调整输入文字边框的宽度，拖放图标可调整行距。

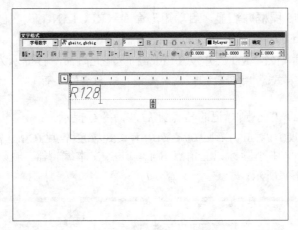

图 11.12 "AutoCAD 经典"界面下的多行文字编辑器

（1）缩进。

水平标尺中有三个三角形的小图标。其中，标尺线上面的倒三角形小图标用来设置段落文字中首行的缩进位置。标尺线下面的左边三角形小图标用来设置段落"左缩进"，右边三角形小图标用来设置段落"右缩进"。拖放它们可以改变相关的缩进值，如图 11.13（a）所示就是一个缩进的例子。

（2）制表位。

制表位，顾名思义，就是为类似表格的字段设置对齐位置而使用的。那么，如何设置呢？简单来说，分为以下三个步骤。

步骤

（1）单击水平标尺最左侧的"制表位选择器"图标 L，选择要指定的制表位类型，左对齐 L、居中对齐、右对齐 或小数点对齐。

（2）在标尺中单击鼠标指定对齐位置。

（3）按【Tab】键对齐第一个制表位，输入文字，再按【Tab】键对齐第二个制表位，输入文字……按【Enter】键换行，依先按【Tab】键后输入的次序进行。

例如，图 11.13（b）就是一个制表位使用的例子，图中因为 20°没有小数点，所以被对齐在 设定的位置之前。

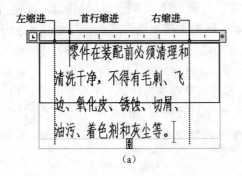
(a)

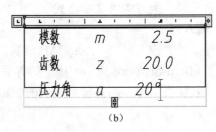
(b)

图 11.13 标尺上的缩进和制表位

2. "文字格式"工具栏

"AutoCAD 经典"的"文字格式"工具栏中的操作主要分为"样式"、"格式"、"段落"、"插入"和"其他"等五个部分。这里先看看前面三个部分。

（1）样式。

如图 11.14 所示，"样式"部分分别有样式、字体、注释性和字高等内容。

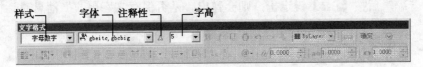

图 11.14　工具栏的"样式"部分

（2）格式。

如图 11.15 所示，"格式"部分分别有粗体、斜体、上下画线、文字颜色、大小写转换及倾斜角度、字间距和宽度因子等内容。

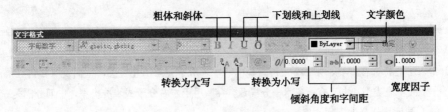

图 11.15　工具栏的"格式"部分

（3）段落。

如图 11.16 所示，"段落"部分分别有对正、段落、对齐方式、行距和编号等内容。其中，用鼠标单击"段落"图标，弹出如图 11.17 所示的"段落"对话框。

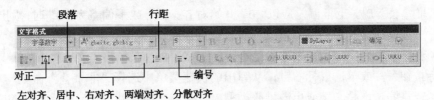

图 11.16　工具栏的"段落"部分

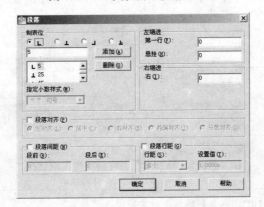

图 11.17　"段落"对话框

需要强调的是：

（1）由于"文字格式"工具栏操作与功能区"文本编辑器"页面中的相应面板的绝大数内容是相同的，所以这里对面板操作不再赘述。

（2）当要退出多行文本编辑器时，应单击"文字格式"工具栏上的"确定"图标按钮，或单击功能区"文本编辑器"页面的"关闭"按钮。

（3）若编辑后按【Esc】键退出，则会弹出"是否保存文字更改"消息对话框。

11.3.3 文字堆叠

在工程图样中，通常要标注公差的尺寸，如 $\phi 20^{+0.016}_{0}$。其中，"+0.016"和"0"上下布局，且与"$\phi 20$"同处一行。这种上下布排的文字称为上下堆叠，类似的还有中间有横线的"分子式"等。要实现这样的文字标注，需要在文字输入模式中使用文字堆叠，具体步骤如下。

步骤

（1）输入要堆叠部分的上面文字。

（2）输入堆叠特征符"^"、"/"或"#"。其中，"^"用于公差堆叠类型，中间没有任何分隔线；"/"用于上下分子式堆叠类型，中间有一条水平分隔线；"#"用于左右分子式堆叠类型，中间分隔是一条斜线。

（3）输入要堆叠部分的下面文字。

（4）选中前面步骤中所有输入的文字和堆叠特征符，单击"文字格式"工具栏中的堆叠图标按钮，或单击鼠标右键，从弹出的快捷菜单中选择"堆叠"命令，则堆叠完成。

例如，图 11.18（a）就是不同堆叠特征符的文字堆叠例子。需要注意的是：

（1）堆叠公差时，上下偏差应以"0"开始对齐。当上或下偏差为"0"时，则应在"0"前加补一个或两个空格，然后堆叠。

（2）若要取消文字堆叠，则选中已堆叠的文字，再一次单击"文字格式"工具栏中的堆叠图标按钮，或单击鼠标右键，从弹出的快捷菜单中选择"非堆叠"命令。

（3）若要编辑堆叠文字或更改堆叠类型、对齐方式和尺寸，则选中已堆叠的文字，单击鼠标右键，从弹出的快捷菜单中选择"堆叠特性"命令，弹出如图 11.18（b）所示的"堆叠特性"对话框。

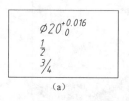
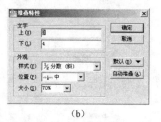

(a)　　　　　　　　　(b)

图 11.18　堆叠效果和"堆叠特性"对话框

若有文字 $\phi\frac{3}{4}'' \pm 0.01''$，则如何通过多行文字编辑器输入？

11.3.4 插入字符和文本

在"AutoCAD 经典"界面的"文字格式"工具栏中,用于"插入"操作的有两个图标按钮:一个是在下一行中间位置的"字符"图标@·;另一个是在上一行的最右位置的"选项"图标☉。

(1)用鼠标单击"字符"图标@·,将弹出如图 11.19(a)所示的符号下拉菜单,从中可选择要插入的字符。

当选择下拉菜单最下面的"其他…"菜单时,将弹出如图 11.19(b)所示的"字符映射表"对话框,从中可选择要插入的特殊字符(如希腊字符 α、β、γ 等),单击 选择(S) 按钮,再单击 复制(C) 按钮,关闭对话框后,在要插入字符的位置按【Ctrl+V】组合键粘贴即可。

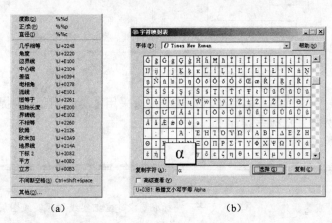

(a)　　　　　　　　　　　　　　(b)

图 11.19　字符下拉菜单和"字符映射表"对话框

(2)单击"选项"图标☉,将弹出如图 11.20(a)所示的选项下拉菜单,从中可选择要操作的菜单项。

当选择下拉菜单中"输入文字…"菜单时,将弹出如图 11.20(b)所示的"选择文件"对话框,从中可选择要输入文字的 TXT 或 RTF 文件。选定文件后,单击 打开(O) 按钮,则文件的文字被全部插入。

(a)　　　　　　　　　　　　　　(b)

图 11.20　选项下拉菜单和"选择文件"对话框

【实训 11.3】绘制标题栏

每张图样必须绘制**标题栏**，通常情况下标题栏中的文字方向为看图方向。国家标准 GB 10609.1-1989 中对生产用的标题栏的格式做了规定。但在学校（或培训部）的 CAD 制图作业中，建议采用如图 11.21 所示的标题栏格式。标题栏外框用粗实线、内框用细实线绘制。标题栏内除图名和校名（单位名）用 10 号字、图号用 7 号字外，其余均用 5 号字。

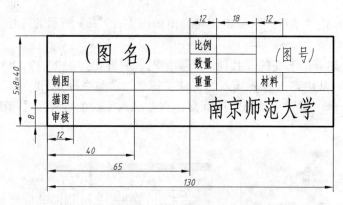

图 11.21　标题栏

需要说明的是，这里的表格线绘制方法并没有采用【实训 11.2】中提及的方法，而是使用"点"等距分割。具体步骤如下。

步骤

1）准备绘图。

启动 AutoCAD 或重新建立一个默认文档，按标准要求建立细实线和粗实线图层，草图设置**对象捕捉左侧选项，建立"汉字注写"和"字母数字"文字样式，绘制 150×100 图框**并满显。

2）绘制标题栏外框。

（1）打开"线宽"显示，将当前图层切换到"粗实线"层。

（2）启动矩形命令（RECTANG），在图框左下位置指定第一个点，输入"@130,40"并按【Enter】键，矩形绘出。

（3）若矩形不在中间位置，则拾取矩形，用鼠标单击任意夹点使其成为热夹点，输入"MO"并按【Enter】键，移动至适合位置单击鼠标，按两次【Esc】键，结果如图 a 所示。

3）绘制标题栏内框线。

（1）将当前图层切换到"细实线"层。

（2）分割水平间隔，结果如图 b 所示。

① 在命令行直接输入"DDPTYPE"并按【Enter】键，则弹出"点样式"对话框。在对话框中，指定"×"点样式，并按绝对单位指定设定其大小为"3"，单击 确定 按钮。

② 启动直线命令（LINE），从图 a 中有小圆标记的中点 A 绘线至中点 B，退出直线命令。

③ 启动定距等分命令（MEASURE），拾取刚绘出的直线 AB 作为要等分的对象，输入等分距离"8"并按【Enter】键。

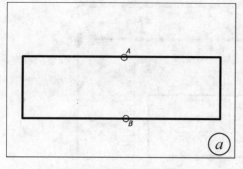
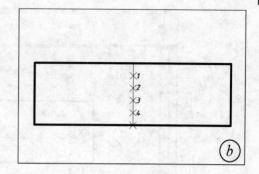

(3) 根据等分点绘制内框线,结果如图 c 所示。

① 启动直线命令(LINE),拾取图 b 中的等分点 2 为第一点,向左水平移至边交点时单击鼠标指定第二点,向下移动光标至矩形左下角点时单击鼠标,退出直线命令。

② 重复直线命令,拾取图 b 中的等分点 3 为第一点,向右水平移动,当出现极轴…<0°追踪线时,输入"30"并按【Enter】键指定第二点,向上竖直移动光标至矩形上边交点时单击鼠标,退出直线命令。

③ 重复直线命令,拾取图 b 中的等分点 4 为第一点,向左水平移至边交点时单击鼠标,退出直线命令。

④ 重复直线命令,拾取图 b 中的等分点 1 为第一点,向右水平移至刚绘的竖直线交点时单击鼠标左键,退出直线命令。

(4) 拾取等分点对象,按【Delete】键删除。

(5) 使用偏移补全内框线。

① 启动偏移命令(OFFSET),指定偏移距离为 12,分别拾取图 c 中有小圆标记的细实线,向右侧偏移,退出偏移命令。

② 重复偏移命令,指定偏移距离为"40",拾取图 c 中有小圆标记的最左边的细实线,向右侧偏移,退出偏移命令。

③ 根据如图 11.20 所示的表格样式,用夹点方式将内部线条调整到位,结果如图 d 所示,按两次【Esc】键。

4) 注写 5 号文字。

(1) 启动多行文字命令(MTEXT),指定图 d 中有小圆标记的交点 A 为第一角点,指定交点 B 为对角点,进入多行文字输入模式,在功能区出现"文字编辑器"页面。

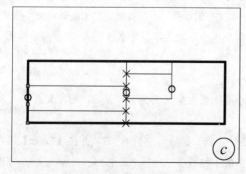
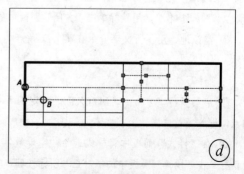

(2) 在"样式"面板中将样式选为"汉字注写",在"字高"组合框中输入"3.85"并按【Enter】键,单击"段落"面板中的"对正"图标按钮,从弹出的下拉选项中选择"正中 MC",输入文字"制图",如图 e 所示,用鼠标单击"关闭"面板中的"关闭文字编辑器"图标按钮,退出编辑,文字绘出。

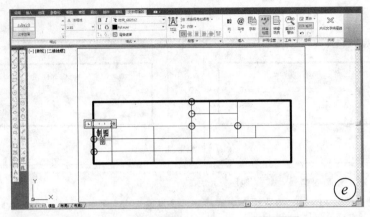

（3）启动复制命令（COPY），拾取新注写的文字"制图"并结束拾取，指定第一角点 A 为基点，分别复制至图 e 中有小圆标记的位置点，并退出复制命令，结果如图 f 所示。

（4）分别双击图 f 中有小方框标记的文字对象，按如图 11.20 所示的表格内容进行修改，结果如图 g 所示。

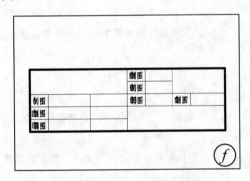
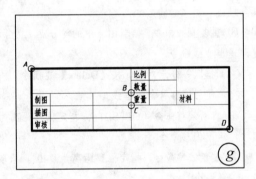

5）注写其他文字，标题栏绘出。

（1）注写 10 号字。

① 启动多行文字命令（MTEXT），指定图 g 中有小圆标记的交点 A 为第一角点，指定交点 B 为对角点，进入多行文字输入模式。

② 在"样式"面板中将样式选为"汉字注写"，在"字高"组合框中输入"7.69（10/1.3=7.69）"并按【Enter】键，用鼠标单击"段落"面板中的"对正"图标按钮，从弹出的下拉选项中选择"正中 MC"，输入文字"（图 名）"，用鼠标单击"关闭"面板中的"关闭文字编辑器"图标按钮，退出编辑，文字绘出。

③ 类似地，用多行文字命令在 C、D 角点构成的矩形框中注写文字"南京师范大学"，结果如图 h 所示。

（2）注写 7 号字。

① 启动多行文字命令（MTEXT），指定图 h 中有小圆标记的交点 E 为第一角点，指定交点 F 为对角点，进入多行文字输入模式。

② 在"样式"面板中将样式选为"字母数字"，在"字高"组合框中输入"7"并按【Enter】键，用鼠标单击"段落"面板中的"对正"图标按钮，从弹出的下拉选项中选择"正中 MC"，输入文字"（图 号）"，用鼠标单击"关闭"面板中的"关闭文字编辑器"图标按钮，退出编辑，表格绘出，结果如图 i 所示。

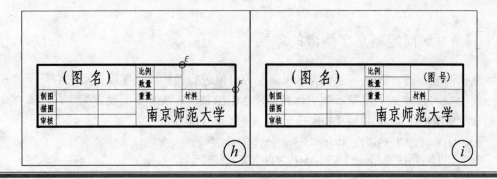

需要强调的是,表格文字中"(图 名)"和"(图 号)"及未注单元格中的文字都需要根据图样的具体内容来设定。同时,未注单元格中的文字均为5号"字母数字"样式。

11.4 常见实训问题处理

在使用AutoCAD时,通常会出现一些问题,它们涉及许多方面,这里就文字和文字注写方面的一些操作问题进行分析和解答。

11.4.1 文字对象的夹点有哪些

对于单行文字对象来说,夹点一般有两个,一个是左下角的插入点夹点;另一个是对正时的基点夹点。若对正选项就是默认的"左下",则这两个夹点位置相同,如图11.22(a)所示。默认时,操作这些夹点可改变文字对象的位置。

对于多行文字对象来说,夹点一般有三个;第一个是对正时的基点夹点;第二个是"列高"方向夹点;第三个是"列宽"方向夹点,如图11.22(b)所示。默认时,操作方向夹点可改变列高或列宽。

图11.22 文字对象夹点

11.4.2 为什么注写的文字中会有"?"

注写的文字中有"?"主要有三个原因,一是当文字样式中包含多个字体时,相互之间有冲突,这种情况使用单一字体或更改高版本AutoCAD可解决。二是当前注写的文字所使用的字体在本地计算机中没有或不兼容,这种情况可通过更改字体或将所用到的图形文件复制到AutoCAD的字体目录中解决。三是由于版本和平台不一样造成的,通常使用与Windows平台相匹配的高版本AutoCAD可解决"?"问题。

11.4.3 如何控制文字镜像的效果

默认情况下，对文字、图案填充和属性等对象进行镜像时，在镜像后它们是不会反转或倒置的。若要使文字镜像后倒置，则应将 MIRRTEXT 系统变量设定为"1"，即在命令行输入"MIRRTEXT"并按【Enter】键，此时命令行提示为：

输入 MIRRTEXT 的新值 <0>:

输入"1"并按【Enter】键，MIRRTEXT 系统变量值被重置。

思考与练习

（1）单行文字输入和多行文字输入有哪些主要区别？各适用于什么场合？
（2）如何插入特殊文字，如希腊字符 α、β、γ 等？
（3）若有 H_1、H^2 这样有下标或上标的文字，则如何注写？（提示：可用文字堆叠）
（4）练习【实训 11.2】和【实训 11.3】。

第 12 章

尺寸和尺寸标注

图形只能表达机器零部件（简称"机件"）的形状，而机件的大小则由标注的尺寸确定。尺寸也是国家标准中的重要组成部分，尺寸标注的是否正确、合理，将直接影响图样的质量。为了便于交流，国家标准 GB/T 4458.4-2003 对尺寸标注的基本方法进行了一系列的规定，在使用 AutoCAD 绘图过程中必须严格遵守。本章主要内容有：
- 学会创建尺寸样式。
- 掌握常用尺寸标注。

12.1 学会创建尺寸样式

尺寸标注是绘制图样过程中不可缺少的一个步骤。在进行尺寸标注之前，还必需掌握相关标准、了解尺寸的各部分定义及创建尺寸样式。

12.1.1 尺寸组成

一个完整的尺寸通常应包括四个要素：尺寸数字、尺寸线、尺寸界线和尺寸线终端，如图 12.1 所示。

1. 尺寸界线

尺寸界线用来表示度量的范围，用细实线绘制，并由图形的轮廓线、轴线或对称中心线处引出。也可利用轮廓线、轴线或对称中心线作为尺寸界线。尺寸界线通常应与尺寸线垂直，并超出尺寸线终端 2mm 左右。

2. 尺寸线

尺寸线用细实线绘制，不能用其他图线代替。标注线性尺寸时，尺寸线必须与所标注的线段平行；当

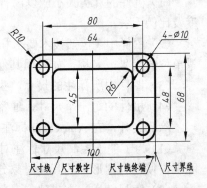

图 12.1 尺寸的组成

有几条互相平行的尺寸线时，大尺寸要标注在小尺寸外面，以免尺寸线与尺寸界线相交。在圆或圆弧上标注直径或半径尺寸时，尺寸线通常应通过圆心或其延长线通过圆心。

3. 尺寸线终端

尺寸线终端有箭头和斜线两种形式。通常采用箭头形式，在标注位置不够的情况下，允许使用斜线或圆点代替箭头。标注时，箭头尖端与尺寸界线接触，不得超出也不得离开。

需要说明的是，箭头应尽量画在两尺寸界线的内侧。对于较小的尺寸，在没有足够的位置画箭头或注写数字时，也可将箭头或数字放在尺寸界线的外侧。

4. 尺寸数字

线性尺寸的数字通常应注写在尺寸线的上方，也允许注写在尺寸线的中断处。线性尺寸数字通常应按图12.2（a）所示的方向注写，并尽可能避免在图示的30°范围内标注尺寸，但当无法避免时可采用引出标注的形式，如图12.2（b）所示。尺寸数字不可被任何图线通过，否则必须将图线断开，位置不够时可引出标注。

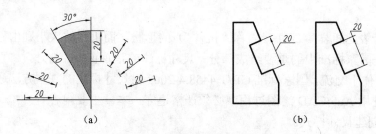

图 12.2 线性尺寸标注方向

需要强调的是，为了能够区分不同类型的尺寸，国家标准还规定了一些尺寸类型符号，用于注写在尺寸数字的前面。例如，表示直径尺寸的"ϕ"，表示半径尺寸的"R"，表示球面尺寸的"S"，表示板状零件厚度的"δ"，表示正方形的"□"，表示螺纹尺寸的"M"等。

12.1.2 尺寸标注规则

标注尺寸是一项极为重要的工作，必须认真细致，一丝不苟。如果尺寸有遗漏或错误，就会为生产带来困难和不必要的损失。标注尺寸必须遵守下列几点基本规则。

（1）机件的真实大小应以图样上所注的尺寸数值为依据，与图形的大小、绘图的准确度及比例无关。

（2）图样中（包括技术要求和其他说明）的线性尺寸，以mm为单位时，不需标注计量单位的代号或名称，如采用其他单位，则必须注明相应的计量单位的代号或名称。

（3）图样中所标注的尺寸，为该图样所示机件最后完工尺寸，否则应另加说明。

（4）机件的每一个尺寸，通常只标注一次，并应标注在反映该结构最清晰的图形上。

除此之外，在AutoCAD标注尺寸时还应遵循下列的规则和步骤。

（1）为了便于控制尺寸标注对象的显示与隐藏，应为尺寸标注建立一个或多个独立的图层，使之与图形中的其他对象分开。

（2）为尺寸标注文本建立专门的文字样式。

（3）设定尺寸样式，保存尺寸格式。必要时使用替代标注样式。

（4）绘图时尽可能地采用1:1的比例绘图，以便在标注尺寸时使AutoCAD自动测量，而无须自己输入尺寸数字。

（5）充分利用对象追踪、捕捉手段，以便快速拾取定义点。

12.1.3 尺寸样式命令（DIMSTYLE）

在标注尺寸之前必须创建和设置（尺寸）标注样式，在 AutoCAD 中，这一操作是通过标注样式命令（DIMSTYLE）实现的，其命令方式如下：

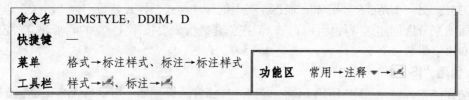

标注样式命令（DIMSTYLE）启动后，将弹出如图 12.3 所示的"标注样式管理器"对话框，在该对话框中可以创建、修改和设置尺寸样式。

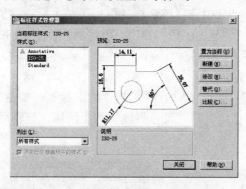

图 12.3 "标注样式管理器"对话框

在该对话框中，左侧"样式"列表显示了当前图形中已定义的"所有样式"的标注样式。Standard（标准）和 ISO-25 分别是系统创建的英制和公制标注样式名称。对话框中还有一些其他按钮，本书后面会讨论。单击 关闭 按钮，关闭"标注样式管理器"对话框。

由于标注样式经常要使用，因此要熟悉一下功能区中的"注释"面板、"标注"和"样式"工具栏，如图 12.4 所示，图中所标记的图标按钮就是 DIMSTYLE 命令图标。需要说明的是，默认时，"标注"工具栏是不显示的，必要时才将其显示出来。

图 12.4 在面板和工具栏中启动 DIMSTYLE 命令

12.1.4 创建和设置标注样式

AutoCAD 默认创建了 Standard（英制）和 ISO-25（公制）标注样式，但从一般机械制图来看，创建的标注样式应有两个，一个是 3.5 号字体的 ISO 类型的标注样式，样式名暂定为"ISO35"；另一个是 3.5 号字体的非 ISO 类型的标注样式，样式名暂定为"ISO35 非"。

下面就来分别创建这两种标注样式，但在创建之前先要按第 11 章的要求建立"汉字注写"和"字母数字"文字样式。

1. 创建"ISO35"标注样式

启动标注样式命令（DIMSTYLE），弹出"标注样式管理器"对话框，单击 新建(N)... 按钮，弹出"创建新标注样式"对话框，输入标注样式名"ISO35"，如图 12.5（a）所示。其中，在"基础样式"下拉列表框中可指定一种已有的样式作为创建该新样式的基础；而单击"用于"下拉列表，可从中选择该新样式仅用于某个标注类型或是用于"所有标注"。

保留默认选项，单击 继续 按钮，弹出"新建标注样式：ISO35"对话框，如图 12.5（b）所示，该对话框共有七个标签。

（1）"线"页面及其设置。

若对话框显示的不是"线"页面，则单击"线"标签，如图 12.5（b）所示，可以看出，"线"页面包含"尺寸线"和"尺寸界线"两个区域，分别用于设置尺寸线和尺寸界线的属性。

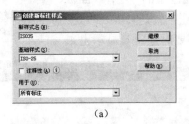
(a)

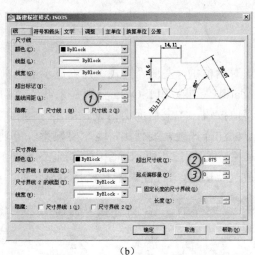
(b)

图 12.5 标注样式创建对话框

通常，"颜色"、"线型"、"线宽"、"隐藏"等属性无须修改，保留默认值即可。需要更改的属性如下。

① **基线间距**。在采用"基准标注"类型时，尺寸线之间的距离就是使用这里所设定的值。通常，基线间距设定为数字字号的 1.414 倍及其以上，这里暂设定为 7。

② **超出尺寸线**。通常，尺寸界线要超出尺寸线 2mm 左右。考虑到指定的字体高度仅为 3.5，因此，这里设定为 **1.875**。（若字高为 5 及其以上，则设定为 2）

③ **起点偏移量**，即尺寸界线的起点与要标注对象的点有一定偏移量。由于这个"偏移量"经常会干扰标注尺寸，所以建议将此值设为 **0**。

这样一来，在"线"页面中分别将"基线间距"、"超出尺寸线"和"起点偏移量"设定为 **7、1.875 和 0**。

（2）"符号和箭头"页面及其设置。

将对话框切换到"符号和箭头"标签页面，如图 12.6（a）所示。可以看出，该页面包含"箭头"、"圆心标记"、"折断标注"、"弧长符号"、"半径折弯标注"和"线性折弯标注"等区域。

这里先暂不管其他区域内容，保留默认值，仅进行如下两项修改。

① **箭头大小**，即尺寸线终端的箭头大小。通常将其设定为 4，但由于 AutoCAD 的箭头形状稍稍"胖"了一些，所以建议将此值设为 **3.875**。

② **圆心标记**。用于控制直径标注和半径标注的圆心标记和中心线的外观，本书后面还会讨论。这里暂将其选定为"无"。

这样一来，在"符号和箭头"页面中将"箭头大小"设为 **3.875**，而将"圆心标记"选定为"**无**"。

（3）"文字"页面及其设置。

将对话框切换到"文字"标签页面，如图 12.6（b）所示。可以看出，该页面包含"文字外观"、"文字位置"和"文字对齐"等区域。这里要进行如下四项修改。

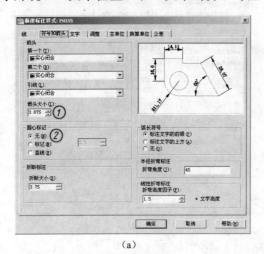
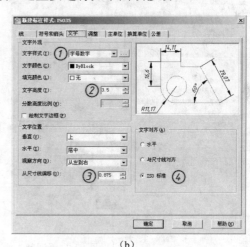

（a）　　　　　　　　　　　　　　　　（b）

图 12.6　"符号和箭头"页面及"文字"页面

① **文字样式**。单击 按钮将弹出"文字样式"对话框，从中可新建或修改相应的文字样式。单击文字样式下拉列表框，从中选定已创建好的"**字母数字**"文字样式。

② **文字高度**，即选用文字的字体字号。按规定，A0、A1 图纸的尺寸数字是 5 号字体，而其余图纸的尺寸数字是 3.5 号字体。因此，这里先将此值设为 **3.5**。

③ **从尺寸线偏移**。若尺寸数字书写方向与尺寸线（或线中的水平线）一致，则它们之间应有一定的最小间距。这个间距国家标准没有规定，这里暂将此值设为 **0.875**（若是 5 号字，则将其设为 **1.0**）。

④ **文字对齐**，用于尺寸数字书写的方向。通常，要么指定为"与尺寸线对齐"（即书写方向与尺寸线平行），要么指定为"ISO 标准"。这里指定为"**ISO 标准**"。这样一来，当文字在尺寸界线外时成水平放置。

总之，在"文字"页面中将"文字样式"选为"字母数字"，将"文字高度"设为 **3.5**，将"从尺寸线偏移"量设为 **0.875**，最后将"文字对齐"选项指定为"**ISO 标准**"。

（4）"调整"页面及其设置。

标注尺寸时，由于尺寸线间的距离、文字大小、箭头大小的不同，标注尺寸后的效果一定会有所不同。为了能够使设定的尺寸样式适用各种情况，势必对其进行适当的调整。将对话框切换到"调整"标签页面，如图 12.7（a）所示。可以看出，该页面包含"调整选项"、"文字位置"、"标注特征比例"和"优化"等区域。

这里只进行一项修改，即当文字不在默认位置，将"文字位置"选项选定为"**尺寸线上方，带引线**"。

（5）"主单位"页面及其设置。

将对话框切换到"主单位"标签页面，如图 12.7（b）所示。可以看出，该页面包含"线性标注"和"角度标注"两个大区域。其中，"精度"和"清零"选项是相对应的，这是因为当指定"0.000"精度时，若尺寸为"10.000"，则标注的尺寸数字应为"10"，这就将小数点边同后面的"零"清掉了。"后续"和"清零"就是这个意思。

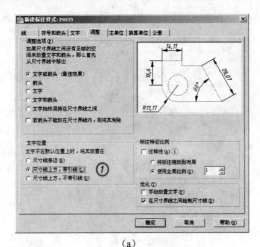 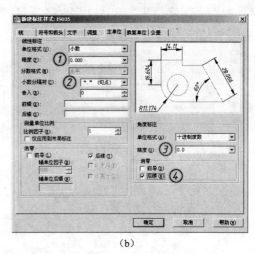

(a) （b）

图 12.7 "调整"页面及"主单位"页面

这里对"主单位"中的选项进行几项修改。

① 在"线性标注"区域中，将线性尺寸"精度"选定为"0.000"，将"小数分隔符"（即小数点符号）选定为"句点"。

② 在"角度标注"区域中，将角度尺寸"精度"选定为"0.0"，同时选中"消零"和"后续"复选框。

特别需要强调的是，"测量单位比例"还有一个"比例因子"，它用来控制不同图样比例的测量结果。当"比例因子"为 2 时，测得的结果在原有的基础上乘以 2，即相当于图样采用的是缩小比例 1:2。当"比例因子"为 0.5 时，测得的结果在原有的基础上乘以 0.5，即相当于图样采用的是放大比例 2:1。

(6)"换算单位"和"公差"页面

由于有不同的度量单位，如公制和英制等，若在标注尺寸时使用的单位与主单位不一致，则需要将其进行换算。因此，AutoCAD 在标注样式中提供了"换算单位"选项卡页面以便于不同单位的标注。好在同一张图样中，需要尺寸单位换算的可能性不大，因此该页面默认时是不可用的，须选中"显示换算单位"复选框才可继续，如图 12.8（a）所示。

保留默认的选项，将对话框切换到"公差"页面，如图 12.8（b）所示。可以看出，该页面包含"公差格式"和"换算单位公差"两大区域。需要说明的是，在图样（尤其是机械图样）中，尺寸公差是必不可少的。不过，图纸中大部分尺寸通常采用默认公差，因此真正要标注公差的尺寸并不很多，所以"公差"页面中的内容通常均保留默认值。

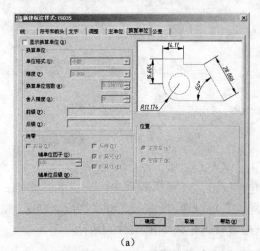 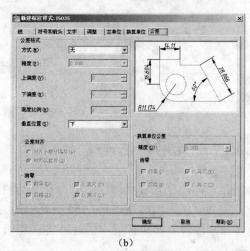

(a)　　　　　　　　　　　　　　　(b)

图 12.8 "换算单位"页面及"公差"页面

单击 确定 按钮，"新建标注样式：ISO35"对话框关闭并回到"标注样式管理器"对话框中，新创建的"ISO35"标注样式出现在"样式"列表中并呈选中状态。

单击 置为当前 按钮，则选中的标注样式被置为当前。单击 修改... 按钮，将弹出"修改标注样式"对话框，在这里可对选中的标注样式进行修改。单击 替代... 按钮，将弹出"替代标注样式"对话框，可为当前标注样式设定临时替代的样式。

需要说明的是：

（1）"新建"、"修改"和"替代"对话框的内容基本相同。

（2）若在"样式"列表框中用鼠标右击某个标注样式，将弹出快捷菜单，从中可选择"置为当前"、"重命名"和"删除"菜单，如图 12.9（a）所示。

2. 创建"ISO35 非"标注样式

在"标注样式管理器"对话框的"样式"列表框中，选中"ISO35"样式。单击 新建(N)... 按钮，弹出"创建新标注样式"对话框，输入标注样式名"ISO35 非"。注意，基础样式名应为"ISO35"。

单击 继续 按钮，弹出"新建标注样式：ISO35 非"对话框，将其切换到"文字"页面，将"文字对齐"设定为"与尺寸线对齐"，再将其切换到"调整"页面，将"文字位置"选定为"尺寸线旁边",其他设置均与"ISO35"样式相同。

单击 确定 按钮,"新建标注样式:ISO35 非"对话框关闭并回到"标注样式管理器"对话框。单击 比较(C)... 按钮,弹出"比较标注样式"对话框,从"与"下拉列表框中选中"ISO35"样式,结果如图 12.9(b)所示。

单击 关闭 按钮,关闭"标注样式管理器"对话框。

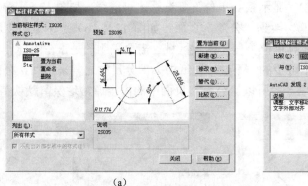
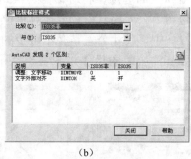

图 12.9 样式的快捷菜单和"比较标注样式"对话框

12.1.5 切换标注样式

在"标注样式管理器"对话框中单击 置为当前(C) 按钮,可将样式列表中选定的标注样式设定为当前使用的标注样式。当然,当前标注样式还可以通过"样式"工具栏或功能区"常用"→"注释"面板扩展中的标注样式组合框中直接选定,如图 12.10 所示。

图 12.10 当前标注样式的切换

单击"注释"面板标题展开后,可以看到第二个组合框中显示的就是已置为当前的标注样式。在名称及其右侧空白处单击要指定的标注样式图标列表项,可将该样式切换为当前标注样式。

需要强调的是,功能区"注释"页面中的"标注"面板有着更详细的上述操作界面。如图 12.11 所示。

图 12.11 "标注"面板

【实训 12.1】综合训练

本书前面曾建立过"AutoCAD2012 实训"样板文件，打开它，创建设置"ISO35"和"ISO35 非"两个标注样式，最后保存。当然，也可进行下例实训。

步骤

（1）布局默认界面或布局经典界面。
（2）建立图层。
（3）绘制 A4 图框线并满显。
（4）草图设置极轴增量角 15°和对象捕捉左侧选项。
（5）建立"汉字注写"和"字母数字"文字样式。
（6）建立"ISO35"和"ISO35 非"标注样式。

12.2 掌握常用尺寸标注

标注样式创建后就可使用它进行尺寸标注。AutoCAD 中，尺寸按其对象的不同可分长度尺寸、半径、直径、角度、坐标和引线等；若按其形式的不同可分为水平、垂直、对齐、连续和基准等。

12.2.1 标注尺寸前的准备

图形绘好后，就需要标注尺寸。在标注尺寸之前，需要做以下三个方面的准备。

（1）设置好"ISO35"和"ISO35 非"样式，并为标注尺寸建立图层。以前说过，这个图层就是"文字尺寸"层（白色、连续实线、线宽为 0.25mm）。需要说明的是，本章命令简例之前都要首先进行下列操作：

启动 AutoCAD 或重新建立一个默认文档，按标准要求建立"文字尺寸"和"粗实线"图层（这里的粗线线宽改为 0.5），**草图设置对象捕捉左侧选项，建立"汉字注写"和"字母数字"文字样式，建立"ISO35"和"ISO35 非"标注样式，绘制 100×75 图框并满显。**

（2）准备好标注尺寸的操作界面。

对于"草图与注释"工作空间来说，需将功能区切换到"注释"页面，单击"标注"面板中左侧"标注"下拉按钮，可从中选择要标注的尺寸类型，如图 12.12（a）所示；若单击面板标题的下拉按钮，则展开的扩展部分提供了文字和标记等的标注编辑手段，如图 12.12（b）所示。

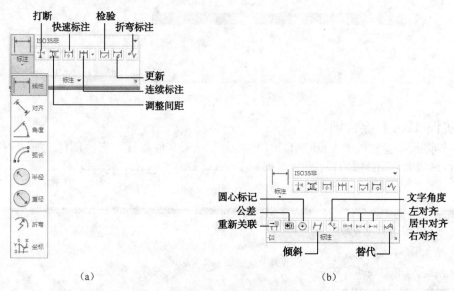

图12.12 "标注"下拉选项和面板扩展

而对于"AutoCAD 经典"工作空间来说,需右击工具栏非按钮区域,从弹出的快捷菜单中选择"标注",则"标注"工具栏显现,其各图标按钮含义如图12.13所示。

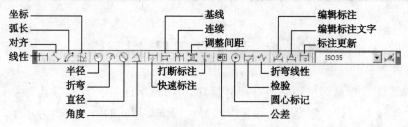

图12.13 "标注"工具栏

(3)熟悉尺寸标注的基本要求和标注次序。

尺寸标注时应做到"正确"、"齐全"和"清晰"。**正确**,即严格遵守国家标准中有关规定;**齐全**,即尺寸完全能够确立所表达机件的形状和大小,通常不能多余,更不能遗漏;**清晰**,即尺寸标注的位置要便于读图。

标注时,通常要首先选择好尺寸基准(对于多个视图来说,这个基准就是长、宽、高三个方向的基准),然后标注所有的定形尺寸和定位尺寸,再根据总体尺寸(总长、总宽和总高)完善尺寸,最后检查、修改并完善。

12.2.2 直线段尺寸标注

AutoCAD 中直线段尺寸标注有两种,一种是线性标注(DIMLINEAR);另一种是对齐标注(DIMALIGNED)。

1. 线性标注

线性标注命令(DIMLINEAR)用于标注水平、垂直方向的距离的尺寸,其命令方式如下:

命令名	DIMLINEAR，DIMLIN，DLI		
快捷键	—		
菜单	标注→线性	功能区	常用→注释→⊢⊣ 注释→标注→⊢⊣ 标注
工具栏	标注→⊢⊣		

打开"线宽"显示，将当前图层切换到"粗实线"层。启动直线命令（LINE），绘制如图 12.14（a）所示的图形。将当前图层切换到"文字尺寸"层，将当前标注样式切换为"ISO35"。

在命令行输入"DLI"并按【Enter】键，命令行提示为：

DIMLINEAR
指定第一个尺寸界线原点或 <选择对象>:
　指定图 12.14（a）中的端点 A，命令行提示为：

指定第二条尺寸界线原点:
　指定图 12.14（b）中的端点 B，命令行提示为：

指定尺寸线位置或[多行文字(M)/文字(T)/角度(A)/水平(H)/垂直(V)/旋转(R)]:
　此时移动光标，将看到尺寸标注的动态位置，单击鼠标左键，尺寸绘出，如图 12.14（b）所示。重复线性标注命令，指定尺寸界线原点端点 A 和 D，此时移动光标有两种变化，一个是将光标从 AD 线段为对角线的矩形范围内向上或下移出 AD 线段范围，则标注的是水平长度尺寸；另一个是将光标从 AD 线段内向左或右水平移出 AD 线段范围，则标注的是垂直高度尺寸，如图 12.14（c）所示，单击鼠标左键，尺寸绘出。

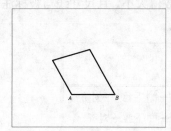  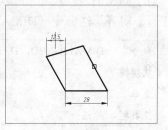

图 12.14　线性标注命令简例一

重复线性标注命令，命令行提示为：

DIMLINEAR
指定第一个尺寸界线原点或 <选择对象>:
　此时按【Enter】键，即指定"选择对象"选项，命令行提示为：

选择标注对象:
　拾取图 12.14（c）中有小方框标记的直线段，则命令行提示为：

指定尺寸线位置或[多行文字(M)/文字(T)/角度(A)/水平(H)/垂直(V)/旋转(R)]:
　此时移动光标也是有两种变化。单击鼠标左键，尺寸绘出。可见，只要是斜线段，线性标注均会有两个选择，要么标注长度；要么标注高度。

需要说明的是，线性标注还有一些其他"选项"，其含义如下。

（1）**水平、垂直**。指定后，强制标注"长度"（水平）、"高度"（垂直）线性尺寸。

（2）**多行文字、文字**。指定后，对于"多行文字"选项来说，将打开多行文字编辑器；

而对于"文字"选项来说,则直接在命令行输入。输入文字时,可使用一对尖括号"<>"表示系统自动测量的数值。例如,若在测量值前面加上"ϕ",则可输入为"%%c<>"。

(3) **角度**。用来设定文字的倾斜角度,默认时为0°。

(4) **旋转**。设定一个旋转角度来标注该方向的线性尺寸。例如,如图12.15(a)所示的图形,启动线性标注命令(DIMLINEAR),指定端点 D 和 C 后,输入"R"并按【Enter】键,命令行提示为:

> **指定尺寸线的角度 <0>:** 指定图12.15(a)中 B 点 **指定第二点:** 指定图12.15(a)中 C 点
> **指定尺寸线位置或[多行文字(M)/文字(T)/角度(A)/水平(H)/垂直(V)/旋转(R)]:**

此时移动光标,则可标注的尺寸如图12.15(b)和图12.15(c)所示。单击鼠标左键,尺寸绘出。

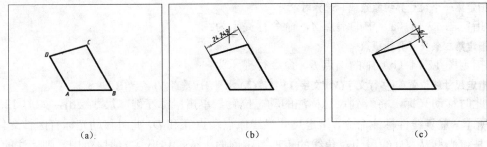

图12.15 线性标注命令简例二

2. 对齐标注

对于倾斜的线性尺寸,可以通过对齐标注自动获取其数值大小,且尺寸线与被标注对象平行。对齐标注命令(DIMALIGNED)方式如下:

撤销前面的命令,恢复到如图12.16(a)所示状态。在命令行输入"DAL"并按【Enter】键,命令行提示为:

> **DIMALIGNED**
> **指定第一个尺寸界线原点或 <选择对象>:** 指定图12.16(a)中 B 点
> **指定第二条尺寸界线原点:** 指定图12.16(a)中 C 点
> **指定尺寸线位置或[多行文字(M)/文字(T)/角度(A)]:**

此时移动光标,可以看到跟随的动态对齐尺寸。单击鼠标左键,尺寸绘出,结果如图12.16(b)所示。

从上述简例可以看出,对齐标注与线性标注过程极为相似,只是对齐标注仅有"多行文字"、"文字"和"角度"选项。

但这里有一个问题,如图12.16(b)所示的线性尺寸的尺寸线在与竖直方向的30°范围内,按规定这是要避免的。当无法避免时可采用如图12.2(b)所示的引出标注形式。那么如何修改尺寸为"33"的标注呢?

解决这个问题有一个折衷办法，就是先将尺寸数字变成水平书写方向，即在指定图 12.16（a）中的 B、C 点后，输入"A"并按【Enter】键，指定角度为 0.1°、0.01°或 0.001°（输入 0°是不起作用的），移动光标调整尺寸线位置，单击鼠标左键，尺寸绘出，结果如图 12.16（c）所示。

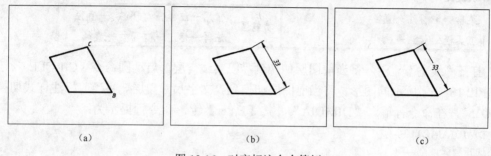

图 12.16　对齐标注命令简例

12.2.3　圆和圆弧尺寸标注

在工程图样中，若要想正确地标注出圆或圆弧的直径或半径尺寸，还必须熟悉国家标准及 AutoCAD 中有关直径和半径标注的几种方式。

1. 直径和半径标注规定

（1）对于圆和大于半圆的圆弧来说，应标注为直径尺寸，即尺寸数字前要加注直径符号"ϕ"，若为圆，尺寸线应通过圆心，且必须倾斜，以圆周为尺寸界线；若为圆弧，尺寸线应略超过圆心，且只在尺寸线与圆弧接触的一端画上箭头，并指向圆弧。

（2）对于小于或等于半圆的圆弧来说，应注为半径尺寸，尺寸线自圆心引向圆弧，只绘制一个箭头，尺寸数字前加注半径符号"R"。当圆弧的半径过大或在图纸范围内无法标注其圆心位置时，可采用折线形式。若圆心位置不需注明，则尺寸线可只绘制靠近箭头的一段。

（3）对于直径较小的圆或圆弧，在没有足够的位置绘制箭头或注写数字时，可按如图 12.17 所示的形式标注。标注小圆弧半径的尺寸线，不论是否绘制到圆心，但其方向必须通过圆心。

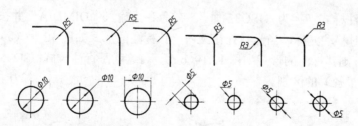

图 12.17　小的圆和圆弧尺寸注法

（4）当标注多个独立的相同结构的直径尺寸时，只标其中一个，且应在"ϕ"前面加上个数和乘号"×"（或连接符"-"）。而当标注多个相同结构的半径尺寸时，只标其中一个，且在"R"前面**不加**数量。

（5）标注球面的直径或半径时，应在尺寸数字前分别加注符号"$S\phi$"或"SR"。但对于有些轴及手柄的端部等，在不致引起误解的情况下，可省略符号"S"。

2. 直径标注

AutoCAD 中，直径尺寸标注使用 DIMDIAMETER 命令，其命令方式如下：

打开"线宽"显示，将当前图层切换到"粗实线"层。启动圆命令（CIRCLE），绘制如图 12.18（a）所示的图形。将当前图层切换到"文字尺寸"层。将当前标注样式切换为"ISO35"。在命令行输入"DIMDIA"并按【Enter】键，命令行提示为：

DIMDIAMETER
选择圆弧或圆：

按图 12.18（a）中小方框位置拾取圆 A，此时命令行提示为：

标注文字 = 23.912
指定尺寸线位置或 [多行文字(M)/文字(T)/角度(A)]：

此时移动光标可以发现，圆心和拾取圆的点的连线就是尺寸线的方向。当光标处在圆内，其标注的形式如图 12.18（b）所示，箭头指向拾取点。而当光标移至圆外时，则其标注的形式如图 12.18（c）所示。单击鼠标左键，尺寸绘出。其中，直径标注命令（DIMDIAMETER）的"多行文字"、"文字"和"角度"选项与前面线性标注命令（DIMLINEAR）的含义相同。

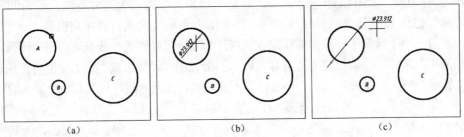

图 12.18 直径标注命令简例一

将当前标注样式切换为"ISO35 非"。在命令行输入"DIMDIA"并按【Enter】键，拾取圆 B，此时移动光标，当光标处在圆内，其标注的形式如图 12.19（a）所示。而当光标移至圆外时，则其标注的形式如图 12.19（b）所示。这就是标注样式"ISO35 非"和"ISO35"在标注直径（半径）的区别。

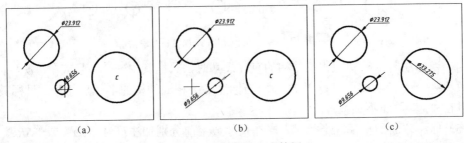

图 12.19 直径标注命令简例二

【实训 12.2】实现圆最常用的尺寸标注形式

事实上，圆的直径尺寸最常用的标注形式应是图 12.19（c）所示的圆 C（ϕ33.275）的尺寸标注。下面就来实现它。

1）准备绘图。

启动 AutoCAD 或重新建立一个默认文档，按标准要求建立文字尺寸和粗实线图层（这里的粗线线宽改为 0.5），草图设置对象捕捉左侧选项，建立"汉字注写"和"字母数字"文字样式，建立"ISO35"和"ISO35 非"标注样式，绘制 100×75 图框并满显。

2）绘制圆。

（1）打开"线宽"显示，将当前图层切换到"粗实线"层。

（2）启动圆命令（CIRCLE），在图框中间绘制直径为 ϕ40 的圆。

3）标注圆直径尺寸。

（1）将当前图层切换到"文字尺寸"层。

（2）启动直径标注命令（DIMDIAMETER），拾取新绘制的 ϕ40 的圆，将光标移至圆外，单击鼠标左键，尺寸绘出，如图 a 所示。

（3）拾取新标注的尺寸，进入夹点模式，将光标移至文字夹点上，稍等片刻，弹出快捷菜单，如图 b 所示。

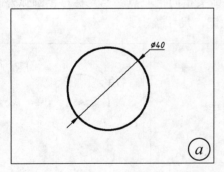
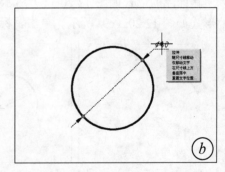

（4）从快捷菜单中选择"仅移动文字"，此时移动光标则文字跟随，如图 c 所示，移至满意位置时，单击鼠标左键。

（5）按【Esc】键退出夹点模式，如图 d 所示。

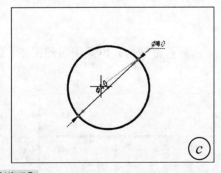
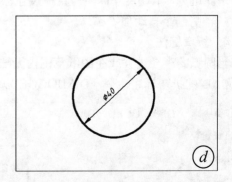

【说明】

当移动文字靠近箭头时，尺寸线的箭头将从外标注并指向圆；当移动文字太靠近尺寸线时，文字下方的尺寸线呈虚线，若此时单击鼠标左键，则文字下方的尺寸线将断开。

3. 半径标注

AutoCAD 中，半径尺寸标注使用 DIMRADIUS 命令，其命令方式如下：

命令名	DIMRADIUS，DRA		
快捷键	—		
菜单	标注→半径	功能区	常用→注释→□下拉·→半径
工具栏	标注→⊙		注释→标注→□下拉→半径

打开"线宽"显示，将当前图层切换到"粗实线"层。启动圆弧命令（ARC），任意绘制一段圆弧，如图 12.20（a）所示。将当前图层切换到"文字尺寸"层。将当前标注样式切换为"ISO35"。

在命令行输入"DRA"并按【Enter】键，命令行提示为：

DIMRADIUS
选择圆弧或圆： 按图 12.20（a）中小方框位置拾取圆弧
标注文字 = 19.043
指定尺寸线位置或 [多行文字(M)/文字(T)/角度(A)]：

此时移动光标可以发现，圆心和拾取圆弧的点的连线就是尺寸线的方向。当光标处在圆弧内，其标注的形式如图 12.20（b）所示，箭头指向拾取点。当光标移至圆弧外时，其标注的形式如图 12.20（c）所示。单击鼠标左键，尺寸绘出。

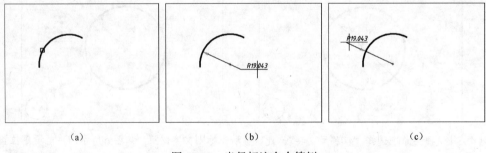

图 12.20 半径标注命令简例

由此可见，半径尺寸标注与直径尺寸标注基本相同，不同的是尺寸数字前面一个自动加"R"，另一个自动加"φ"。

4. 折弯标注

当圆弧的半径过大或在图纸范围内无法标注其圆心位置时，可采用折线形式，即使用 AutoCAD 的折弯标注命令（DIMJOGGED）。

命令名	DIMJOGGED，DJO		
快捷键	—		
菜单	标注→折弯	功能区	常用→注释→□下拉·→折弯
工具栏	标注→⤻		注释→标注→□下拉→折弯

打开"线宽"显示,将当前图层切换到"粗实线"层。启动圆弧命令(ARC),任意绘制一段大圆弧,如图 12.21(a)所示。将当前图层切换到"文字尺寸"层。

在命令行输入"DJO"并按【Enter】键,命令行提示为:

DIMJOGGED
选择圆弧或圆: 按图 12.21(a)中小方框位置拾取圆弧
指定图示中心位置:

此时应尽可能指定靠近真实圆心的中心位置(又称为替代的中心位置),如图 12.21(a)中的小圆标记位置 1。在位置 1 单击鼠标左键,命令行提示为:

标注文字 = 78.848
指定尺寸线位置或 [多行文字(M)/文字(T)/角度(A)]:

此时移动光标可以发现文字位置和折弯大小均有不同,如图 12.21(b)所示。单击鼠标左键,文字位置确定。此时命令行提示为:

指定折弯位置:

移动光标调整折弯的位置,至满意位置时,单击鼠标左键,尺寸绘出,结果如图 12.21(c)所示。

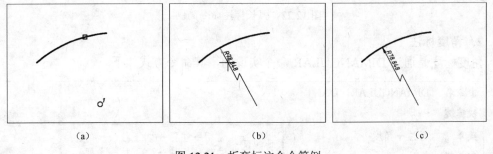

图 12.21　折弯标注命令简例

总之,折弯标注命令分为三步:①指定替代的圆心位置;②移动光标调整文字位置和折弯形状;③移动光标调整折弯的位置。

12.2.4　弧长和角度尺寸标注

要注意弧长和角度尺寸标注规定,即角度数字一律水平书写,通常标注在尺寸线的中断处,也可标注在尺寸线的上方或外部。

1. 弧长标注

在 AutoCAD 中,弧长标注是通过 DIMARC 命令来实现的,其命令方式如下:

打开"线宽"显示,将当前图层切换到"粗实线"层。启动圆弧命令(ARC),任意绘制两段圆弧,如图 12.22(a)所示。将当前图层切换到"文字尺寸"层。

在命令行输入"DAR"并按【Enter】键，命令行提示为：

DIMARC
选择弧线段或多段线圆弧段： 拾取图 12.22（a）中圆弧 B
指定弧长标注位置或 [多行文字(M)/文字(T)/角度(A)/部分(P)/]：

此时移动光标，则有动态的圆弧尺寸跟随，如图 12.22（b）所示。当光标移至满意位置时，单击鼠标左键，尺寸绘出。

重复弧长标注命令，拾取图 12.22（a）中的圆弧 A，当光标移至圆弧相对的那一侧时，所标注是空段圆弧的弧长，如图 12.22（c）所示。

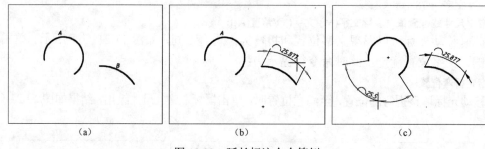

图 12.22 弧长标注命令简例

2. 角度标注

角度标注是通过 DIMANGULAR 命令实现的，其命令方式如下：

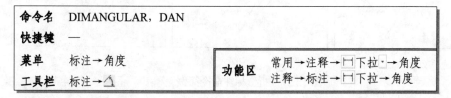

打开"线宽"显示，将当前图层切换到"粗实线"层。启动圆弧命令（ARC），任意绘制一段圆弧；启动直线命令（LINE），任意绘制一个角，如图 12.23（a）所示。将当前图层切换到"文字尺寸"层。

在命令行输入"DAN"并按【Enter】键，命令行提示为：

DIMANGULAR
选择圆弧、圆、直线或 <指定顶点>： 拾取图 12.23（a）中直线 AC
选择第二条直线： 拾取图 12.23（a）中直线 AB
指定标注弧线位置或 [多行文字(M)/文字(T)/角度(A)/象限点(Q)]： a✓
指定标注文字的角度： 0.01✓
指定标注弧线位置或 [多行文字(M)/文字(T)/角度(A)/象限点(Q)]：

此时移动光标，则有动态的角度尺寸跟随，如图 12.23（b）所示。需要说明的是，由两直线所构成的角有四个，当光标移至这些角范围内，角度尺寸会随之改变，如图 12.23（c）所示。当光标移至满意位置时，单击鼠标左键，尺寸绘出。

事实上，角度除可以由两直线构成外，也可以由顶点、两个端点构成，还可以由圆或圆弧构成，此时圆心就是角的顶点。重复角度标注命令，拾取图 12.23（a）中圆弧 DE，移动光标，则跟随的角度尺寸如图 12.24（a）所示。

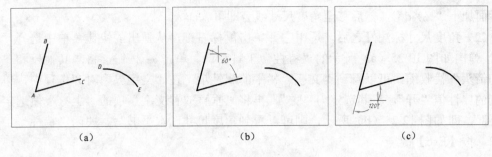

图 12.23　角度标注命令简例一

角度标注命令中有一些选项，其中，"多行文字"、"文字"和"角度"的含义前面已讨论过。这里来讲解"象限点"选项。

当拾取圆弧 DE 后，输入"Q"并按【Enter】键指定"象限点"选项，移动到圆弧外侧时单击鼠标左键指定"象限点"，则此时角度值被限定。若"DIMTMOVE"值为"0"，移动光标，则尺寸线和角度文字的位置都将随之改变。若"DIMTMOVE"值为默认的"1"，则移动光标，跟随的仅是角度文字，且成水平书写状态，如图 12.24（c）所示（图中"×"标记位置就是指定的"象限点"位置）。当光标移至满意位置时，单击鼠标左键，尺寸绘出。这样一来，就可以标注度数是水平书写的角度尺寸。例如，重复角度标注命令，按命令提示操作，结果如图 12.24（c）所示：

> 选择圆弧、圆、直线或 <指定顶点>：✓
> 指定角的顶点： 拾取图 12.24（b）的角点 A
> 指定角的第一个端点： 拾取图 12.24（b）的端点 C
> 指定角的第二个端点： 拾取图 12.24（b）的端点 B
> 指定标注弧线位置或 [多行文字(M)/文字(T)/角度(A)/象限点(Q)]：　q✓
> 指定象限点： 在图 12.24（b）"×"标记位置处指定一点
> 指定标注弧线位置或 [多行文字(M)/文字(T)/角度(A)/象限点(Q)]：　移动光标，文字跟随，在图 12.24（c）位置处单击鼠标左键，尺寸绘出。
> 标注文字 = 60

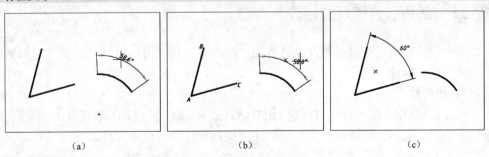

图 12.24　角度标注命令简例二

3. 角度数字水平书写的方法

从前面的角度标注命令来看，使用"角度"和"象限点"选项可以使角度数字水平书写。除此之外，还可以有下列两种方法。

（1）标注角度尺寸时，指定"文字"选项，输入空格并按【Enter】键，移动光标至尺寸线满意位置时单击鼠标左键，尺寸绘出。在任意位置用文字注写命令绘制角度数字（数字后面加上"%%d"），然后移至角度尺寸线旁即可。

（2）角度尺寸标注好之后，选中它并单击鼠标右键，从弹出的快捷菜单中选择"特性"，弹出如图 12.25（a）所示的"特性"工具窗口。单击 ▲ 按钮，将"其他"和"直线和箭头"栏收缩，可以看到"文字"栏中的属性项。在"文字界内对齐"项中，单击右侧的属性值"开"，将其选定为"关"，再将"垂直放置文字"项的"上方"值选定为"外部"，即如图 12.25（b）所示，则可以看到角度尺寸已水平书写。关闭"特性"工具窗口，按【Esc】键。

(a)　　　　　　　　　　　(b)

图 12.25　改变角度标注属性值

12.2.5　基线和连续尺寸标注

当多个尺寸共用一个基准线（尺寸界线）或是处于同一方向时，就需要进行"基线"和"连续"尺寸标注。

1. 基线标注

在 AutoCAD 中，基线标注是通过 DIMBASELINE 命令实现的。它将从上一个标注或选定标注的基线处创建线性标注、角度标注或坐标标注，其命令方式如下：

命令名	DIMBASELINE，DBA
快捷键	—
菜单	标注→基线
工具栏	标注→
功能区	注释→标注→ 下拉→基线

打开"线宽"显示，将当前图层切换到"粗实线"层。启动矩形命令（RECTANG），任意绘制三段矩形，如图 12.26（a）所示。将当前图层切换到"文字尺寸"层。

启动线性标注命令（DIMLINEAR），标注 AB 线段尺寸。然后在命令行输入"DBA"并按【Enter】键，命令行提示为：

DIMBASELINE
指定第二条尺寸界线原点或 [放弃(U)/选择(S)] <选择>:

此时移动光标，则自动选择 AB 线段尺寸的第一个拾取的 A 点所在的尺寸界线为基准线并开始下一点的线性标注，当指定图 12.26（a）中的 C 点时，线性尺寸绘出。命令行提示为：

标注文字 = 23.814
指定第二条尺寸界线原点或 [放弃(U)/选择(S)] <选择>:

移动光标，则继续以 A 点所在的尺寸界线为基准线开始下一点的线性标注，如图 12.26（b）所示。按【Esc】键退出基线标注。

当 AC 线性尺寸标注后，若要以 C 点所在的尺寸界线为基准线进行基线标注，则应如何实现呢？

在命令行输入"DBA"并按【Enter】键启动基线标注命令，按【Enter】键指定"选择"选项，则命令行提示为：

选择基准标注:

拾取 AC 线性尺寸的 C 点尺寸界线，此时移动光标，则以 C 点所在的尺寸界线为基准线开始下一点的线性标注，如图 12.26（c）所示。

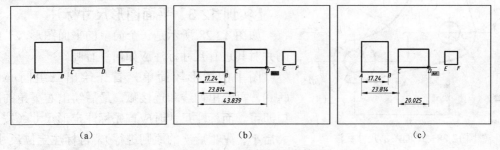

图 12.26 基线标注命令简例

2. 连续标注

连续标注是通过 DIMCONTINUE 命令实现的，其命令方式如下：

命令名	DIMCONTINUE, DCO		
快捷键	—		
菜单	标注→连续	功能区	注释→标注→
工具栏	标注→		

删除如图 12.26 所示中的其他尺寸，保留 AB 线段尺寸，如图 12.27（a）所示。在命令行输入"DCO"并按【Enter】键，命令行提示为：

DIMCONTINUE
选择连续标注:

拾取 AB 线性尺寸的 B 点尺寸界线，则命令行提示为：

指定第二条尺寸界线原点或 [放弃(U)/选择(S)] <选择>:

此时移动光标，则将选择 AB 线段尺寸的 B 点为下一个线性标注的第一点，当指定

图 12.27（a）中的 C 点时，线性尺寸绘出。此时移动光标，则自动将 C 点作为下一个线性标注的第一点，如图 12.27（c）所示。按【Esc】键退出。

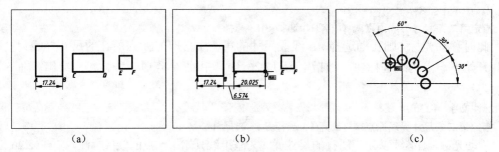

图 12.27　连续标注命令简例

从上述简例可看出，若上一次命令是尺寸标注，则基线或连续标注将自动选择尺寸界线作为下一个尺寸标注的第一条尺寸界线。但当上一次命令不是尺寸标注时，则基线或连续标注命令启动后将提示选择"基线"或"连续"标注。

需要说明的是，若上一次标注或选择的标注是角度尺寸时，则基线或连续标注的也是角度尺寸，如图 12.27（c）所示。

【实训 12.3】平面图形尺寸标注

如图 12.28 所示是一个简单的平面图形，若绘制并对其进行尺寸标注应如何进行呢？

图中的图形较简单，首先绘出三组同心圆（弧），再绘出切线和连接弧，最后绘出右下角的缺口即可。而标注尺寸时应首先标注定形尺寸（按先大后小、先主后次的原则进行），再标注定位尺寸，最后检查补漏。

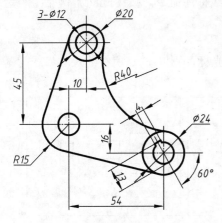

图 12.28　平面图形尺寸标注

1）准备绘图。

启动 AutoCAD 或重新建立一个默认文档，按标准要求建立文字尺寸、点画线和粗实线图层（这里的粗线线宽改为 0.5），草图设置对象捕捉左侧选项，建立"字母数字"文字样式，建立"ISO35"标注样式，绘制 150×100 图框并满显。

2）绘制基准及同心圆。

（1）将当前图层切换到"点画线"层。

（2）启动直线命令（LINE），在图框中间靠左位置绘制一对相互垂直中心点画线，长约 30。

（3）打开"线宽"显示，将当前图层切换到"粗实线"层。

（4）启动圆命令（CIRCLE），指定点画线交点为圆心，绘制 ϕ12 的圆，结果如图 a 所示。

（5）启动复制命令（COPY），拾取圆和所有点画线为源对象并结束拾取，指定圆心为基点，输入"@10,45"并按【Enter】键，输入"@54,-16"并按【Enter】键，退出复制命令。

（6）启动圆命令（CIRCLE），指定左侧圆的圆心为圆心，绘制 R15 的圆。

（7）重复圆命令，指定上面圆的圆心为圆心，绘制 ⌀20 的圆。

（8）重复圆命令，指定右侧圆的圆心为圆心，绘制 ⌀24 的圆，结果如图 b 所示。

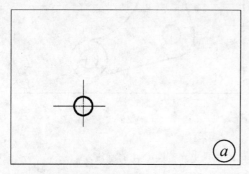
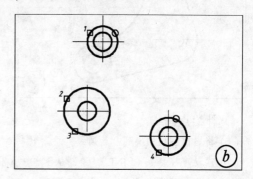

3）完善形状轮廓。

（1）绘出切线。

① 启动直线命令（LINE），绘制切线 12，退出直线命令。

② 重复直线命令，绘制切线 34，退出直线命令。

（2）绘制右侧 R40 连接弧。

① 启动圆命令（CIRCLE），输入"T"并按【Enter】键指定"切点、切点、半径"方式，分别在图 b 中小圆标记位置处拾取圆对象，输入"40"并按【Enter】键，圆绘出。结果如图 c 所示。

② 启动修剪命令（TRIM），拾取图 c 中有小圆标记的对象为剪切边对象（共四个）并结束拾取，在图 c 中小方框位置处拾取圆要修剪的部分（共两处），退出修剪命令，结果如图 d 所示。

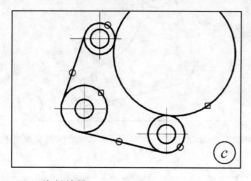
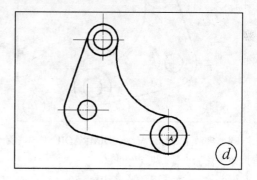

（3）绘制缺槽。

① 启动矩形命令（RECTANG），任意指定第一个角点，输入"@4,7"并按【Enter】键，矩形绘出。

② 启动移动命令（MOVE），拾取矩形并结束拾取，指定最下边的中点为基点，移至图 d 中 ⌀24 圆的圆心 A 处。

③ 启动旋转命令（ROTATE），拾取矩形并结束拾取，指定圆心 A 为基点，输入"30"并按【Enter】键，结果如图 e 所示。

④ 启动修剪命令（TRIM），拾取图 e 中有小圆标记的对象为剪切边对象（共四个）并结束拾取，参照如图 12.28 所示中缺槽形状拾取圆修剪的部分，退出修剪命令。

⑤ 删除未修剪掉的多余线条，结果如图 f 所示。

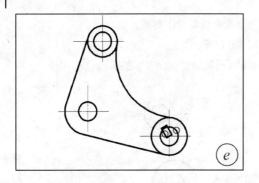
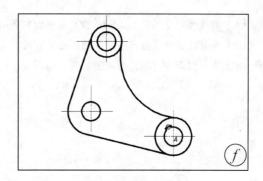

4)补绘点画线。

(1)将当前图层切换到"点画线"层。

(2)启动直线命令(LINE),绘制从图f中小圆标记的线段中点至圆心A的直线。

(3)退出直线命令后,选中它并通过端夹点进行拉伸,结果如图g所示。

5)标注所有圆和圆弧的定形尺寸。

(1)将当前图层切换到"文字尺寸"层。

(2)启动直径标注命令(DIMDIAMETER),按图g中小圆标记1位置拾取圆,输入"T"并按【Enter】键指定"文字"选项,输入"3-<>"并按【Enter】键,移动光标调整文字位置,单击鼠标左键,尺寸绘出。

(3)重复两次直径标注命令分别按图g中小圆标记2、3位置拾取圆,移动光标调整文字位置,单击鼠标左键,尺寸绘出,结果如图h所示。

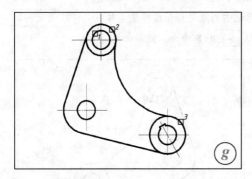
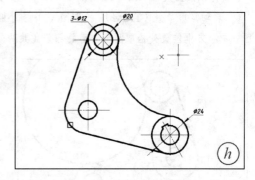

(4)启动半径标注命令(DIMRADIUS),按图h中小方框标记位置拾取圆弧,移动光标调整文字位置,单击鼠标左键,尺寸绘出。

(5)启动折弯标注命令(DIMJOGGED),拾取右上最大的R40圆弧,指定h中"×"标记位置点为图示中心位置,移动光标,调整折弯形状和文字位置,单击鼠标左键,再移动光标调整折弯位置,单击鼠标左键,尺寸绘出,结果如图i所示。

6)标注缺槽的定形尺寸。

(1)启动对齐标注命令(DIMALIGNED),指定图i中的端点A和B,向左上移动光标拉出尺寸线至满意位置时,单击鼠标左键,尺寸绘出。

(2)重复对齐标注命令,指定图i中的直线AB的中点和小圆标记处的交点,向左下移动光标拉出尺寸线至满意位置时,单击鼠标左键,尺寸绘出。

(3)启动角度标注命令(DIMANGULAR),按图i中小方框标记位置拾取直线,将光标移动右下角,输入"Q"并按【Enter】键指定"象限点",在右下角位置处单击鼠标左键,移动光标调整文字位置,至满意位置时单击鼠标左键,角度尺寸绘出,结果如图 j 所示。

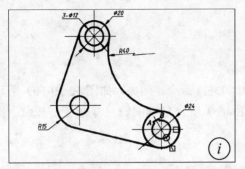
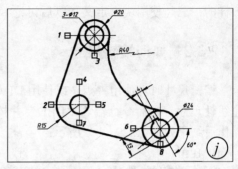

7)标注定位尺寸。

(1)在命令行输入"MULTIPLE"并按【Enter】键,输入要重复的线性标注命令"DLI"按【Enter】键。

(2)分别拾取图 j 中的小方框 1、2 位置点,拉出垂直尺寸至满意位置时单击鼠标左键。

(3)分别拾取小方框 3、4 位置点,拉出水平尺寸至满意位置时单击鼠标左键。

(4)分别拾取小方框 5、6 位置点,拉出垂直尺寸至满意位置时单击鼠标左键。

(5)分别拾取小方框 7、8 位置点,拉出水平尺寸至满意位置时单击鼠标左键,退出命令,结果如图 k 所示。

(6)单击图 k 中有小圆标记的尺寸对象,操作文字中的夹点,使文字位置与 3-ϕ12 尺寸平齐,按【Esc】键,结果如图 l 所示。

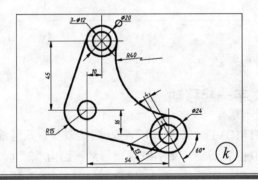
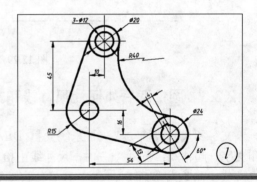

12.3 常见实训问题处理

在使用 AutoCAD 时,经常会出现一些问题,它们涉及许多方面,这里就尺寸和尺寸标注方面的一些操作问题进行分析和解答。

12.3.1 如何快速绘制圆的中心线

主要有三种方法,一是首先将点样设定为"+",然后启动点命令(POINT)在圆心绘出点即可,"点"无论是否在"点画线"层,绘制的样式十字线都不是点画线;二是首先在尺寸样式"符号和箭头"页面中设置"圆心标记",然后在"点画线"层中使用圆心标记标注命令（DIMCENTER），标注所拾取的圆对象即可，但大小对于同一样式来说都是一样的；三是使用块来定义（以后讨论）。

12.3.2 如何编辑尺寸

编辑尺寸时可使用夹点，或使用 DIMEDIT/DED 命令。例如，如图 12.29（a）所示标注线性尺寸，在命令行输入"DED"并按【Enter】键，启动编辑尺寸命令，按命令提示操作后结果如图 12.29（b）所示：

DIMEDIT
输入标注编辑类型 [默认(H)/新建(N)/旋转(R)/倾斜(O)] <默认>: o✓
选择对象: 拾取标注的尺寸 找到 1 个
选择对象: ✓
输入倾斜角度 (按 ENTER 表示无): 30✓

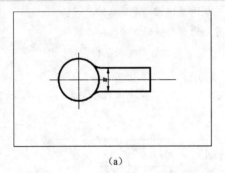
(a)
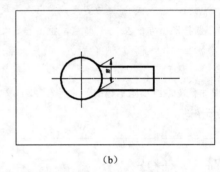
(b)

图 12.29 编辑尺寸

12.3.3 圆拾取后如何让尺寸线和文字一起移动

文字和尺寸线移动取决于系统变量 DIMTMOVE。当为"0"时，圆拾取后，尺寸线和文字一起移动；当为"1"时，尺寸线由拾取位置而定，文字按规则移动；当为"2"时，尺寸线由拾取位置而定，文字可单独自动移动（老版本 AutoCAD 中，如 2007 版，DIMTMOVE 的值只能为"0"或"1"）。

思考与练习

（1）尺寸有哪些组成部分？在尺寸样式设置中，尺寸各部分要素是如何设置的？
（2）说明尺寸样式切换、删除、修改等操作是怎样进行的？
（3）基准标准和连续标注有什么区别？
（4）绘制如题图 12.1 所示的平面图形并标注尺寸（尺寸线终端变成点的方法有①设置尺寸特性；②分解尺寸，使用 DONUT 命令绘制点）。

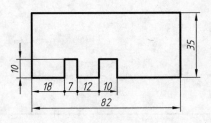

题图 12.1

（5）绘制如题图 12.2～题图 12.5 所示的平面图形并标注尺寸。

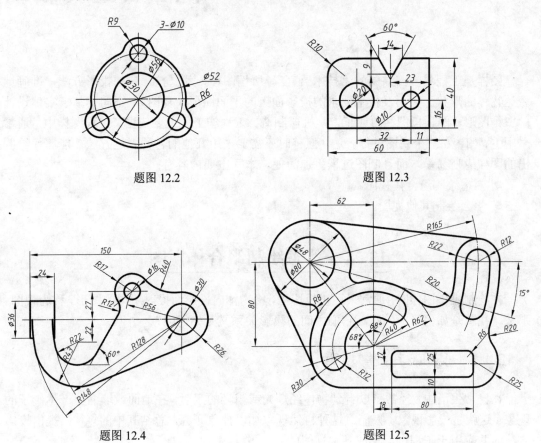

题图 12.2　　　　　题图 12.3

题图 12.4　　　　　题图 12.5

第 13 章

视图表达与绘制

图样是工程界一门共同的"技术语言"。所谓图样，就是按一定的投影方法，准确地表达物体的形状、大小及技术要求的投影面上的平面图形（视图）。不同于基于实体设计的三维图形，图样构图简单明了，是机器制造、工程施工的主要依据。工程图样中，通常采用主、俯、左三个视图进行表达，但有时还需要采用其他的各种表达方法才能够使绘制出的图样清晰易懂，而且制图过程更加简便。本章主要内容有：

- 熟悉绘制组合体视图。
- 学会绘制其他视图。

13.1 熟悉绘制组合体视图

在绘制机械图样时，通常采用正投影法，将物体向投影面投射所得的图形，称为视图。那么，视图是如何形成的呢？它们之间的投影关系又是如何呢？

13.1.1 视图及其投影规律

在日常生活中，经常可以看到物体经灯光或阳光的照射，在地面或墙面上产生影子的现象，这就是投影现象。人们对这种自然现象加以抽象研究，总结其中的规律，提出投影方法，并应用于工程上，形成各种视图的表示方法。

由于空间的物体可用面来表达，而面又可由线和点来表达，因此当将物体向三投影面体系投射后，可用其点线面投影来表达，从而得到物体的三面投影。其中，正面投影称为**主视图**，水平投影称为**俯视图**，侧面投影称为**左视图**，如图 13.1（a）所示。

在工程上，视图主要用来表达物体的形状，而没有必要表达物体与投影面间的距离，因此在绘制视图时不必绘制出投影轴；为了使视图清晰，也不必绘制出投影间的连线，如图 13.1（b）所示。视图间的距离可根据图纸幅面、尺寸标注等因素来确定。

虽然在绘制三视图时取消了投影轴和投影间的连线，但三视图间仍应保持各投影之间的位置关系和投影规律，如图 13.2 所示，三视图的位置关系为，俯视图在主视图的正下方；左视图在主视图的正右方。国标规定按这种位置配置的视图一律不标注视图的名称。

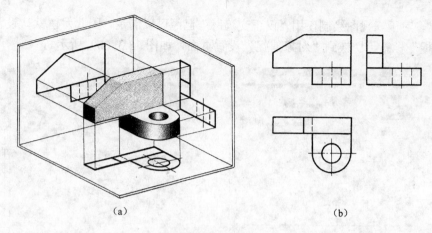

图 13.1 物体的三视图

事实上，从三面投影规律可以得到下列结论：

（1）主视图反映了物体上下（z）、左右（x）的位置关系，即反映了物体的高度和长度；

（2）俯视图反映了物体左右（x）、前后（y）的位置关系，即反映了物体的长度和宽度；

（3）左视图反映了物体上下（z）、前后（y）的位置关系，即反映了物体的高度和宽度。

这样，三视图之间的投影规律为，主俯视图**长对正**；主左视图**高平齐**；俯左视图**宽相等**。需要说明的是，俯视图的下面及左视图的右边都是反映物体的前面，一定要注意它们这种前后对应关系，在俯、左视图量取宽度时，不仅要注意量取的起点，还要注意量取的方向。

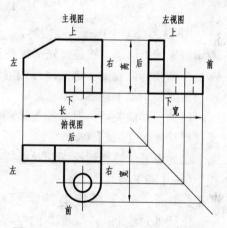

图 13.2 三视图的位置关系和投影规律

需要强调的是，"长对正、高平齐、宽相等且前后关系对应"是绘图和看图必须遵循的最基本的投影规律。不仅整个物体的投影要符合这个规律，物体上的点、线、面及其他局部结构的投影也必须符合这个规律。

13.1.2 对象捕捉追踪

在 AutoCAD 中，可以通过启动许多辅助（线）来帮助精确绘图。极轴追踪和正交模式用来提供限制某一个角度方向的长度输入，对象捕捉则为绘图时的精确定位提供帮助。而"对象捕捉追踪"则是"角度"与"位置"的一种综合，在多视图绘制中特别有用。

在状态栏区左边的"捕捉"、"栅格"、"极轴"、"对象捕捉"或"对象追踪"等图标（或窗格文字）上单击鼠标右键，从弹出的快捷菜中选择"设置"命令，打开"草图设置"对话框。

单击"极轴追踪"标签，切换到"极轴追踪"设置页面，如图 13.3（a）所示。其中，"对象捕捉追踪设置"包括两个选项，"仅正交追踪"和"用所有极轴角设置追踪"。

通常，对于三视图绘制使用"仅正交追踪"已经可以满足，因此保留默认设置。单击"对象捕捉"标签，切换到"对象捕捉"设置页面，如图 13.3（b）所示。

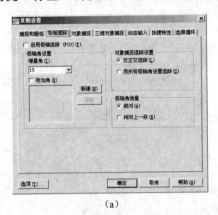 

（a）　　　　　　　　　　　　　　　（b）

图 13.3 "草图设置"对话框

图 13.3（b）中包括两项内容，一是对象捕捉；二是对象捕捉追踪。从这里可以发现，所谓对象捕捉追踪，就是首先捕捉到对象的特征点，然后从特征点引发的角度（正交）追踪线，当光标位置处于这些追踪线附近时，则自动吸附。

需要强调如下内容。

（1）启动或关闭"对象捕捉追踪"可单击状态栏上的"对象捕捉追踪"图标按钮，或使用功能键【F11】键。

（2）为了能够自动捕捉到对象特征点，应在启动"对象捕捉追踪"之前开启"对象捕捉"（按【F3】键）。

【实训 13.1】捕捉追踪绘图

下面通过绘制一个"圆"的左右视图来学习对象捕捉追踪的用法。

步骤

1）准备绘图。

（1）启动 AutoCAD 或重新建立一个默认文档，按标准要求建立"点画线"和"粗实线"图层（这里的粗线线宽改为 0.5），**草图设置对象捕捉左侧选项，绘制 100×75 图框并满显**。

（2）按【F10】键关闭"极轴追踪"，若提示出现"<极轴 开>"，则再按一次【F10】键。按【F11】键启动"对象捕捉追踪"，若提示出现"<对象捕捉追踪 关>"，则再按一次【F11】键。按【F3】键启动"对象捕捉"，若提示出现"<对象捕捉 关>"，则再按一次【F3】键。

2）绘制圆柱的主视图轮廓线，如图 a 所示。

（1）打开"线宽"显示，将当前图层切换到"粗实线"层。

（2）启动圆命令（CIRCLE），在图框中间偏左位置绘制直径为 $\phi 40$ 的圆，用于作为一个厚为 10 的圆柱的主视图。

3）绘制圆柱的左视图轮廓线。

（1）测试"对象捕捉追踪"的用法。

① 启动矩形命令（RECTANG），将光标移至图 a 小圆标记 1 处的象限点，当出现"象限点"捕捉

图符时,或稍等片刻后光标旁出现"象限点"提示时,表示可以"追踪"此点。

② 向右水平移动光标,出现"象限点"水平追踪线,光标旁动态显示 象限点:…<0° 结果,结果如图 b 所示。

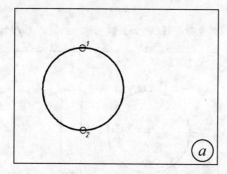
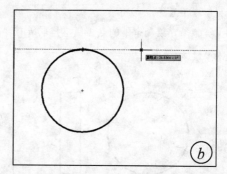

③ 再将光标移至图 a 小圆标记 1 处的象限点,当出现"象限点"捕捉图符或稍等片刻后光标旁出现"象限点"提示时,该"象限点"追踪将自动取消。由此可见,对于某点来说,偶数次捕捉是取消追踪,而奇数次捕捉是实施追踪。退出矩形命令。

(2) 绘制定位点。

① 在命令行直接输入"DDPTYPE"并按【Enter】键,弹出"点样式"对话框。在对话框中,指定"×"点样式,并按绝对单位指定设定其大小为 3,单击 确定 按钮。

② 在命令行直接输入"PO"并按【Enter】键启动单点命令,将光标移到图 a 小圆标记 1 处的象限点,当出现"象限点"捕捉图符时向右水平移动光标,沿"象限点"水平追踪线至适当位置单击鼠标左键,点绘出。

③ 拾取刚绘出的点,进入夹点模式,单击夹点,输入"MO"并按【Enter】键指定"移动"模式,输入"C"并按【Enter】键指定"复制"选项。

④ 将光标移到新绘出的点处,当出现"节点"捕捉图符时,向右水平移动光标,当出现 节点:…<0° 追踪线时,如图 c 所示,输入"10"并按【Enter】键,按两次【Esc】键退出夹点模式。

(3) 启动矩形命令(RECTANG),指定图 c 中的 A 点为第一个角点,移动光标至图 c 小圆标记 2 处的象限点,当出现"象限点"捕捉图符时移动光标至 B 点,当出现"节点"捕捉图符时,向下移动光标,当移至与象限点 2 成水平位置时,光标自动被吸附并出现在"象限点"水平追踪线上,结果如图 d 所示。两条追踪线的交点就是要指定的矩形的对角点,此时单击鼠标左键,矩形绘出。

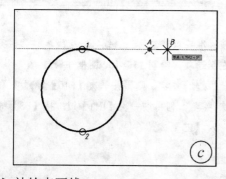
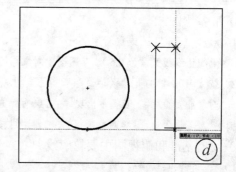

4)补绘点画线。

(1) 将当前图层切换为"点画线"层。

（2）启动直线命令（LINE），将光标移至图 c 小圆标记 1 处的象限点，当出现"象限点"捕捉图符时向上移动光标，当距离为 3～5 时，单击鼠标左键指定第一点，向下移动光标，当移至象限点 2 时，稍停留片刻，当出现"象限点"提示时，向下移动光标，当距离为 3～5 时，如图 e 所示，单击鼠标左键，直线绘出，退出直线命令。

（3）类似地，绘制余下的点画线，拾取所有"点"对象并按【Delete】键删除，结果如图 f 所示。

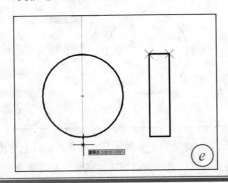 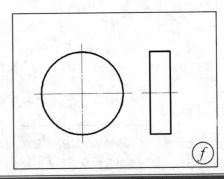

【结论】

由此可见，实际应用时，对象捕捉追踪的使用可归纳为以下三点。

① 当捕捉到某点时，出现点捕捉图符或稍等片刻后在光标旁出现"点名称"提示时，追踪开始。

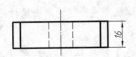

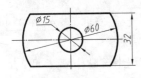

图 13.4 底板

② 若需要其他点的追踪，则继续第①步；若取消该点的追踪，则再移至该点处直到出现点捕捉图符或提示为止。

③ 移动光标使追踪线出现，并以此进行下一步操作。

【实训 13.2】二视图绘制

对于组合体的表达，并非都需要三个视图，有时两个视图就可以了。例如，使用主、俯视图或主、左视图来表达等。

对于这种二视图的绘制，通过极轴追踪、对象捕捉和对象捕捉追踪，可较容易地根据投影规律画出来。例如，绘制如图 13.4 所示的底板的主、俯视图可有下列步骤。

步骤

1）准备绘图。

（1）启动 AutoCAD 或重新建立一个默认文档，按标准要求建立"点画线"、"虚线"和"粗实线"图层（这里的粗线线宽改为 0.5），**草图设置对象捕捉左侧选项，绘制 150×100 图框**并满显。

（2）按【F10】键打开"极轴追踪"，若提示出现"<极轴 关>"，则再按一次【F10】键。按【F11】键启动"对象捕捉追踪"，若提示出现"<对象捕捉追踪 关>"，则再按一次【F11】键。按【F3】键启动"对象捕捉"，若提示出现"<对象捕捉 关>"，则再按一次【F3】键。

2）绘制基准和俯视图主要轮廓线。

（1）将当前图层切换到"点画线"层。

（2）使用直线命令（LINE），在图框中间偏下位置处绘制两条相互垂直的点画线，水平点画线长约 70，竖直点画线长约 40。

（3）打开"线宽"显示，将当前图层切换到"粗实线"层。

（4）使用圆命令（CIRCLE），指定点画线交点为基点，分别绘出直径ϕ15和ϕ60的圆，如图 a 所示。

（5）启动偏移命令（OFFSET），指定偏移距离为16，拾取图 a 有小方框标记的水平点画线，向上偏移，再拾取水平点画线，向下偏移。退出偏移命令，结果如图 b 所示。

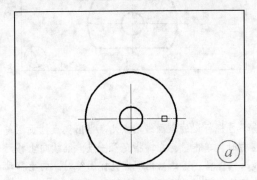 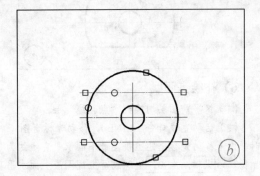

3）完善俯视图轮廓线。

（1）启动修剪命令（TRIM），拾取图 b 中有小圆标记的对象为剪切边对象（共三个）并结束拾取，按图 b 中小方框位置拾取要修剪的部分（共六处），退出修剪命令，结果如图 c 所示。

（2）拾取图 c 中有小方框标记的点画线，将其图层改为"粗实线"层，按【Esc】键。

4）绘制主视图外框轮廓线。

（1）启动直线命令（LINE），移动光标至图 c 中的交点 1 位置，当出现点捕捉图符时，向上移动光标至距俯视图约 20 时（即跟随光标提示中显示的距离为 36 左右）单击鼠标左键指定第一点。

（2）先将光标移至交点 2 位置，当出现点捕捉图符时，向上移动光标至 极轴:…<0° 追踪线交点时，如图 d 所示，单击鼠标左键，水平直线绘出。

（3）继续向上移动光标，当出现 极轴:…<90° 追踪线时，输入"16"并按【Enter】键，竖直线绘出。

（4）再将光标移至交点 1 位置，当出现点捕捉图符时，向上移动光标至 极轴:…<180° 追踪线交点时单击鼠标左键，向左的水平直线绘出。输入"C"并【Enter】键，结果如图 e 所示。

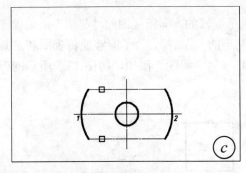 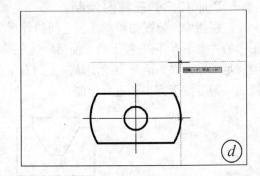

5）绘制主视图虚线。

（1）将当前图层切换到"虚线"层。

（2）启动直线命令（LINE），移动光标至图 e 中的交点 3 位置，当出现点捕捉图符时，向上移动光标至有小方框标记的水平直线的交点时，单击鼠标左键指定第一点；继续向上移动光标，至小圆标记水平直线交点时，如图 f 所示，单击鼠标左键，虚线绘出，退出直线命令。

（3）类似地，使用直线命令从交点 4 位置追踪，绘出另一条虚线，结果如图 g 所示。

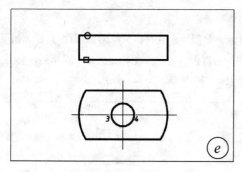
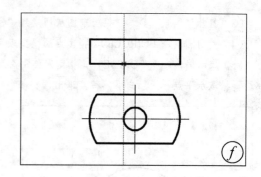

6）补绘点画线。

（1）将当前图层切换到"点画线"层。

（2）启动直线命令（LINE），移动光标至图 g 中有小方框标记的点画线端点处，当出现点捕捉图符时，向上移动光标至距主视图最下面水平直线约为 3 左右时，单击鼠标左键指定第一点；继续向上移动光标，沿 极轴:...<90° 追踪线至主视图最上面水平直线时稍停留一下，当出现点捕捉图符时，向上移动光标约为 3 左右时，如图 h 所示，单击鼠标左键，点画线绘出，退出 直线命令。

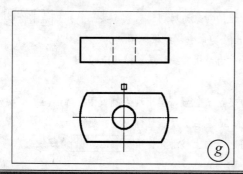
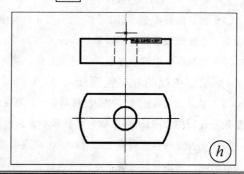

【实训 13.2】图 h 的主视图中还缺两条线，能看出来吗？请将它们绘制出来！

【实训 13.3】三视图绘制

三视图中，俯视图和左视图之间的前后关系是旋转的，即俯视图的"前后"是俯视图图形的"上下"，而左视图的"前后"是左视图图形的"左右"。为了能够使俯视图和左视图满足投影关系，通常要绘制从左上到右下的 45°辅助斜线。例如，如图 13.5 所示的三视图，则可按下列步骤进行绘制。

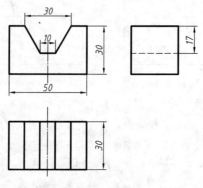

图 13.5 三视图

第 13 章 视图表达与绘制

步骤

1）准备绘图。

（1）启动 AutoCAD 或重新建立一个默认文档，按标准要求建立"点画线"、"虚线"和"粗实线"图层（这里的粗线线宽改为 0.5），**草图设置对象捕捉左侧选项，绘制 150×100 图框并满显。**

（2）检查并打开"极轴追踪"、"对象捕捉"和"对象捕捉追踪"。

2）绘制主、俯视图主要轮廓线并作辅助线。

（1）打开"线宽"显示，将当前图层切换到"粗实线"层。

（2）使用矩形命令（RECTANG）在左上角绘制一个 50×30 的矩形。

（3）因为俯视图的宽度也是 30，所以使用复制命令（COPY），将矩形向下平移复制，结果如图 a 所示。

（4）将当前图层切换到"0"层，使用直线命令（LINE），在右下角绘制 45° 斜线，同时分别从图 a 中的角点 1 和 2 绘出水平线至 45° 斜线上有交点为止，结果如图 b 所示。

3）绘制左视图主要轮廓线。

（1）将当前图层切回到"粗实线"层。

（2）启动矩形命令（RECTANG），移动光标分别在图 b 中位置点 3 和 5 停留片刻，直至出现点捕捉图符或点名称提示。

（3）在位置点 3 和 5 正交追踪线交点处单击鼠标左键指定第一个角点。

（4）移动光标分别在位置点 4 和 6 停留片刻，直至出现点捕捉图符或点名称提示。

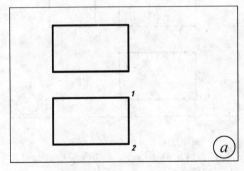 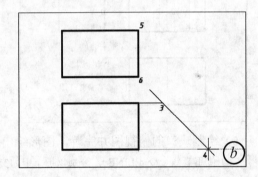

（5）当光标处在位置点 3 和 5 正交追踪线交点时，如图 c 所示，单击鼠标左键指定对角点，矩形绘出。

4）绘制缺口视图的辅助线。

（1）将当前图层切换到"点画线"层。

（2）用直线命令（LINE）绘制三条点画线，图 c 中 3、4 中点连线，5、6 中点连线和 1、2 端点连线。

（3）拾取 1、2 端点连线，单击中点夹点为热夹点，向下移动光标，当出现**极轴：...<270°** 追踪线时输入"17"并按【Enter】键，按【Esc】键退出，结果如图 d 所示。

（4）拾取图 d 中的 1、2 端点连线，单击左端点夹点为热夹点，水平拉伸至主视图最左侧竖直线，按【Esc】键退出。

（5）启动偏移命令（OFFSET），指定偏移距离为 5，拾取 3、4 中点连线，在其左侧位置单击鼠标左键，再拾取 3、4 中点连线，在其右侧位置单击鼠标左键，退出偏移命令。

（6）重复偏移命令，指定偏移距离为 15，拾取 3、4 中点连线，在其左侧位置单击鼠标左键，再拾取 3、4 中点连线，在其右侧位置单击鼠标左键，退出偏移命令，结果如图 e 所示。

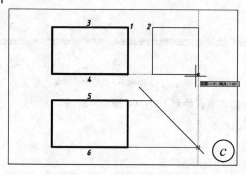
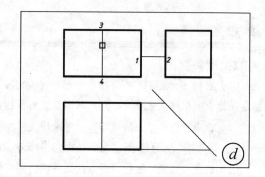

5）绘制缺口的左视图和主视图。

（1）将当前图层切换到"虚线"层。

（2）使用直线命令（LINE）绘制图 e 中的 AB 水平线。

（3）将当前图层切换到"粗实线"层。

（4）启动直线命令（LINE），指定图 e 中的交点 1 为第一点，分别绘线至交点 2、3 和 4。退出直线命令，结果如图 f 所示。

（5）启动修剪命令（TRIM），拾取图 f 中小圆标记 A 和 B 的对象为剪切边对象并结束拾取，按图 f 主视图中小方框位置拾取要修剪的部分（共一处），退出修剪命令。

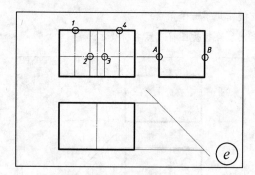
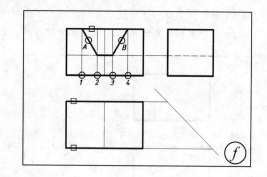

6）绘制缺口的俯视图并完善，图形绘出。

（1）使用直线命令（LINE），分别以图 f 中的交点 1、2、3 和 4 为追踪点，在俯视图中"长对正"绘制从方框标记的两线之间的竖直线，结果如图 g 所示。

（2）拾取图 g 中有小方框标记的对象，按【Delete】键删除。利用夹点调整图 g 中有小圆标记的点画线的大小和位置，结果如图 h 所示，三视图绘出。

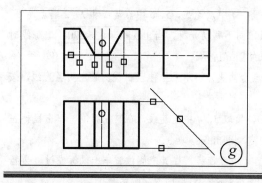
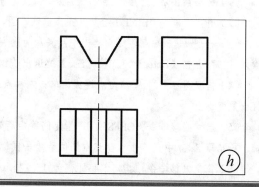

【实训 13.4】组合体视图绘制

大多数机器零件都可以看作是由一些基本形体经过结合、切割、穿孔等方式组合而成的组合体。正是因为如此，绘制组合体视图是绘制零件图的重要基础。在绘制组合体视图时，应按下列步骤进行。

（1）选择适当的比例和图纸大小，布置视图的位置，确定各视图主要中心线或定位线的位置。

（2）按形体分析法，从主要的形体着手，按各基本形体之间的相对位置，逐个绘制出它们的视图。为了提高绘图速度和保证视图间的投影关系，对于各个基本形体，应尽可能做到三个视图同时绘制。

（3）完成初稿后，必须仔细检查，修改错误或不妥之处，完善组合体的三个视图。

例如，如图 13.6 所示是一个组合体的轴测图（大箭头所指的方向是主视图的投影方向），可将其分为竖板和底板两部分，其三视图绘制步骤如下。

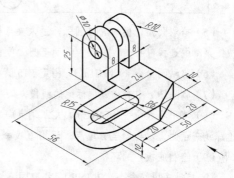

图 13.6 组合体

1）准备绘图。

（1）按 1∶1 计算三个视图所占的范围。

主视图长为 50+15=65，高为 25+10=35；俯视图长为 65，宽为 56；左视图高为 35，宽为 56。这样一来，图形总的长度为 65+56=121，高度为 35+56=91。因此，在练习时可选择 **210×150** 大小的练习图纸。

（2）启动 AutoCAD 或重新建立一个默认文档，按标准要求建立"点画线"、"虚线"和"粗实线"图层（这里的粗线线宽改为 0.5），草图设置对象捕捉左侧选项，绘制 210×150 图框并满显。

（3）检查并打开"极轴追踪"、"对象捕捉"和"对象捕捉追踪"。

2）布局视图并绘制辅助斜线。

（1）将当前图层切换到"0"层。

（2）使用矩形命令（RECTANG）首先绘制三个矩形用来表示视图的范围，大小分别为 65×35（主）、65×56（俯）和 56×35（左）。

（3）调整矩形位置（布局）并注意它们的投影关系，结果如图 a 所示。

（4）启动直线命令（LINE），捕捉图 a 角点 1 的水平追踪线和角点 2 的竖直追踪线的交点为第一点，如图 b 所示，向右下方向绘制 45°辅助斜线，退出直线命令。

3）绘制底板的俯视图。

（1）启动分解命令（EXPLOD），拾取三个矩形并结束拾取，矩形被分解。

（2）打开"线宽"显示，将当前图层切换到"粗实线"层。

（3）启动圆角命令（FILLET），指定半径为 15，按图 b 小方框位置拾取直线，圆角绘出。

（4）启动倒角命令（CHAMFER），输入"D"并按【Enter】键指定"距离"选项，指定第一个倒角距离为 20，第二个倒角距离为 10，按图 b 小圆标记 1、2 次序的位置拾取直线，倒角绘出。

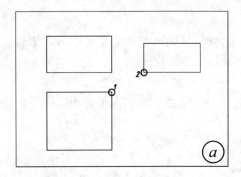
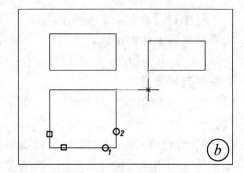

(5) 拾取圆角作出的 R15 圆弧，进入夹点模式，将光标在圆弧上面的端点夹点停留片刻，从弹出的快捷菜单中选择"拉长"命令，移动至圆心位置正上方，使其变为半个圆，按【Esc】键退出夹点模式。

(6) 启动圆命令（CIRCLE），指定 R15 圆心为圆心，绘出半径为 6 的圆，结果如图 c 所示。

(7) 删除图 c 中有小方框标记的线段。

(8) 使用直线命令（LINE），从 A 端点向左绘出 24 长的水平直线，向下绘制，直至与 B 端点水平追踪线交点为止，再绘至 B 端点，退出直线命令。

(9) 绘制底板中的环槽。

① 启动多段线命令（PLINE），拾取图 c 中 1 位置的象限点为第一点，向右水平移动光标，当出现极轴:…<0° 追踪线时输入 "20" 并按【Enter】键。

② 输入 "A" 并按【Enter】键指定"圆弧"选项，向上移动光标，当出现极轴:…<90° 追踪线时输入 "12" 并按【Enter】键。

③ 输入 "L" 并按【Enter】键指定"直线"选项，将光标移至图 c 中 2 位置的象限点单击鼠标左键，如图 d 所示，退出多段线命令。

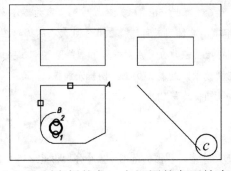
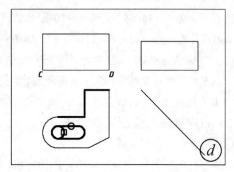

4）绘制底板的主、左视图的主要轮廓线。

(1) 将俯视图中所有 "0" 层的图线改为 "粗实线" 层。

(2) 启动修剪命令（TRIM），拾取图 d 中小圆标记的多段线对象为剪切边对象并结束拾取，按图 d 中小方框位置拾取要修剪的部分（共一处），退出修剪命令。

(3) 启动直线命令（LINE），从端点 C 向上绘制高为 10 的竖直线，再向右绘制水平线至 D 边交点为止，退出直线命令，结果如图 e 所示。

(4) 将当前图层切换到 "0" 层。使用直线命令（LINE），从图 e 中交点 1 绘制水平线至 45° 辅助斜线交点为止，退出直线命令。将当前图层切回到 "粗实线" 层。

(5) 启动直线命令（LINE），从端点 E 向上绘至 D 点水平追踪线交点，向左水平绘线至 2 点竖直追踪线交点，再向下绘线至有小方框标记的边交点为止，退出直线命令，结果如图 f 所示。

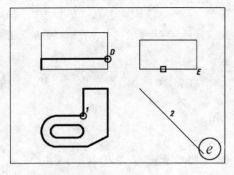
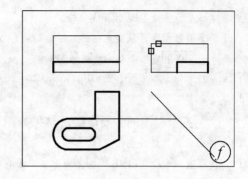

5）绘制竖板的左视图。

（1）启动圆角命令（FILLET），指定半径为 R10，按图 f 小方框位置拾取直线。

（2）拾取圆角绘出的 R10 圆弧，将光标在右上端夹点停留片刻，从弹出的快捷菜单中选择"拉长"命令，移动至圆心位置，使其变为半个圆，按【Esc】键退出夹点模式。

（3）启动圆命令（CIRCLE），指定 R10 圆心为圆心，绘出直径为 ϕ10 的圆，结果如图 g 所示。

（4）删除图 g 中有小方框标记的线段。

（5）将左视图中所有"0"层的图线改为"粗实线"层。

（6）启动直线命令（LINE），从圆弧端点 1 向下绘制竖直线至端点 2 的水平追踪线交点为止，再绘至端点 2，退出直线命令，结果如图 h 所示。

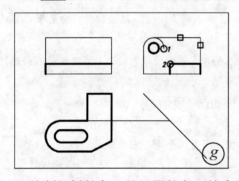
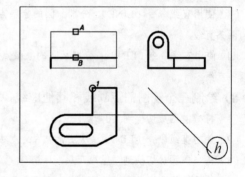

6）绘制竖板的主、俯视图的主要轮廓线。

（1）启动直线命令（LINE），指定图 h 中端点 1 的竖直追踪线与 B 线的交点为第一点，向上绘制竖直线至 A 边交点，向右绘制长为 8 的水平线，再向下绘制竖直线至 B 线交点，退出直线命令，结果如图 i 所示。

（2）启动修剪命令（TRIM），拾取图 i 中的 B 线为剪切边对象并结束拾取，拾取 HC 线段为修剪的部分，退出修剪命令。

（3）启动复制命令（COPY），拾取图 i 中有小方框标记的对象并结束拾取，指定 G 点为基点，移至 H 点单击鼠标左键，退出复制命令。

（4）删除主视图中小圆标记 D 和 E 的两条线段。

（5）将主视图中所有"0"层的图线改为"粗实线"层。

（6）将当前图层切换到"0"层，使用直线命令（LINE），从图 i 中的交点 1 绘出竖直线至 45°斜线交点 2 为止。将当前图层切回到"粗实线"层。

（7）使用直线命令（LINE），从交点 2 的水平追踪线与 3 线交点开始向左绘长为 8 的水平线，再绘竖直线至4线交点为止，退出直线命令。

（8）重复直线命令，从交点2的水平追踪线与5线交点开始向右绘长为8的水平线，再绘竖直线至4线交点为止，退出直线命令。结果如图j所示。

（9）启动直线命令（LINE），从图j中交点1的竖直追踪线与A线的交点绘至与B线的交点的直线，退出直线命令。

7）绘制三个视图的主要虚线，结果如图k所示。

（1）将当前图层切换到"虚线"层。

（2）使用直线命令（LINE），分别从图j中圆的象限点2、3的竖直追踪线与A线的交点绘至与B线的交点的两条直线。

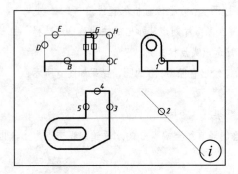
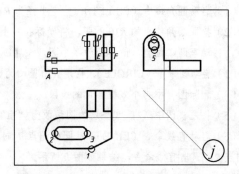

（3）使用直线命令（LINE），分别从圆的象限点4、5的水平追踪线与D线的交点绘至与C线的交点的两条直线。

（4）使用直线命令（LINE），分别从圆的象限点4、5的水平追踪线与F线的交点绘至与E线的交点的两条直线。

8）绘制三个视图的点画线和其他虚线，结果如图l所示。

（1）将当前图层切换到"0"层。

（2）使用直线命令（LINE），从图k中的交点1绘出水平直线至45°斜线交点2为止。

（3）将当前图层切换到"虚线"层。

（4）使用直线命令（LINE），从交点2的竖直追踪线与A线的交点绘至与B线的交点的直线。

（5）重复直线命令，从交点3开始绘至3的水平追踪线与C线的交点的直线。

（6）将当前图层切换到"点画线"层。

（7）使用直线命令（LINE），根据圆心4的水平追踪线，在主视图中绘出竖直板的两条中心点画线。

（8）启动复制命令（COPY），拾取主视图中有小方框标记的线段对象（包括刚绘出的两条点画线）并结束拾取，指定交点5为基点，复制至俯视图中交点6处。退出复制命令。

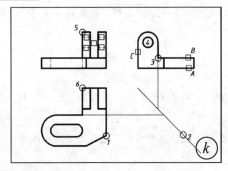
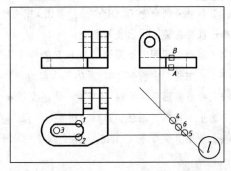

9）完善视图，图形绘出。

（1）将当前图层切换到"0"层。

（2）使用直线命令（LINE），分别从图 *l* 中的端点 *1*、*2* 和圆心 *3* 绘出水平直线至 45° 斜线交点 *4*、*5* 和 *6* 为止。

（3）将当前图层切换到"虚线"层。

（4）使用直线命令（LINE），分别从交点 *4*、*5* 的竖直追踪线与 *A* 线的交点绘至与 *B* 线的交点的两条直线。

（5）将当前图层切换到"点画线"层。

（6）使用直线命令（LINE），从交点 *6* 的竖直追踪线与 *A* 线的交点绘至与 *B* 线的交点的直线。结果如图 *m* 所示。

（7）补全所缺的点画线，删除所作的辅助线，结果如图 *n* 所示，三视图绘出。

（8）将绘制好的图形保存为 Ex13_04.dwg。

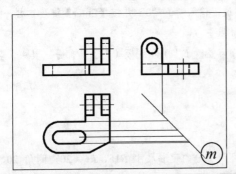 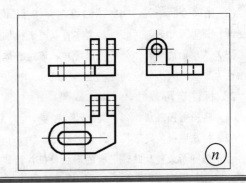

在【实训 13.4】中，最后的补绘点画线没有给出详细的绘制方法，请完成！

【实训 13.5】组合体尺寸标注

标注组合体尺寸时，一要标注完整，二要尺寸安排清晰。

1. 尺寸标注要完整

为了达到尺寸的完整要求，应首先按形体分析法将组合体分解为若干基本形体，再标注出表示各基本形体大小的尺寸及确定这些基本形体间相互位置的尺寸。通常，组合体应注全如下三种尺寸。

（1）定形尺寸——决定组合体各基本体形状及大小的尺寸。

（2）定位尺寸——决定基本体在组合体中相互位置的尺寸。

（3）总体尺寸——组合体外形的总长、总宽、总高尺寸。

在标注定位尺寸时，必须在长、宽、高方向上分别确定一个尺寸基准即标注尺寸的起点。通常将组合体的底面、重要端面、对称平面及回转体的轴线等作为尺寸基准。

这里必须注意在标注定位尺寸和总体尺寸的同时，不能出现多余或重复尺寸。

2. 尺寸安排要清晰

为了便于读图，还应考虑以下几个方面，以使得尺寸的布置整齐清晰。

① 尺寸应尽量标注在视图外面，并位于两视图之间。

② 每一个形体的尺寸，应尽量集中标注在反映该形体特征的视图上。
③ 同轴回转体的尺寸尽量标注在非圆视图上。
④ 尺寸应尽量避免标注在虚线上。
⑤ 为了避免标注零乱，同一方向的几个连续尺寸应尽量标注在同一条尺寸线上。
⑥ 尽量避免尺寸线与尺寸线或尺寸界线相交。一组相互平行的尺寸应按小尺寸在内、大尺寸在外的规则排列。

下面以如图 13.6 所示的组合体为例，说明尺寸标注的方法和过程。

步骤

1）准备绘图。

（1）启动 AutoCAD，打开前面已做的 Ex13_04.dwg 文件，按标准要求添加"文字尺寸"图层，**建立"字母数字"文字样式，建立"ISO35"标注样式。**

（2）在命令行输入"DIMTMOVE"并按【Enter】键，输入新值"0"并按【Enter】键，这样一来，标注圆和圆弧尺寸时，尺寸线和文字可以随光标位置而调整。

（3）从前面的组合体分析可以得知，该组合体可分为竖板（上）和底板（下）两部分。其中，竖板又由两个形状、大小都一样的"竖耳"组成。

2）标注定形尺寸。

（1）将当前图层切换到"文字尺寸"层。

（2）标注底板的定形尺寸。

由于俯视图最能反映该底板的形状特征，所以其环形部分的定形尺寸 R15、R6、20，倒角 20、10 及 24、56 尺寸应标注在俯视图上，且由于 R15、R6 为同心圆弧，所以应尽可能集中，且在竖直方向对齐，结果如图 a 所示（为突出尺寸，将"粗实线"等图层颜色调淡一些）。

（3）标注竖耳的定形尺寸。

由于组合体上部分的"竖耳"在左视图上反映其形状特征最明显，所以 R10、ø10 尺寸应标注在左视图上，且应尽可能集中，结果如图 b 所示。

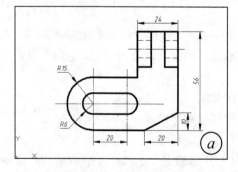 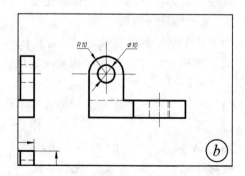

（4）底板的高度和"竖耳"的宽度、高度尺寸可以和定位尺寸一起考虑。

3）标注定位尺寸。

这里首先需要确定尺寸基准，对于长度方向，显然选择右侧面（是叠合面）。对于高度方向，显然选择底面（也是叠合面）。对于前后的宽度方向，选择最前和最后的面都可以。这样一来，底板的高度尺寸 10 和环形槽长度定位尺寸 50，分别标注主视图和俯视图上；而"竖耳"的宽度 8 和高度 25 可全部标注在主视图上,结果如图 c 所示(为突出这些尺寸,用圆来圈出)。

4) 查漏补缺,标注完成。

最后检查是否有漏掉的,是否有总体尺寸等。

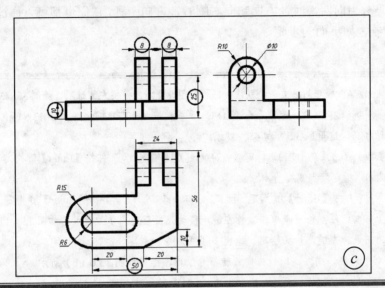

c)

13.2 学会绘制其他视图

由于机件(机器零件)的结构形状是千差万别的,如果仅采用主、俯、左三个视图,通常不能完整、清晰地表达较为复杂的机件,因此还需要采用其他的表达方法。例如,用于表达机件外部结构形状的视图表达方法还有基本视图、向视图、局部视图和斜视图等。

13.2.1 箭头和旋转符号

采用其他视图表达时,在其画法中增加了表示投影方向的箭头及斜视图旋转绘制后标注中的旋转符号。那么,这些图符应如何绘制呢?

1. 绘制箭头(→)

在 AutoCAD 中,表示投影方向的箭头的绘制常见的有两种方法,一种是使用引线标注(以后再讨论);另一种是使用多段线命令(PLINE)来绘制。若使用多段线命令绘制,则可有下列步骤。

步骤

(1) 启动多段线命令(PLINE),指定箭头的起点。

(2) 输入 "w" 并按【Enter】键指定"宽度"选项,指定起点宽度为 0,指定端点宽度为 1。

(3) 按方向拉出极轴追踪线,输入 "4" 并按【Enter】键,箭头绘出。

(4) 输入 "w" 并按【Enter】键指定"宽度"选项,指定起点宽度为 0,指定端点宽度为 0。

（5）按方向拉出极轴追踪线，输入"3"并按【Enter】键，箭尾绘出。退出多段线命令。

2. 绘制旋转符号（↶、↷）

旋转符号分为向左逆时针方向和向右顺时针方向两种，它们也都可以通过多段线命令（PLINE）绘制，如下面的步骤。

步骤

（1）启动 AutoCAD 或重新建立一个默认文档，草图设置对象捕捉左侧选项，绘制 **35×25 图框**并**满显**。

（2）使用圆命令（CIRCLE）、直线命令（LINE）和修剪命令（TRIM）绘制如图 13.6（a）所示的两个半圆（半径为字母字高，这里取 3.5）和 45°斜线。

（3）启动多段线命令（PLINE），指定端点 A 为起点，输入"w"并按【Enter】键指定"宽度"选项，指定起点宽度为 0，指定端点宽度为 1。

（4）输入"A"并按【Enter】键指定"圆弧"选项，输入"D"并按【Enter】键指定"方向"选项，在起点垂直向上方向的任意位置点单击鼠标左键，移动光标至交点 1 位置处，如图 13.6（b）所示，当出现捕捉图符时单击鼠标左键，箭头绘出。退出多段线命令。

（5）删除 45°斜线，向左逆时针方向旋转符号绘出，结果如图 13.6（b）所示。

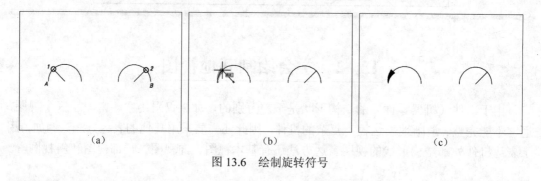

图 13.6　绘制旋转符号

 根据上述步骤和方法，绘出向右顺时针方向的旋转符号。

需要强调的是，绘制好的箭头和旋转符号还可使用"块"（以后再讨论）来存储，需要时直接插入即可。

13.2.2　样条曲线（SPLINE）

用于表达机体断裂的不规则波浪线可使用样条曲线来生成。样条曲线是一种由一系列点控制或通过一系列的拟合点的光滑曲线。样条曲线命令（SPLINE）方式如下：

命令名	SPLINE，SPL		
快捷键	—		
菜单	绘图→样条曲线→…	功能区	常用→绘图▼扩展→
工具栏	绘图→		常用→绘图▼扩展→

从命令中可以发现，样条曲线命令（SPLINE）事实上分为"拟合点"和"控制点"两种类型，其中，"拟合点"是默认类型。所谓"拟合点"，就是绘制的样条曲线光滑连接指定的点。而所谓"控制点"，就是由指定的点构成控制多边形，由它来决定样条曲线的形状。

下面首先学习样条曲线的"拟合点"类型。启动 AutoCAD 或重新建立一个默认文档，按标准要求建立"粗实线"图层（这里的粗线线宽改为 0.5），**绘制 150×100 图框**并**满显**。在图框中，用点命令（POINT）随意绘制几个点，如图 13.7（a）所示。将当前图层切换到"粗实线"层，在命令行输入"SPL"并按【Enter】键，命令行提示为：

SPLINE
当前设置: 方式=拟合　节点=弦
指定第一个点或　[方式(M)/节点(K)/对象(O)]:
指定点 1 之后，命令行提示为：

输入下一个点或　[起点切向(T)/公差(L)]:
指定点 2 之后，此时移动光标，可以看到跟随的动态样条曲线，如图 13.7（b）所示。此时命令行提示为：

输入下一个点或　[端点相切(T)/公差(L)/放弃(U)/闭合(C)]:
指定点 3、4 之后，按【Enter】键结束，样条曲线绘出。拾取曲线，其夹点位置就是这些指定的点的位置，如图 13.7（c）所示。

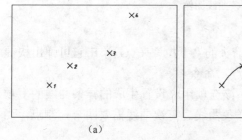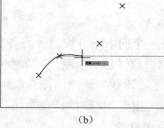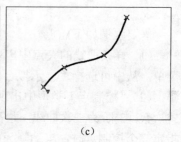

图 13.7 "拟合点"样条曲线图例

需要说明的是，默认时样条曲线必须指定三个及三个以上的点才能绘出。另外，"拟合点"类型命令过程中还有一些选项，这里简单来说明。

【说明】

（1）**方式**。用来指定是"拟合点"或是"控制点"类型（方式）。

（2）**节点**。用来指定似合节点的参数化方法，累积弦长、向心法和等距分布。默认时，使用累积弦长方法。

（3）**对象**。用来将用样条曲线拟合的多段线转换为等效的样条曲线。

（4）**起点切向、端点相切**。用来指定样条曲线起点、终点的相切条件。

（5）**公差**。用来指定样条曲线可以偏离指定拟合点的距离。当公差值为 0 时，生成的样条曲线直接通过拟合点。公差值适用于所有拟合点，但拟合点的起点和终点除外，因为起点和终点的公差值总是为 0。

（6）**放弃**。用来放弃新指定的点。

（7）**闭合**。用来通过定义与第一个点重合的最后一个点，闭合样条曲线。

下面再来学习样条曲线的"控制点"类型。撤销前面绘制的样条曲线,在命令行输入"SPL"并按【Enter】键启动样条曲线命令,输入"m"并按【Enter】键,按命令行提示操作:

输入样条曲线创建方式 [拟合(F)/控制点(CV)] <拟合>: cv✓
当前设置:方式=控制点　阶数=3
指定第一个点或 [方式(M)/阶数(D)/对象(O)]: 指定图 13.8(a)中的点 *1*
输入下一个点: 指定图 13.8(a)中的点 *2*
输入下一个点或 [放弃(U)]: 指定图 13.8(a)中的点 *3*
输入下一个点或 [闭合(C)/放弃(U)]: 指定图 13.8(a)中的点 *4*

结果如图 13.8(b)所示,按【Enter】键结束,样条曲线绘出。拾取曲线,其夹点位置也是这些指定的点的位置,但它们不在曲线上(除起点和终点外),如图 13.8(c)所示。

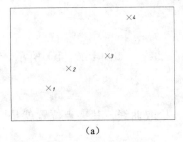 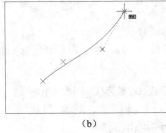 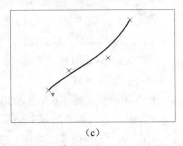

　　　　(a)　　　　　　　　　　　(b)　　　　　　　　　　　(c)

图 13.8 "控制点"样条曲线图例

需要强调如下几点。

(1)样条曲线的夹点中出现一个向下小方块箭头的"下拉"夹点,单击它可弹出快捷菜单,从中可选择"显示拟合点"或"显示控制点"命令。

(2)"控制点"类型中出现了**阶数**选项,该选项用来设置生成的样条曲线的多项式次数。3 阶为三次曲线,最高可指定 10 阶的样条曲线。三次曲线需要四个控制点,当指定三个控制点时,自动降为两次曲线。

13.2.3　徒手绘(SKETCH)

样条曲线可用来绘制表示机体断裂的波浪线,但看上去并不完全满足标准。而若使用徒手绘命令(SKETCH)并指定"样条曲线"类型来绘制,则几近完美,因此推荐使用。

徒手绘命令(SKETCH)方式仅能通过命令行来输入。命令启动后,命令行提示为:

类型 = 多段线　增量 = 1.0000　公差 = 0.5000
指定草图或 [类型(T)/增量(I)/公差(L)]:

其中,"类型"选项用来指定徒手绘出的线的类型。"增量"选项用来指定每条手绘直线段的长度,且须光标移动的距离大于增量值,才能生成一条直线。而"公差"选项用于指定的"样条曲线"类型,表示绘出的曲线与手画线草图的紧密程度。

输入"t"并按【Enter】键,命令行提示为:

输入草图类型 [直线(L)/多段线(P)/样条曲线(S)] <多段线>:

输入"s"并按【Enter】键指定"样条曲线"类型(或是指定 SKPOLY 变量值为 2,0 为直线,1 为多段线),并又回到最开始的提示。输入"i"并按【Enter】键,指定增量值为 3。

徒手绘时，首先在起点位置单击鼠标左键，然后稍稍快速移动光标至终点，最后按【Enter】键结束。

13.2.4 建立和操作 UCS

为了能够更好地辅助绘制斜视图，经常需要修改坐标系的原点和方向。这时，世界坐标系将变为用户坐标系（User Coordinate System，UCS）。在 AutoCAD 中，UCS 的原点及 X、Y、Z 轴方向都可以移动和旋转，甚至可以对齐图形中某个特定的对象。

1. 建立和使用 UCS

在 AutoCAD 中，建立、设置 UCS 的原点和方向是通过 UCS 命令来实现的，其命令方式如下：

需要说明如下两点。

（1）默认时，功能区"视图"页面中没有显示"坐标"面板。因此，需要右击面板标题，从弹出的快捷菜单中选择"显示面板"→"坐标"命令，结果如图 13.9 所示。

图 13.9 显示"坐标"面板

（2）可在绘图区中的坐标系图标上单击鼠标右键，从弹出的快捷菜单中选择 UCS 命令选项。

下面首先说明 UCS 的建立，然后在新建的 UCS 下绘制一个"圆"的主、俯视图。

1）准备绘图。

启动 AutoCAD 或重新建立一个默认文档，按标准要求建立"点画线"、"虚线"、"粗实线"图层，绘制 150×100 图框并满显。

2）建立 UCS。

（1）在命令行输入"UCS"并按【Enter】键，命令行提示为：

当前 UCS 名称: *世界*
指定 UCS 的原点或 [面(F)/命名(NA)/对象(OB)/上一个(P)/视图(V)/世界(W)/X/Y/Z/Z 轴(ZA)] <世界>:

（2）此时移动光标，可以看到跟随的坐标系图标。在适当位置处单击鼠标左键指定原点，命令行提示为：

指定 X 轴上的点或 <接受>：

（3）此时移动光标，可以看到坐标系图标中的 X 轴跟随转动。当转动的角度满意时，单击鼠标左键，命令行提示为：

指定 XY 平面上的点或 <接受>：

（4）此时移动光标，可以看到不同的位置（X 轴的上或下），Y 轴的方向也会不同。直接按【Enter】键，建立一个新的 UCS。此时移动光标，可以看到光标的方向和颜色与以前不同了，其中红色为 X 轴方向，绿色为 Y 轴方向。

3）使用 UCS 绘图。

（1）将当前图层切换到"点画线"层。

（2）启动直线命令（LINE），任意指定一点，移动光标至出现 极轴：…<0° 追踪线，此时的追踪线是一条与 X 轴平行的斜线，如图 13.10（a）所示。

（3）使用直线命令（LINE）绘制一个十字线。

（4）将当前图层切换到"粗实线"层。

（5）使用圆命令（CIRCLE），指定十字线交点为圆心，绘制一个适当大小的圆。

（6）启动直线命令（LINE），将光标移至圆与点画线交点，当出现"交点"捕捉图符时，向 Y 轴负方向移动，可以看到对象捕捉追踪线如图 13.10（b）所示，单击鼠标左键指定第一点。

（7）将光标移动至交点 A，当出现"交点"捕捉图符时，移动光标至交点 A 追踪线与 极轴：…<180° 追踪线交点时，如图 13.10（c）所示，单击鼠标左键，直线绘出，退出直线命令。

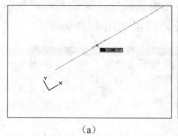 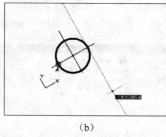 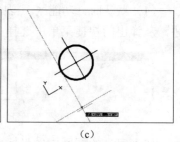

（a） （b） （c）

图 13.10 UCS 图例

2. 多个 UCS 及其切换

当绘制的图样中有多个不同角度的斜视图时，应创建多个 UCS。为了便于管理，可以首先将它们保存并命名。

在命令行输入"UCS"并按【Enter】键启动命令，输入"NA"并按【Enter】键指定"命名"选项，此时命令行提示为：

输入选项 [恢复(R)/保存(S)/删除(D)/?]：

输入"s"并按【Enter】键，命令行提示为：

输入保存当前 UCS 的名称或 [?]：

输入名称"u1"并按【Enter】键，则当前 UCS 被保存。

 任意创建一个 UCS 并保存为 u2。

当有多个 UCS 时就需要进行切换，最快捷的方法就是在绘图区的 UCS 图标上单击鼠标右键，从弹出的快捷菜单中选择"命名 UCS"，选择要置为当前的 UCS 子项，如图 13.11 所示。

3. 还原到 WCS

将当前 UCS 还原到默认 WCS（世界坐标系）的方法可以有：

- 在绘图区的 UCS 图标上单击鼠标右键，从弹出的快捷菜单中选择"世界"命令。
- 将功能区切换到"视图"页面，单击"坐标"面板上的图标按钮 。或者在 UCS 工具栏（需要显示它）上，单击图标按钮 。
- 选择菜单"工具"→"新建 UCS"→"世界"命令。
- 选择菜单"工具"→"命名 UCS"命令，或是在命令行输入"DDUCS"或者"UCSMAN"并按【Enter】键，弹出如图 13.12 所示的 UCS 对话框。在列表框中选中"世界"选项，单击 置为当前(C) 按钮，然后单击 确定 按钮即可。

图 13.11　切换 UCS

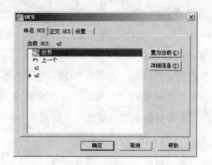

图 13.12　UCS 对话框

【实训 13.6】组合体的视图表达

如图 13.13 所示是一个组合体的轴测图（大箭头方向为主视图投影方向），绘制出其所需的视图。

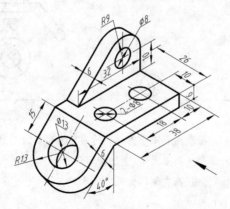

图 13.13　有斜板的组合体

　　从组合体的形体分析法可以知道，该组合体可以分为竖板、横板和斜板三个部分。从主视图的方向可以表达出竖板的外形及其他板的高（厚）度，因此其他视图应表达出横板和斜板的外形以及竖板的宽（厚）度，选择俯视图方向的局部视图，以及反映斜板外形的斜向局部视图。其中，斜向局部视图使用自定义的 UCS 来绘制。

步骤

1）准备绘图。

（1）启动 AutoCAD 或重新建立一个默认文档，按标准要求建立"细实线"、"点画线"、"虚线"、"文字尺寸"和"粗实线"图层（这里的粗线线宽改为 0.5），**草图设置对象捕捉左侧选项，建立"字母数字"文字样式，绘制 150×100 图框**并满显。

（2）检查并打开"极轴追踪"、"对象捕捉"和"对象捕捉追踪"。

2）绘制主视图。

根据尺寸大小，在图框左上角绘制主视图，如图 a 所示。其中，绘制 A 斜线时，指定右上端点 1 后，输入"@28<230"即可；而 B 线则由 A 斜线偏移（OFFSET）6 而得到，并通过夹点调整与 C 线相交；图中的点画线和虚线均可通过偏移命令（OFFSET）而得到。

3）绘制斜视图。

（1）在命令行输入"UCS"并按【Enter】键，指定图 a 中端点 2 为原点，指定端点 1 为 X 轴上的点，按【Enter】键，建立新的 UCS。

（2）将当前图层切换到"点画线"层，根据斜板点画线的端点追踪线，绘出圆的中心定位线。

（3）将当前图层切换到"粗实线"层，绘出 ϕ13 圆和 R13 圆弧，再绘出斜板前后面的线。

（4）将当前图层切换到"细实线"层，在命令行输入"SKETCH"并按【Enter】键启动徒手绘命令，输入"t"并按【Enter】键指定"类型"选项，输入"s"并按【Enter】键指定"样条曲线"选项，输入"i"并按【Enter】键指定"增量"选项，输入"3"并按【Enter】键，在斜板前后面的线中绘出波浪线，按【Enter】键退出，如图 b 所示。

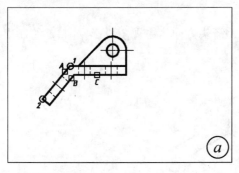
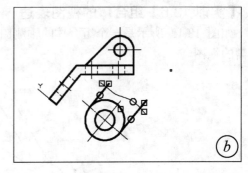

4）修剪并布局斜视图。

（1）启动修剪命令（TRIM），拾取图 b 中小圆标记的对象为剪切边对象（共三个）并结束拾取，按图 b 中小方框位置拾取要修剪的部分（共五处），退出修剪命令。

（2）将绘制好的斜视图平移到主视图右侧，如图 c 所示。

5）绘制局部俯视图。

（1）在绘图区的 UCS 图标上单击鼠标右键，从弹出的快捷菜单中选择"世界"命令，恢复到默认的 WCS。

（2）按主俯视图投影关系绘出局部俯视图。

（3）进行斜视图的投影方向和名称的标注。注意，视图名称要比数字字母大一号，即 5 号，结果如图 d 所示。

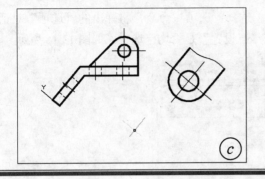
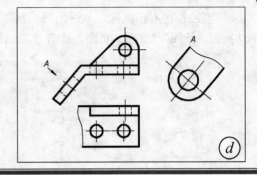

13.3 常见实训问题处理

在使用 AutoCAD 时，经常会出现一些问题，它们涉及许多方面，这里就视图表达与绘制方面的一些操作问题进行分析和解答。

13.3.1 如何将多段线转换成样条曲线

多段线绘出后，可以在命令行输入"PEDIT"并按【Enter】键，拾取多段线，命令行提示为：

输入选项 [闭合(C)/合并(J)/宽度(W)/编辑顶点(E)/拟合(F)/样条曲线(S)/非曲线化(D)/线型生成(L)/反转(R)/放弃(U)]:

输入"s"并按【Enter】键，即可将选中的多段线转换为样条曲线。不过，由于转换后的样条曲线是以在多段线构成时指定的点为控制点，所以与多段线的形状是不同的。例如，如图 13.14（a）所示是多段线，转换后的样条曲线如图 13.14（b）所示。

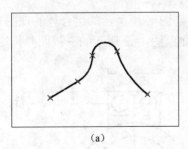
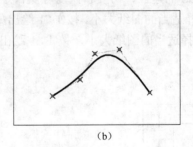

（a）　　　　　　　　　　　（b）

图 13.14　多段线转成样条曲线

13.3.2 对象捕捉追踪无法进行

解决对象捕捉追踪无法进行的问题可以从下列几个方面着手。

① 检查"对象捕捉追踪"是否打开。按【F11】键，若提示出现"<对象捕捉追踪 关>"，则再按一次【F11】键。

② 检查要追踪的点上是否有绿色的小十字。若无，则将光标移至该点后出现点捕捉图符或出现提示即可移出光标。

③ 在绘图区右击鼠标,从弹出的快捷菜单选择"选项"命令,将弹出的"选项"对话框切换到"绘图"(草图)页面,检查"AutoTrack 设置"是否均已选中,如图 13.15 所示。

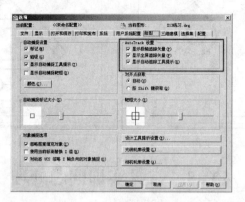

图 13.15 自动追踪设置

思考与练习

(1) 视图有哪些基本投影规律,在用 AutoCAD 绘制时用什么方法来满足这些规律?

(2) 说明组合体的视图绘制及尺寸标注的一般步骤。

(3) "对象捕捉追踪"的快捷键是什么?如何捕捉到"对象捕捉追踪线"与"极轴追踪线"、延伸线的交点?

(4) 任意绘制一个正四边形,使用 SPLINE 命令拟后顶点,最后输入"c"并按【Enter】键"闭合"样条曲线,则绘出的形状是一个圆。那么,这样的圆与使用 CIRCLE 命令绘制的圆有什么不同?

(5) UCS 的建立、切换和恢复等操作是怎样的?

(6) 选择适当的图纸大小,按 1∶1 绘出如题图 13.1 所示的组合体的视图(不标尺寸)。

(7) 选择适当的图纸大小,按 1∶1 绘出如题图 13.2 所示的三视图并标注尺寸。

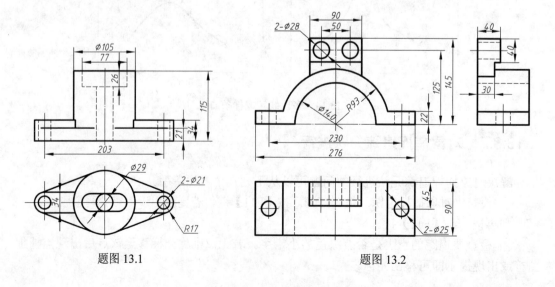

题图 13.1   题图 13.2

（8）根据如题图 13.3～题图 13.6 所示的轴测图（大箭头方向为主视图投影方向），按 1∶1 绘出组合体的三视图并标注尺寸。

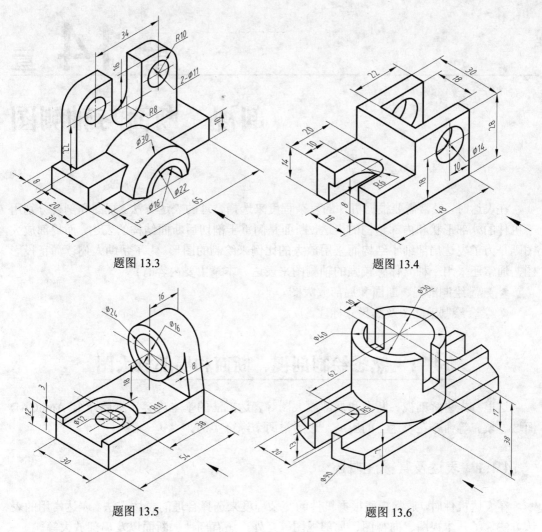

题图 13.3　　　　　　　　　题图 13.4

题图 13.5　　　　　　　　　题图 13.6

第 14 章

剖视、断面与轴测图

在表达时，经常需要根据机件的复杂程度来选择合理的表达方法。视图和剖视分别用于机件的外部形状和内部结构的表达，断面是侧重于剖切后断面结构的表达，而局部放大图则是为了表达局部细小结构而采用放大的比例来绘制的图形。为了帮助人们读懂正投影图，通常还采用一种立体感较强的轴测图来表达。本章主要内容有：

- 熟悉绘制剖视、断面和局部放大图。
- 学会绘制轴测图及其尺寸标注。

14.1 熟悉绘制剖视、断面和局部放大图

这里首先讲解剖视、断面和局部放大图等表达方法的基本内容，然后介绍 AutoCAD 面域、填充等命令在表达上的应用，最后举两个综合实例。

14.1.1 表达及其标注概述

在表达机件时，通常需要根据机件的复杂程度来选择合理的表达方法。表达常用的表达方法除了基本视图、向视图、局部视图等之外，还有剖视、断面以及局部放大等。

1. 剖视

当机件的内部结构比较复杂时，在视图中会出现许多虚线，由于视图中虚线、实线重叠交错，必然造成层次不清，不便于绘图、看图和标注尺寸。为了解决机件内部结构形状的表达问题，采用了剖视的方法。即假想用剖切面剖开机件，将处于观察者和剖切面之间的部分移去，而将其余的部分向投影面投射所得的图形，称为**剖视图**，简称**剖视**。

绘制剖视图时，应首先选择最合适的剖切位置，以便充分地表达机件的内部结构。剖切面通常应通过机件上孔的轴线、槽的对称面等结构。其次，应绘出剖切面与机件实体接触部分的图形（称为**断面图**，也可称为**断面**）及它们后方的全部可见轮廓线。根据国标规定，在断面上要绘出剖面符号，各种材质的剖面符号见表 14.1。

表 14.1　材料的剖面符号

材　料	剖面符号	材　料	剖面符号	材　料	剖面符号
金属材料（已有规定者除外）		非金属材料（已有规定者除外）		线圈绕组元件	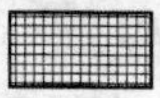
转子、电枢、变压器和电抗器等叠钢片		型砂、填砂、粉末冶金、砂轮、硬质合金刀片	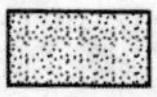	玻璃及低观察用的其他透明材料	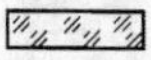
木材	纵剖面		混凝土		钢筋混凝土	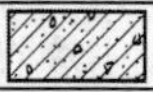
	横剖面		砖	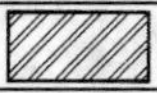	基础周围的泥土	
木质胶合板（不分层数）		格网（筛网、过滤网等）		液体	

对于金属材料，其剖面符号又称为**剖面线**，通常绘制成为与水平线成 45°角的等距细实线，剖面线向左或向右倾斜均可，但同一个机件在各个剖视图中的剖面线倾斜方向应相同，间距应相等。

绘制剖视图时，通常还应在剖视图的上方用大写的拉丁字母标注视图的名称"x-x"，在相应的视图上用剖切符号（线宽为 $1b$～$1.5b$，长为 5mm～10mm 的粗实线）表示剖切位置。同时，在剖切符号的外侧绘出与它垂直的细实线和箭头表示投射方向，剖切符号不应与图形的轮廓线相交，在它的起、迄或转折处标注相同的大写拉丁字母，字母一律水平方向书写。

需要说明的是，剖视图分为全剖视图、半剖视图和局部剖视图三种，并可有单一剖切面（包括斜剖）、旋转剖、阶梯剖和复合剖的剖切方法。

2．断面

假想使用剖切平面将机件切开，仅绘出断面的投影图称为断面图，简称**断面**。断面图常用于表达机件上某一局部的断面形状，如机件上的肋板、轮辐或轴、杆件上的孔和槽等。

要注意断面图与剖视图的区别，断面图是机件上剖切部位断面的投影，而剖视图则是断面及剖切平面后机件的投影。根据断面在视图中配置位置的不同，剖面分为移出断面和重合断面两种。

移出断面的轮廓线用粗实线绘制，绘制在视图外。标注时，通常应在相应的视图上使用剖切符号表示剖切位置，使用箭头表示投影方向，并注上字母，在断面图上方应使用同样的字母标出相应的名称"x-x"；经过旋转的移出断面，其标注形式为"x-x 旋转"。配置在剖切符号延长线上的移出断面，由于剖切位置已很明确，可省略字母。不配置在剖切符号延长线上的对称移出断面，以及按投影关系配置的移出断面，均可省略箭头。配置在剖切平面迹线延长线上的对称移出断面或视图中断处的对称移出断面可不必标注。

绘制重合剖面时，重合剖面的轮廓线使用细实线绘制。标注时，配置在剖切符号上的不对称重合断面，只标剖切符号及投影方向（箭头），不必标注字母。对称的重合断面不必标注。

3．局部放大

当按一定比例绘制出机件的视图后，如果其中一些微小结构表达不够清楚，又不便标注尺寸时,可以使用大于图形所采用的比例单独绘制出这些结构,这种图形称为**局部放大图**。局部放大图可以绘制为视图、剖视图和断面图。

绘制局部放大图时,在原图上要将所要放大部分的图形用细实线圈出,并尽量将局部放大图配置在被放大部位附近。当图上有多处放大部位时,要使用罗马数字Ⅰ、Ⅱ、Ⅲ等依次标明放大部位,并在局部放大图的上方标注出相应的罗马数字和所采用的比例。若只有一处放大部位,则只需在放大图的上方标明所采用的比例。局部放大图上标注的比例仍是该图形与机件实际大小之比。

简单地说,局部放大图绘制包括三项,**圈出所要放大的部位**、**画出放大图**和**进行标注**。

14.1.2 面域造型

"面域"是指二维的封闭图形,它可由各种线条围成。"面域"具有"并"、"交"和"差"等布尔运算,可用来构造不同形状的图形(面域)。"面域"同时也是一种新的构图方法,它不同于以前图形的线段构成方法。例如,若要绘制出有键槽断面图,使用线段构成则必然使用修剪命令(TRIM),而使用面域的"差"运算则更简单一些。当然,"面域"的优点不止这些。

1. 面域创建命令

若要操作面域首先需要创建面域。在 AutoCAD 中,创建面域有两个命令,REGION(区域)和 BOUNDARY(边界)。

(1) REGION 命令。REGION 命令用来将闭合对象转换为区域对象,其命令方式如下:

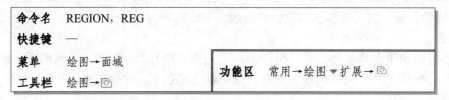

在命令行输入"REG"并按【Enter】键,命令行提示为:

REGION
选择对象:

拾取要转换的闭合对象并 结束拾取 ,则选定的对象被转换为"面域"对象。

(2) BOUNDARY 命令。BOUNDARY 命令用来将拾取的封闭区域转换为闭合的多线段或"面域"对象,其命令方式如下:

在命令行输入"BO"并按【Enter】键,弹出如图 14.1 所示的"边界创建"对话框。对话框中除"拾取点"、"孤岛检测"外,还有"边界保留"和"边界集"两个区域内容。现说明如下。

【说明】

（1）**拾取点**。单击"拾取点"按钮，对话框消失，命令提示为"拾取内部点"，拾取后，该点所在的封闭区域的现有对象作为边界并呈"虚线"显示，按【Enter】键或单击鼠标右键结束拾取，边界对象被保留，同时将边界对象按"对象类型"转换。

（2）**孤岛检测**。所谓孤岛，就是指在一个封闭区域内部还有闭合的边界。选中"孤岛检测"后，内部的孤岛将按一定的规则进行排除。

图 14.1 "边界创建"对话框

（3）**对象类型**。将选定的边界创建为"面域"对象还是"多线段"对象。

（4）**新建**。单击"新建"按钮，对话框消失，命令提示为"选择对象"，拾取对象并结束拾取，则拾取的对象为新的边界集对象，然后命令提示为"拾取内部点"，后面的操作与"拾取点"项相同。

单击对话框中的 确定 按钮，对话框消失，将提示为"拾取内部点"，后面的操作与"拾取点"项相同。单击对话框的 取消 按钮，对话框退出，命令被取消。

需要强调如下几点。

（1）"面域"对象的形状是不能被修改的，若要修改则应使用分解命令（EXPLODE）"炸开"它。

（2）区域命令（REGION）和边界命令（BOUNDARY）的区别就在于 BOUNDARY（边界）命令保留了原来的边界，这样一来可以修改边界创建不同的"面域"，而 REGION（区域）命令则不能，它将原有对象转换为"面域"后就删除这些对象。并且，BOUNDARY（边界）命令还可将选定的边界创建为"多线段"对象。

2. 面域操作命令

"面域"创建后，就可使用差运算命令（UNION，UNI）、差运算命令（SUBTRACT，SU）和交运算（INTERSECT，IN）命令进行操作。这些命令在功能区上并没有提供，但可选择菜单"修改"→"实体编辑"中的"并集"、"差集"和"交集"命令。下面来讲解它们的具体操作步骤。

步骤

（1）启动 AutoCAD 或重新建立一个默认文档，按标准要求建立"粗实线"图层（这里的粗线线宽改为 0.5），**绘制 150×100 图框**并**满显**。

（2）打开"线宽"显示，将当前图层切换到"粗实线"层，在图框中绘制一个圆和一个矩形，如图 14.2（a）所示。

（3）在命令行输入"REG"并按【Enter】键，拾取圆和矩形并 结束拾取，则圆和矩形被转换为"面域"对象。

（4）在命令行输入"UNI"并按【Enter】键，拾取"面域"对象圆和矩形并 结束拾取，结果如图 14.2（b）所示。

（5）撤销刚才的操作，在命令行输入"SU"并按【Enter】键，先拾取"面域"对象圆并 结束拾取，再拾取"面域"对象矩形并 结束拾取，结果如图 14.2（c）所示。

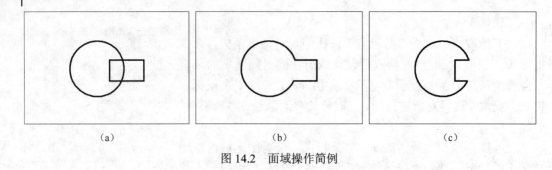

图 14.2 面域操作简例

 进行 IN（交运算）操作，查看结果如何。

14.1.3 图案填充

对于剖视图的剖切标注来说，剖切符号、投影方向和视图名称可使用本书前面介绍的"多段线"和"文字"命令来实现。而对于剖视图中的部面线（薄板断面还可用涂黑来代替）绘制，则应使用"图案填充"命令来完成。在 AutoCAD 中，图案填充是通过 HATCH 命令来实现的（早期版本的 BHATCH 命令已被命名为 HATCH），其命令方式如下：

HATCH 命令启动后，若功能区处于活动状态，则将在功能中显示"图案填充创建"选项卡，如图 14.3 所示。若功能区处于关闭状态，则将弹出如图 14.4（a）所示的"图案填充和渐变色"对话框，从中可完成"图案填充"操作。事实上，无论是对话框还是选项卡，其操作都是等价的。

需要说明的是，AutoCAD 中还有 GRADIENT 命令用来"填色"，它与 HATCH 命令相类似，也是在"图案填充和渐变色"对话框中进行操作（功能区关闭后出现对话框，否则将显示"图案填充创建"选项卡），如图 14.4（b）所示。

图 14.3 "图案填充创建"选项卡页面

下面举例说明"图案填充"的步骤和过程。

首先启动 AutoCAD 或重新建立一个默认文档，按标准要求建立"细实线"、"粗实线"图层（这里的粗线线宽改为 0.5），**绘制 150 × 100 图框**并**满显**。将当前图层切换到"粗实线"层，打开"线宽"显示，在图框中绘制三个圆和一个矩形，如图 14.5（a）所示。

第 14 章 剖视、断面与轴测图

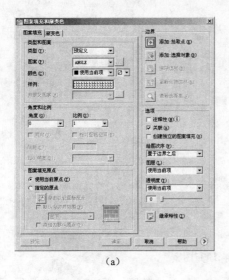
(a)

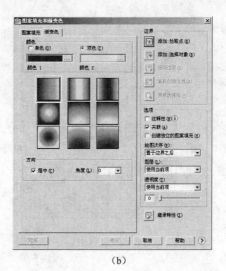
(b)

图 14.4 "图案填充和渐变色"对话框

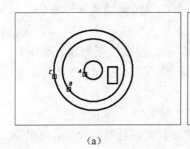
(a)

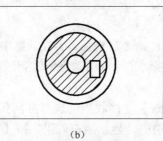
(b)

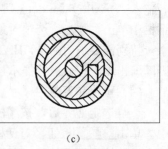
(c)

图 14.5 图案填充操作简例

将当前图层切换到"细实线"层，在命令行输入"H"并按【Enter】键，启动 HATCH 命令，弹出"图案填充和渐变色"对话框，按下列步骤进行。

(1) **选择图案**。

在"图案填充创建"选项卡页面的"图案"面板中单击图案"ANSI31"（用作剖面线）。或者在"图案填充和渐变色"对话框中，单击"图案"最右侧的浏览按钮，弹出"填充图案选项板"对话框，如图 14.6（a）所示，将其切换到"ANSI"页面，单击图案"ANSI31"，如图 14.6（b）所示，单击 确定 按钮即可。

(2) **设定图案角度和比例**。

由于选定的图案"ANSI31"本身就是 45°斜线，所以"角度"选项要么保留默认的 0°，要么设置为 90°。而"比例"用来指定剖面线的间隔大小，通常在 0.75～4.0 之间选择。这里选定"角度"为 0°，"比例"设为 1.5。需要说明的是，"图案填充原点"通常无须设置，仅保留默认的"使用当前原点"选项即可。

(3) **创建填充区域边界**。

它的操作与 BOUNDARY 命令相类似，既可以"添加：拾取点"，也可以"添加：选项对象"。在"图案填充和渐变色"对话框中，若单击"添加：拾取点"按钮，则对话框消失，命令行提示为：

拾取内部点或 [选择对象(S)/删除边界(B)]:

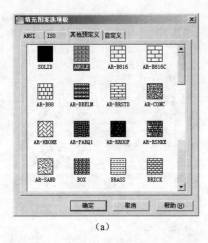 

（a） （b）

图 14.6 选择填充图案

拾取区域内部的点来添加边界，这里在图 14.5（a）中的圆 A 和 B 之间单击鼠标左键。若输入"s"并按【Enter】键指定"选择对象"选项，则即为在"图案填充和渐变色"对话框中单击"添加：选项对象"按钮后的操作。

特别需要说明的是，HATCH 命令启动后，若在功能中显示"图案填充创建"选项卡，则随即出现上述命令行提示，移动光标可以动态地看到当前光标点所在区域的填充状态。

（4）**预览和调整**。

一旦选定边界后，按【Enter】键接收当前选择并回到"图案填充和渐变色"对话框中。单击 预览 按钮，对话框消失，显示填充效果。按【Esc】键回到对话框中，单击鼠标右键，接收填充效果，命令退出。结果如图 14.5（b）所示。

另外，"图案填充和渐变色"对话框中还有一个"关联"选项，选中时，当边界对象修改后，图案填充也会自动随之更新。

  根据上述操作，能否生成如图 14.5（c）所示的图案填充？

【实训 14.1】拨叉零件视图绘制

如图 14.7 所示是拨叉零件的视图（图中未注圆角为 R2），应如何绘制呢？

分析 （1）该零件共有局部剖的主视图、局部剖的左视图和移出断面图共三个视图。其中，移出断面图可使用自定义的 UCS 进行定位绘制。

（2）可将该零件分为三个部分，上面的套筒、下面的拨叉及中间的支架。由于中间的支架是套筒和拨叉两部分的连接，因此应首先绘出套筒和拨叉两个部分的左右视图，最后绘出中间的支架部分。

（3）在绘制套筒和拨叉视图时应首先绘出其基准线和主要轮廓线，再逐步细化。

第 14 章 剖视、断面与轴测图

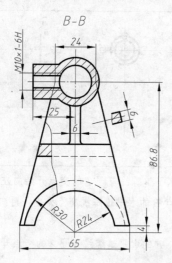
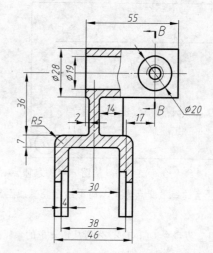

图 14.7 拨叉零件的视图

1) 准备绘图。

(1) 启动 AutoCAD 或重新建立一个默认文档,按标准要求建立所有图层(这里将粗线线宽改为 0.5),**草图设置对象捕捉左侧选项**,绘制 210×150 图框并满显。

(2) 检查并打开"极轴追踪"、"对象捕捉"和"对象捕捉追踪"。

2) 绘制辅助线及主要轮廓线。

(1) 将当前图层切换到"点画线"层。使用直线命令(LINE),绘出主视图中心点画线和左视图的水平点画线,如图 a 所示。

(2) 打开"线宽"显示,将当前图层切换到"粗实线"层。

(3) 使用圆命令(CIRCLE),以图 a 的交点 A 为圆心,绘出 $\phi 28$ 和 $\phi 19$ 的同心圆。

(4) 使用直线命令(LINE),根据"高平齐",绘出左视图左侧的 $\phi 28$ 端面直线 BC(直线下端的点设为 C)。

(5) 绘出左视图的定位辅助线,结果如图 b 所示。

① 将当前图层切换到"点画线"层。

② 使用直线命令(LINE),从 C 点开始绘出向右水平线(长为 5),再向下绘竖直线(长度不限),再向右绘出水平线(长为 19),再向右绘出水平线(长为 17),向上绘竖直线过 B 点的高点。

(6) 使用直线命令(LINE),从图 b 中的交点 D 开始向左绘出水平线(长为 25)。将点画线 1 向右水平调整(距离约为 20)。

3) 绘出零件的靠上部分的主、左视图轮廓线。

(1) 将当前图层切换到"粗实线"层。

(2) 使用圆命令(CIRCLE),以图 b 的交点 E 为圆心,绘出 $\phi 20$ 和 $\phi 7$ 的同心圆。

(3) 使用直线命令(LINE),从 B 点开始绘出向右水平线(长为 55),向下绘竖直线至与 C 点水平追踪线的交点,再向左绘出水平线至接近 C 点为止,结果如图 c 所示。

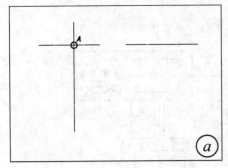
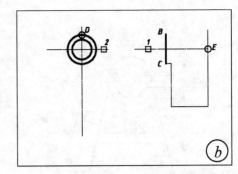

（4）使用直线命令（LINE），从图 c 中的象限点 A 的水平追踪线与圆 1 的交点开始向左绘出水平线到端点 C 的竖直追踪线交点为止，向下绘出竖直线至象限点 B 的水平追踪线交点为止，再向右绘至圆 1 的交点。

（5）使用直线命令（LINE），分别从图 c 中的象限点 E、F 的水平追踪线与圆 2 的交点开始向左绘出水平线至 C 的竖直追踪线交点为止。

（6）再使用直线命令（LINE），分别从圆 2 的上下象限点的水平追踪线与左视图端线 3 的交点开始向右绘出水平线，结果如图 d 所示。

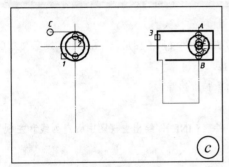
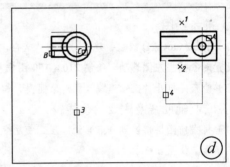

4）完善零件上部分的轮廓线并作主、左视图的定位辅助线。

（1）将当前图层切换到"细实线"层。

（2）绘制左视图中的波浪线。

① 在命令行输入"SKETCH"并按【Enter】键，指定增量为 3，类型为"样条曲线"，从图 d 中的 1 点绘至 2 点，按【Enter】键接收并退出命令。

② 使用修剪命令（TRIM）将多余的波浪线和超出波浪线的内孔转向轮廓线修剪掉。

（3）绘制螺纹大径的左视图线。

① 使用圆命令（CIRCLE），以图 d 中圆 A 的圆心为圆心，绘出 $\phi 10$ 的圆。

② 使用打断命令（BREAK），指定两点将该圆左下角的圆弧打掉。然后使用夹点调整圆弧大小。

（4）绘制螺纹大径的主视图线。

使用直线命令（LINE），分别从图 d 中 $\phi 10$ 圆的上下象限点的水平追踪线与主视图端线 B 的交点开始向右绘出水平线至圆 C 的交点。

（5）绘制主视图中的定位辅助线。

① 使用直线命令（LINE），分别绘出长为 24、30、46 和 65 的四条水平线。

② 将 24、65 水平线的中点平移到圆 C 的圆心处。

③ 将 30、46 水平线的中点移至点画线 4 的交点上。

④ 将65水平线向下平移86.8，并使用复制命令将平移后的65水平线向上移动4进行复制。
⑤ 使用直线命令（LINE），分别连接复制后的65水平线的端点与24水平线的端点。
⑥ 将点画线3向下拉长一些，结果如图e所示。

（6）绘制左视图中的定位辅助线。

使用直线命令（LINE），在图e中的端点1的水平追踪线上任意指定一点B，向下绘出竖直线（长为36），端点为C，再向下绘出竖直线（长为7），端点为D。

5）绘制零件的下部分的主、左视图轮廓线。

（1）将当前图层切换到"粗实线"层。

（2）绘制主视图下方的轮廓线。

① 使用圆命令（CIRCLE），以图e中的交点A为圆心，绘出R24和R30的同心圆。
② 使用修剪命令（TRIM）将同心圆下方的部分修剪掉。
③ 使用直线命令（LINE），从修剪后R24圆弧的左端点绘线至点2，再绘线至E线与粗实线的交点为止。
④ 使用直线命令（LINE），从修剪后R24圆弧的右端点绘线至点3，再绘线至F线与粗实线的交点为止。

（3）绘制左视图下方的轮廓线。

① 使用直线命令（LINE），从端点H开始向右绘出水平线（长为2）；
② 向下绘出竖直线至C点的水平追踪线的交点为止；
③ 向左绘出水平线至46线左端点的竖直追踪线的交点为止；
④ 向下绘出竖直线端点3的水平追踪线的交点为止；
⑤ 向右绘出水平线至30线左端点的竖直追踪线的交点为止；
⑥ 向上绘出竖直线至端点D的水平追踪线的交点为止；
⑦ 向右绘至竖直点画线的交点为止，结果如图f所示。

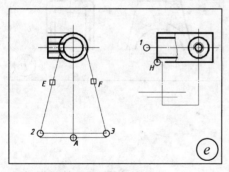

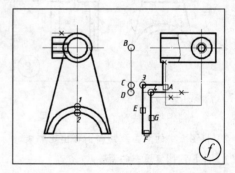

6）完善零件视图轮廓线。

（1）删除图f中的B、C、D线及有"×"标记的辅助线。

（2）绘制全零件的下部分的左视图轮廓线。

① 使用直线命令（LINE），从图f中的象限点1的水平追踪线与线G的交点开始，向左绘出水平线（长为4），向下绘出竖直线至与F线交点为止。
② 使用直线命令（LINE），从象限点2的水平追踪线与线E的交点开始，向右绘出水平线至新绘出的竖直线的交点为止。
③ 使用镜像命令（MIRROR），以点画线A为镜像线，镜像零件下方的拨叉部分。

(3) 使用直线命令（LINE），根据点 3 和 4 的高度绘出主视图中的两条水平线，结果如图 g 所示。

(4) 删除图 g 中有 "×" 标记的辅助线。

(5) 通过夹点调短点画线 A 的长度。

(6) 绘制主视图的波浪线。

① 将当前图层切换为 "细实线" 层。

② 在命令行输入 "SKETCH" 并按【Enter】键，从图 g 中 1 点绘至 2 点，按【Enter】键接收并退出命令。

③ 使用修剪命令（TRIM）将多余的波浪线修剪掉。

(7) 绘制主视图 R30 的虚线圆弧。

① 使用打断命令（BREAK），将 G 圆弧打断于与刚绘的波浪线的交点。

② 拾取 G 圆弧右半的圆弧，将其图层改为 "虚线" 图层。

(8) 拾取直线 H，将其图层改为 "点画线" 图层。

(9) 圆角、修剪、补虚线，结果如图 h 所示。

① 将当前图层切换为 "粗实线" 层。

② 启动圆角命令（FILLET），绘制出左视图中的圆角。

③ 启动复制命令（COPY），将直线 C 和 D 及它们下端的圆角，指定其对称点画线上任意一点为基点，水平移至点画线 B 上即可。

④ 启动圆角命令（FILLET），绘制出新复制的两条直线与圆的圆角。

⑤ 修剪、补虚线。

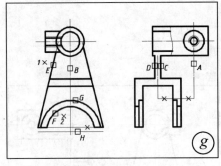 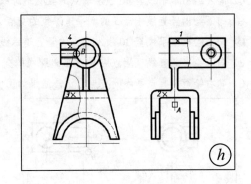

7）图案填充并调整。

(1) 将当前图层切换为 "文字尺寸" 层。

(2) 将图 h 中的点画线 A 向下移出轮廓线。

(3) 左视图图案填充并调整。

① 启动图案填充命令（HATCH），设定 "ANSI31" 类型，指定比例为 1.0，拾取内部的点 1、2 和 3，按【Enter】键，图案填充绘出。

② 调整点画线 A 的上下位置和长度。

(4) 主视图图案填充并调整。

① 关闭 "点画线" 和 "细实线" 图层，将主视图 ϕ20 圆在象限点 B 附近的两条粗实线拉抻到 ϕ20 圆内。

② 启动图案填充命令（HATCH），拾取内部的点 4，按【Enter】键，图案填充绘出。

③ 将拉伸的两条粗实线再恢复拉到 ϕ20 圆上。

④ 打开"点画线"和"细实线"图层。结果如图 i 所示。

8）绘制移动断面图，修补完善，零件视图绘出。

（1）创建并使用 UCS。

① 在命令行输入 "UCS" 并按【Enter】键，将坐标原点移至图 i 中的 F 斜线上。

② 向上逆时针转至 F 线的上端点，指定 X 轴方向与 F 斜线相同，按【Enter】键接收。

（2）绘制移出断面图。

① 将当前图层切换到"点画线"，使用直线命令（LINE），沿新 Y 轴方向绘出点画线（长度适当）。

② 将当前图层切换到"粗实线"，使用矩形命令（RECTANG），任意指定一角点，输入 "@6,15" 并按【Enter】键。

③ 启动移动命令（MOVE），拾取矩形并指定长为 6 的边的中点为基点，将矩形移动到新绘出的点画线上。

④ 将当前图层切换到"细实线"，使用 SKETCH 绘出波浪线并修剪。

⑤ 图案填充（填充时指定"选择对象"选项，拾取修剪后的矩形和波浪线即可）。

（3）将 UCS 恢复到默认的 WCS。

（4）绘制剖切符号。

① 将当前图层切换到"文字尺寸"层，启动多段线命令（PLINE），指定端点 A 的竖直追踪线上一点，指定起点和端点宽度为 1，向上绘出长为 4 的竖直线，指定起点和端点宽度为 0，向左绘出长为 7 的水平线，指定起点宽度为 0，指定端点宽度为 1，向右绘出长为 4 的水平线。

② 类似地，绘出下面的剖切符号和投影方向（或使用镜像）。

（5）标注投影方向名称和视图名称，结果如图 j 所示。

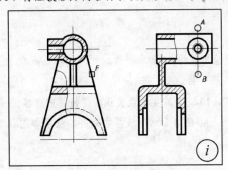
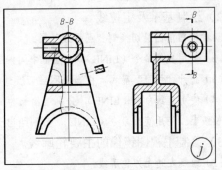

【实训 14.2】阀杆零件视图绘制

若绘出如图 14.8 所示的阀杆零件的视图（图中未注倒角为 C1），应如何进行？

分析 从视图可以看出，除阀杆主视图外，还有 A-A 移出断面图、表达中间 $\phi1.5$ 孔的移出断面图以及局部放大图。需要强调的是，对于阀杆这样的轴类零件，在绘制主视图时，有两种方法，一种是使用矩形框沿中心点画线拼接而成；另一种是用直线绘出轴的轮廓然后按中心点画线镜像。这里，**采用第二种方法，**同时为其进行一些改动。

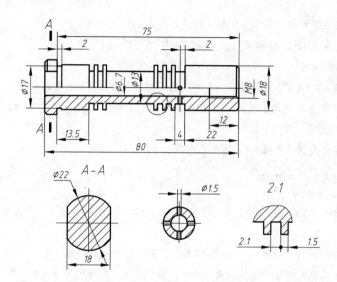

图 14.8 阀杆零件的视图

1）准备绘图。

（1）启动 AutoCAD 或重新建立一个默认文档，按标准要求建立所有图层（这里将粗线线宽改为 0.5），草图设置对象捕捉左侧选项，建立"字母数字"文字样式，绘制 150×100 图框并满显。

（2）检查并打开"极轴追踪"、"对象捕捉"和"对象捕捉追踪"。

2）绘制基准及定位线。

（1）将当前图层切换到"点画线"层。

（2）使用直线命令（LINE），在图框中间偏上位置绘出长约 90 的水平线。

（3）打开"线宽"显示，将当前图层切换到"粗实线"层。

（4）使用直线命令（LINE），分别绘出长为 22、17、13、18 的 4 条竖直线，并将其中点移至点画线或延长线上。使用直线命令（LINE），分别绘出长为 75、80 的 2 条水平线并右对齐，结果如图 a 所示。

3）绘制主视图镜像的主要轮廓线。

（1）绘制左边上方轮廓线。

① 使用直线命令（LINE），从如图 a 中的端点 1 的水平追踪线与端点 A 的竖直追踪线的交点开始，向右绘出水平线至端点 B 的竖直追踪线的交点为止。

② 向下绘出竖直线至端点 2 的水平追踪线的交点为止，向右绘出水平线长为 2，向上绘出竖直线至端点 4 的水平追踪线的交点为止。

③ 向右绘出水平线长为 13.5，向下绘出竖直线至端点 3 的水平追踪线的交点为止，向右绘出水平线长为 2.1，向上绘出竖直线至端点 4 的水平追踪线的交点为止。

④ 向右绘出水平线长为 1.5，向下绘出竖直线至端点 3 的水平追踪线的交点为止。

（2）绘制右边上方轮廓线。

① 重复直线命令，从如图 a 中的端点 4 的水平追踪线与端点 C 的竖直追踪线的交点开始，向左绘出水平线长为 22。

② 向下绘出竖直线至端点 3 的水平追踪线的交点为止，向左绘出水平线长为 4，结果如图 b 所示。

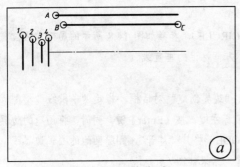 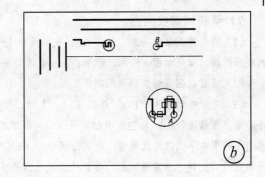

4)继续绘制主视图轮廓线。

(1)启动复制命令(COPY),拾取图 b 中有方框标记的线条(共四条)并 结束拾取 ,指定交点 1 为基点,复制至端点 A。

(2)重复复制命令,拾取图 b 中有方框标记的线条(共四条)并 结束拾取 ,指定端点 A 为基点,依次复制至端点 B、复制后对象的 1 点,再复制到刚复制后对象的 1 点。

(3)将刚复制后对象的 1 点向左侧水平拉伸至封闭为止。

(4)删除辅助的粗实线,拾取水平点画线上方的所有对象进行镜像,同时使用直线命令(LINE)和延伸命令(EXTEND)绘出所有的竖直线(M8 除外)及 $\phi6.7$ 的转向轮廓线,结果如图 c 所示。

5)补全主视图小孔轮廓线并作 A-A 移出断面轮廓线。

(1)将当前图层切换到"点画线"层。使用直线命令(LINE),从图 c 中 B 线段的中点开始绘出竖直线至下面轮廓线之外即可。

(2)重复直线命令,参考如图 14.8 所示的 A-A 移出断面图的位置绘出十字点画线。

(3)将当前图层切换到"粗实线"层。使用圆命令(CIRCLE),指定十字点画线交点为圆心,绘出 $\phi22$ 的圆。

(4)使用直线命令(LINE),绘出长为 18 的水平线。以其中点为基点将其移至十字点画线中的竖直点画线上。根据 18 长的水平线的左右端点的竖直捕捉追踪线,绘出 A-A 移出断面图的圆两边的竖直线。

(5)使用圆命令(CIRCLE),指定 B 处的十字点画线交点为圆心,绘出 $\phi1.5$ 的圆。

(6)使用直线命令(LINE),绘出 $\phi1.5$ 的圆下方的转向轮廓线,结果如图 d 所示。

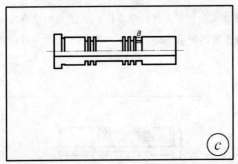 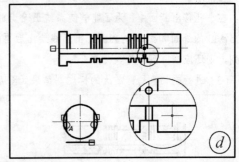

6)补全主视图左侧轮廓线和 A-A 移出断面轮廓线。

(1)删除图 d 中最下方的 18 长的水平线。

(2)使用修剪命令(TRIM),将 $\phi22$ 圆在竖直线两侧的圆弧修剪。同时以竖直线 A 的中点为基点将其复制到主视图的水平点画线上,由其端点的水平追踪线绘出主视图左侧部分所缺的线条。

(3)使用倒角命令(CHAMFER),指定第一个和第二个倒角距离均为 1,对主视图左右两端进行倒角,并补画倒角线及因倒角"修剪"所缺的线条。

7）绘制局部放大图。

（1）将当前图层切换到"细实线"，使用圆命令（CIRCLE），参考如图 14.8 所示的局部放大位置绘出适当的圆，结果如图 e 所示。删除图 e 中最左边有小方框标记的垂直线。

（2）将当前图层切换到"粗实线"层。

（3）在命令行输入"BO"并按【Enter】键，弹出"边界创建"对话框，指定"多段线"类型，单击拾取点图标按钮，在图 e 中细实线圆的内部单击鼠标左键，按【Enter】键。同时，将创建的边界平移至主视图右下角并放大两倍，使用分解命令（EXPLODE）将其"炸开"，删除两边的圆弧边界线，将当前图层切换到"细实线"层，重新绘出波浪线并修剪，结果如图 f 所示。

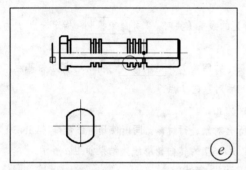
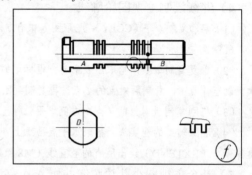

8）绘制剖面线。

（1）将当前图层切换为"文字尺寸"层。启动图案填充命令（HATCH），设定"ANSI31"类型，指定比例为 0.75，拾取图 f 中 C 内部的点（局部放大图中的内部），按【Enter】键，绘出图案填充。

（2）将"细实线"图层关闭，重复图案填充命令，拾取图 f 中 A 内部的点和 B 内部的点，按【Enter】键，绘出图案填充。将"细实线"图层打开。

（3）重复图案填充命令，拾取图 f 中 D 的轮廓线对象，按【Enter】键，图案填充绘出。结果如图 g 所示。

9）绘制小孔移出断面，拾遗补缺，零件视图绘出。

（1）补画 M8 的螺纹大径线和终止线。

（2）在 φ1.5 的圆的竖直点画线的延长线上，绘出其移出断面图。

【说明】

在小孔移出断面中，为了能够使系统正确识别出要填充的区域，有时需要将 φ1.5 的圆的轮廓线拉抻超出 φ13 的外圆和 φ6.7 的内圆，剖面线绘出后再将 φ1.5 圆的轮廓线还原到位。若 φ1.5 圆的轮廓线使用阵列，则还应在阵列后将其"炸开"。

（3）进行剖切和局部放大的标注，结果如图 h 所示。

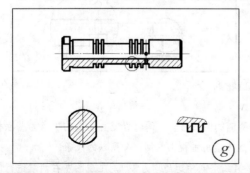
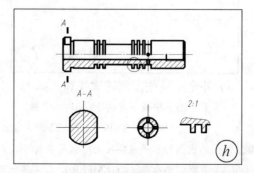

14.2 学会绘制轴测图及其尺寸标注

使用正投影法绘制的多面正投影图虽制图方法简便，度量性好，但缺乏立体感，需要一定的读图能力才能够看懂。而轴测图能够在一个投影面上同时反映出物体三个坐标面的形状，并接近人们的视觉习惯，形象、逼真，富有立体感。但是轴测图通常不能反映出物体各表面的实形，因而度量性差，同时制图方法较复杂。因此，在工程上常将轴测图作为辅助图样来说明机器的结构、安装、使用等情况。在设计中，使用轴测图能够帮助设计人员构思、想象物体的形状，以弥补正投影图的不足。

14.2.1 轴测图概述

轴测图是将空间物体连同其直角坐标系一起，按平行投影法沿不平行于任何坐标面的方向投影到单一投影面上所得的图形。按投射方向对轴测投影面相对位置的不同，轴测图可分为两大类。

（1）**正轴测图**：投射方向垂直于轴测投影面时，得到正轴测图。
（2）**斜轴测图**：投射方向倾斜于轴测投影面时，得到斜轴测图。

在上述两类轴测图中，按轴向伸缩系数的不同，每类又可分为三种。

（1）正（或斜）等轴测图（简称正等测或斜等测）：各轴的轴向变形系数均相等。
（2）正（或斜）二轴测图（简称正二测或斜二测）：各轴的轴向变形系数有两个相等。
（3）正（或斜）三轴测图（简称正三测或斜三测）：各轴的轴向变形系数均**不**相等。

国家标准 GB/T 14692-1993 中规定，通常采用正等测、正二测、斜二测三种轴测图。而事实上，工程上使用较多的是正等测和斜二测。需要强调的是，由于三维立体建构（实体设计）越来越深入人心，所以这里仅讨论正等轴测图的 AutoCAD 绘制及其相应尺寸的标注。

14.2.2 正等轴测模式

在 AutoCAD 中，专门为正等轴测图的绘制提供捕捉方式、轴测投影面的切换和正等轴测圆（弧）的绘制。

1. 等轴测捕捉

在状态栏区左边的"捕捉"、"栅格"、"极轴"、"对象捕捉"、"对象追踪"等图标（或窗格文字）上单击鼠标右键，从弹出的快捷菜中选择"设置"命令，打开"草图设置"对话框。

单击"捕捉和栅格"标签，可以看到如图 14.9（a）所示的"捕捉和栅格"设置页面。其中，"捕捉类型"中就有"等轴测捕捉"选项。选中它，单击 确定 按钮，对话框关闭，绘图区进入正等轴测模式。此时移动光标，可以发现光标由两条不同颜色的线构成，用来反映不同轴测投影面的两根轴。

特别需要说明的是，为了能使正等轴测图绘制时也能使用"对象捕捉追踪"，应将"极轴追踪"页面中的"对象捕捉追踪设置"选定为"用所有极轴角设置追踪",如图14.9(b)所示。

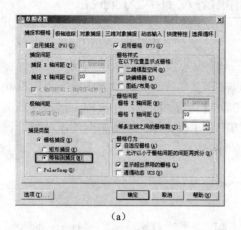 

图14.9 "等轴测捕捉"和追踪设置

2. 轴测投影面的切换

正等轴测图的轴间角均为120°,且Z轴处于垂直位置,而X和Y轴与水平线成30°角。同时,正等轴测图也包括三个面,由X和Y轴构成的顶面(Top,又称俯视、上面)、由X和Z轴构成的右面(Right,又称右视)及由Y和Z轴构成的左面(Left,又称左视),如图14.10(a)所示。

为了能够准确地绘出正等轴测面的图形,通常需要启动"正交"模式或"极轴"追踪,并通过下列方法切换正等轴测面。

- 在命令行输入"ISOPLANE"并按【Enter】键,输入"L"、"T"或"R"并按【Enter】键指定"左视"、"俯视"或"右视"轴测面。
- 按【F5】键或【Ctrl+E】组合键进行循环切换。

切换后,显示的光标如图14.10(b)所示。

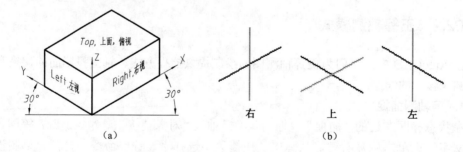

图14.10 正等轴测平面和光标

3. 轴测投影面上的圆的绘制

由于在正等轴测面的圆的形状是一个椭圆,所以在绘制时需启动椭圆命令(ELLIPSE),输入"I"并按【Enter】键指定"等轴测圆"选项,以后的操作便是指定圆心和半径(直径)了。

【实训 14.3】轴测图绘制

下面学习一个示例,若绘制如图 14.11 所示的轴测图,该如何进行呢?

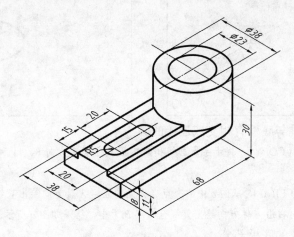

图 14.11 正等轴测图的绘制

分析 绘制轴测图通常有两种方法,<u>坐标法</u>和叠加法。所谓<u>坐标法</u>,就是根据物体的特点,建立合适的坐标轴,然后按坐标法绘出物体上各顶点的轴测投影,再由点连成物体的轴测图。所谓**叠加法**,就是针对叠加形的物体,运用形体分析法将物体分为几个简单的形体,然后根据各形体之间的相对位置依次画出各部分的轴测图,即可得到该物体的轴测图。不过,实际绘制过程通常是这两种方法的混合。

这里主要采用坐标法,首先绘出右侧的圆套,再绘出左侧的底座。特别需要注意的是,应注意回转体的转向轮廓线的绘制。例如,圆柱最右和最左外侧的竖直转向轮廓线。绘制时,对于竖直转向轮廓线直接连接其象限点即可,而其他方向的转向轮廓线要绘制切线才行。

步骤

1) 准备绘图。

(1) 启动 AutoCAD 或重新建立一个默认文档,按标准要求建立所有图层(这里将粗线线宽改为 0.5),**草图设置对象捕捉左侧选项,绘制 150×100 图框并满显**。

(2) 检查并打开 "极轴追踪"、"对象捕捉" 和 "对象捕捉追踪"。

(3) 在命令行输入 "DS" 并按【Enter】键,打开 "草图设置" 对话框,在 "捕捉和栅格" 页面中选定 "等轴测捕捉",而在 "极轴追踪" 页面中选定 "用所有极轴角设置追踪",单击 按钮退出。

2) 从右侧圆柱底面画起。

(1) 将当前图层切换到 "点画线" 层,按【F5】键切换到 "俯视"(Top),即命令行提示为 "<等轴测平面 俯视>",沿 X 轴、Y 轴方向绘出十字点画线,如图 a 所示。

(2) 打开 "线宽" 显示,将当前图层切换到 "粗实线" 层。

(3) 启动椭圆命令(ELLIPSE),输入 "i" 并按【Enter】键,指定图 a 中的十字点画线交点 A 为圆心,输入 "d" 并按【Enter】键,输入 "38" 并按【Enter】键,"俯视" 面上的 φ38 圆绘出,结果如图 b 所示。

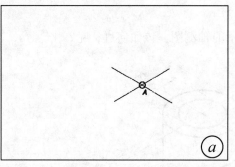
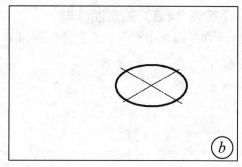

3)绘制右侧圆柱与底板有相交或连接的圆。

(1)使用复制命令(COPY),将十字点画线和ϕ38圆向上竖直方向8、11和30的位置进行复制,结果如图c所示。

(2)使用直线命令(LINE),从图c中的交点A开始向左沿X轴方向绘出直线长为68,向上沿Z轴方向绘出直线长为8,向右沿X轴方向绘出直线至交点B为止。结果如图d所示。

4)绘制除槽孔外的底板部分。

(1)使用直线命令(LINE),从图d中的端点A开始,向左沿Y轴绘出直线长为9,向上沿Z轴方向绘出直线长为3,向左沿Y轴方向绘出直线长为20,向下沿Z轴方向绘出直线长为3,向左沿Y轴绘出直线长为9,向下沿Z轴方向绘出直线长为8,向右沿Y轴方向绘出直线至图d中的端点B点为止,结果如图e所示。

(2)使用直线命令(LINE),从图e中的端点4开始绘线至交点5为止。

(3)重复直线命令,分别从端点2、3开始绘线至圆A上为止。

(4)重复直线命令,从端点1开始绘线至圆B上为止。

(5)删除点画线(除右侧圆柱顶面的点画线之外),结果如图f所示。

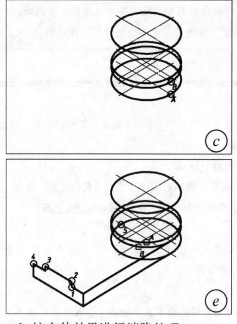
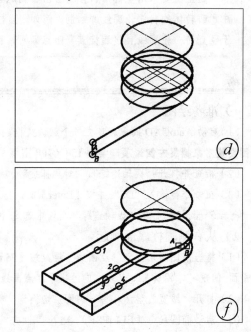

5)按立体效果进行消隐处理。

(1)使用修剪命令(TRIM),选定图f中有小圆标记的1和2为剪切边对象,按方框标记A的位置拾取要修剪的对象。

（2）重复修剪命令，选定图 f 中有小圆标记的 3 和 4 为剪切边对象，按方框标记 B 的位置拾取要修剪的对象，结果如图 g 所示。

（3）使用直线命令（LINE），连接图 g 中的象限点 A 和 B、C 和 D 及交点 1 和 2，结果如图 h 所示。

（4）使用修剪命令（TRIM），选定图 h 中有小圆标记的 1 和 2 为剪切边对象，按方框标记 A 的位置拾取要修剪的对象。

（5）重复修剪命令，选定图 h 中有小圆标记的其他线条为剪切边对象，按方框标记的位置拾取要修剪的对象，结果如图 i 所示。

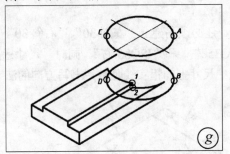 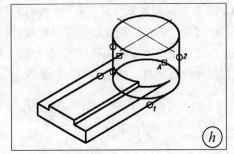

6）绘制槽孔，修补调整，轴测图绘出。

（1）将当前图层切换到"点画线"层。使用直线命令（LINE），从图 i 中的 AB 线的中点开始，向右沿 X 轴方向绘线长为 15，再向右沿 X 轴方向绘线长为 20。

（2）重复直线命令，以 15 和 20 端点绘出沿 Y 轴方向的点画线，并用夹点调整到位，结果如图 j 所示。

（3）将当前图层切换到"粗实线"层。使用椭圆命令（ELLIPSE），并指定"等轴测圆"选项，分别以图 j 中的交点 A、B 和 C 为圆心，绘出"俯视"面上的 $\phi 23$、$R5$、$R5$ 圆，结果如图 k 所示。

（4）使用直线命令（LINE），分别连接图 k 中的交点 1 和 2、3 和 4。

（5）使用修剪命令（TRIM），剪掉不要的圆弧。

（6）调整点画线的位置和大小，如图 l 所示。

（7）将轴测图保存为 Ex14_03.dwg 文件。

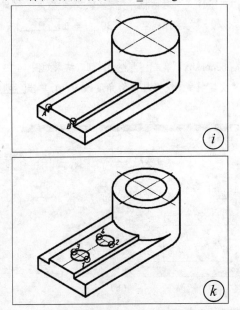 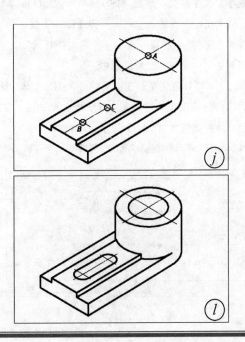

14.2.3 轴测图的尺寸标注

在正等轴测图的尺寸标注中，为了达到正等轴测图的立体效果，尺寸界线、数字和字母等必须倾斜一定的角度。那么，倾斜的角度究竟是多少呢？尺寸又该如何标注呢？

1. 建立相关文字和尺寸样式

从如图 14.12（a）所示可以得知（图中的粗实线是文字书写方向的法线），各轴测面上的文字要么向左倾斜 30°角，要么向右倾斜 30°角。

由此可见，若要为正等轴测图进行尺寸标注，还必须另建立"左斜 30"、"右斜 30"文字样式及以这两个文字样式为基础的尺寸样式"ISO35 左"和"ISO35 右"。同时，尺寸标注后还应将尺寸界线倾斜，如图 14.12（b）所示（图中尺寸上的粗实线是数字书写方向的法线）。

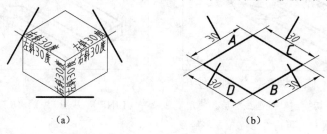

图 14.12 文字和尺寸界线的倾斜角度

下面首先创建相关文字和尺寸样式，其步骤如下。

步骤

（1）启动 AutoCAD 或重新建立一个默认文档，按标准要求建立所有图层，**建立"汉字注写"和"字母数字"文字样式，建立"ISO35"和"ISO35 非"标注样式，草图设置对象捕捉左侧选项**。

（2）在命令行输入"ST"并按【Enter】键，弹出"文字样式"对话框，先选中"字母数字"样式名，然后单击 新建(N)... 按钮，弹出"新建文字样式"对话框，输入文字样式名"左 30"，单击 确定 按钮，又回到了"文字样式"对话框中。

（3）将倾斜角度改为-30，同时将"SHX 字体"设为 gbenor.shx，单击 应用(A) 按钮，结果如图 14.13（a）所示（注意：高度值一定要置为 0）。类似地，建立"右 30"文字样式，仅将其倾斜角度改为 30，单击 应用(A) 按钮，结果如图 14.13（b）所示。

（a）

（b）

图 14.13 创建文字样式

（4）关闭"文字样式"对话框。在命令行输入"D"并按【Enter】键，弹出"标注样式管理器"对话框，首先选中"ISO35"样式名，然后单击 新建(N)... 按钮。在弹出的"创建新标注样式"对话框中，指定"新样式名"为"ISO35左"，如图14.14（a）所示。

（5）单击 继续 按钮，将"文字"标签页面中的"文字样式"选定为"左30"，如图14.14（b）所示，单击 确定 按钮。类似地，创建尺寸样式"ISO35右"。

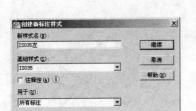

图 14.14　创建尺寸样式

2. 标注直线尺寸

由于正等轴测图的 X、Y 轴均与水平成 30°角，所以标注直线尺寸时，应首先使用"对齐"标注，然后倾斜尺寸界线。

从前图 14.12（b）可以看出，在正等轴测顶面（俯视）上，沿 X 轴方向标注的尺寸 A 的界线与水平方向成 150°角，尺寸 B 的界线与水平方向成-30°角；沿 Y 轴方向标注的尺寸 C 的界线与水平方向成 30°角，尺寸 D 的界线与水平方向成-150°角。下面的步骤就是实现如图 14.12（b）所示的标注结果。

步骤

（1）**绘制 100×75 图框并满显**。打开"线宽"显示，将当前图层切换到"粗实线"层（将粗线线宽改为 0.5）。检查并打开"极轴追踪"和"对象捕捉"。

（2）在命令行输入"DS"并按【Enter】键，打开"草图设置"对话框，在"捕捉和栅格"页面中选定"等轴测捕捉"，而在"极轴追踪"页面中选定"用所有极轴角设置追踪"，单击 确定 按钮退出。

（3）使用直线命令（LINE），绘出正等轴测顶面，如图 14.15（a）所示。

（4）将当前图层切换到"文字尺寸"层，将当前尺寸样式切换为"ISO35左"，使用"对齐"命令标注图 14.15（a）中 A 线和 B 线的尺寸。将当前尺寸样式切换为"ISO35右"，使用"对齐"命令标注图 14.15（a）中 C 线和 D 线的尺寸，结果如图 14.15（b）所示。

（5）在命令行输入"DE"并按【Enter】键，启动编辑尺寸命令。输入"o"并按【Enter】键指定"倾斜"选项，拾取图 14.15（b）中 A 线的尺寸并 结束拾取 ，输入角度为"150"按【Enter】键，结果如图 14.16（a）所示。类似地，将 B 线尺寸的界线倾斜角度指定为"-30"，将 C 线尺寸的界线倾斜角度指定为"30"，将 D 线尺寸的界线倾斜角度指定为"-150"，结果如图 14.16（b）所示。

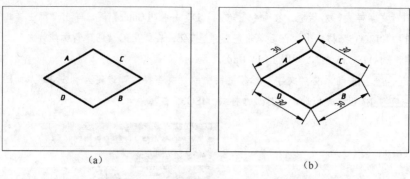

图 14.15　绘出顶面线长并"对齐"标注

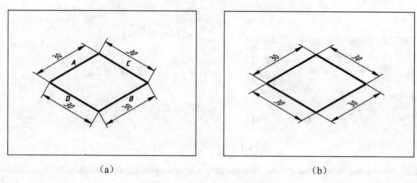

图 14.16　倾斜尺寸界线

同样，对于正等轴测左面和右面同样可绘出这样的尺寸，如图 14.17 所示（图中尺寸上的粗实线是数字书写方向的法线）。

需要说明的是，通常对正等轴测三个面的尺寸标注并保存到文件中。下次标注时，根据其轴测面和标注的方向，从中复制并调整尺寸界线的端点位置和尺寸线即可。

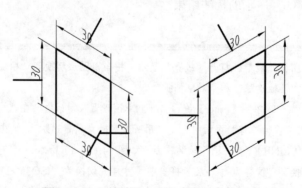

图 14.17　正等轴测左面和右面的尺寸标注

3. 标注角度尺寸

正等轴测图的角度尺寸标注通常只能手动进行，如图 14.18（a）所示。

（1）按【F5】键将轴测面切换到"右视（右面）"，启动椭圆命令（ELLIPSE），输入"i"并按【Enter】

键,指定图 14.18 (a) 中的交点 A 为圆心,拉伸至适当大小时单击鼠标左键。

(2) 使用修剪命令 (TRIM),将 B、C 线外的椭圆部分修剪掉,结果如图 14.18 (b) 所示。

(3) 使用直线命令 (LINE),过图 14.18 (b) 中小圆标记的交点 1 沿直线方向作长为 4 的线。

(4) 使用旋转命令 (ROTATE),将新绘出的线旋转至与直线垂直,结果如图 14.19 (a) 所示。

(5) 使用多段线命令 (PLINE),指定图 14.19 (a) 中小圆标记的交点 1 为起点,输入 "w" 并按【Enter】键指定"宽度"选项,指定起点宽度为 0,指定端点宽度为 1;输入 "A" 并按【Enter】键指定"圆弧"选项,输入 "D" 并按【Enter】键指定"方向"选项,在交点 1 的垂直线的向右方向的端点 3 处单击鼠标左键,移动光标至端点 3 的垂直追踪线与椭圆弧的交点为止,箭头绘出,结果如图 14.19 (b) 所示。

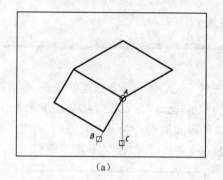
(a)

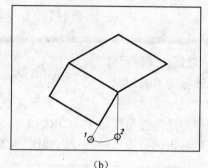
(b)

图 14.18 绘制角度尺寸线

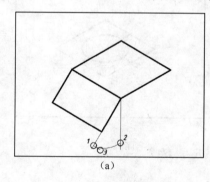
(a)

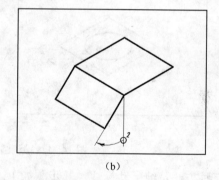
(b)

图 14.19 绘制角度尺寸线的左箭头

(6) 使用直线命令 (LINE),过图 14.19 (b) 中小圆标记的交点 2 沿 X 轴方向绘制长为 8 的线。拾取新绘出的线,选定中点夹点为热夹点,移至交点 2 处,按【Esc】键,结果如图 14.20 (a) 所示。

(7) 使用多段线命令 (PLINE),指定图 14.20 (a) 中的交点 2 为起点,输入 "w" 并按【Enter】键指定"宽度"选项,指定起点宽度为 0,指定端点宽度为 1;输入 "A" 并按【Enter】键指定"圆弧"选项,输入 "D" 并按【Enter】键指定"方向"选项,在端点 3 处单击鼠标左键,移动光标至端点 3 的垂直追踪线与椭圆弧的交点为止,箭头绘出。

(8) 删除辅助线,根据图 14.12 (a) 轴测右面的文字样式,将当前文字样式切换为"字母数字",使用单行文字命令 (DTEXT),任指定起点,指定高度为 3.5,输入 "20%%d",按【Ctrl+Enter】组合键,角度文字绘出。然后将角度文字平移到位,结果如图 14.20 (b) 所示。

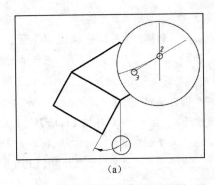 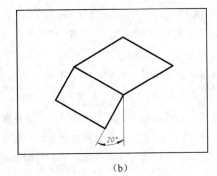

图 14.20 作角度尺寸线的右箭头

4. 标注圆和圆弧尺寸

正等轴测图的圆和圆弧尺寸标注通常有三种方法。第一种方法是沿轴测圆与中心点画线的对称交点标注"对齐"尺寸,指定文字为"%%c<>",如图 14.21(a)所示。

第二种方法是使用圆命令(CIRCLE),以轴测圆的圆心为圆心,按所标注的直径绘出圆来,然后标出该圆的直径尺寸,如图 14.21(b)所示,但效果不是很理想。

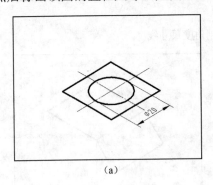 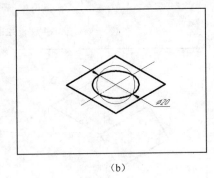

图 14.21 轴测圆的尺寸标注方法

第三种方法是纯手动标注,其步骤如下。

步骤

(1)从圆心开始绘出如图 14.22(a)所示的折线。注意,B 线应根据 A 线的角度来确定与 X 轴平行还是与 Y 轴平行,而 A 线应尽可能处于 15°的极轴角或倍角上。

(2)拾取图 14.22(a)的 A 线进入夹点模式,沿 A 线延伸方向拉伸至圆上,如图 14.22(b)所示,按【Esc】键退出夹点模式。

(3)使用多段线命令(PLINE),指定图 14.22(b)中小圆标记的交点 1 为起点,输入"w"并按【Enter】键指定"宽度"选项,指定起点宽度为 0,指定端点宽度为 1;沿线的方向移动光标,当长度约为 4 时单击鼠标左键,或者当出现极轴追踪线时,输入"4"并按【Enter】键,箭头绘出。类似地,绘出另一个箭头,结果如图 14.23(a)所示。

(4)根据图 14.12(a)轴测顶面(俯视)的文字样式,将当前文字样式切换为"左 30",使用单行文字命令(DTEXT),指定图 14.23(a)中的 B 线的左边端点为起点,指定高度为 3.5,在 B 线的另一个端点单击鼠标左键,输入"%%c20",按【Ctrl+Enter】组合键,文字绘出。将文字平移离开 B 线位置约 1,结果如图 14.23(b)所示。

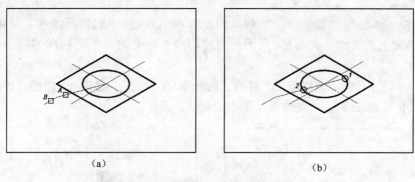

图 14.22　手工绘出轴测圆的尺寸线

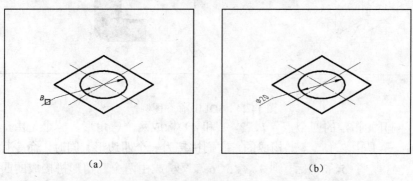

图 14.23　绘出轴测圆的箭头和文字

【实训 14.4】综合训练

本次实训简练是在"AutoCAD2012 实训"样板文件的基础上,执行如下几个步骤。

(1)建立"左 30"和"右 30"文字样式。
(2)建立"ISO35 左"和"ISO35 右"标注样式。
(3)绘制图 14.12 和 14.17 图例上的内容。
(4)标注图 14.11 的正等轴测图的尺寸。

14.3　常见实训问题处理

在使用 AutoCAD 时,经常会出现一些问题,它们涉及许多方面,这里就面域和图案填充等方面的一些操作问题进行分析和解答。

14.3.1 填色能否用 TRACE、SOLID

TRACE 用来创建一定宽度的实线，但新版本 AutoCAD 已将其废弃。SOLID 可以直接绘制平面上的二维填充图形，只不过它使用两个填充的三角形构成的四边形区域来拼接。

例如，在命令行输入"SOLID"并按【Enter】键，按图 14.24（a）中的点的序号依次指定，最后按【Enter】键，则结果如图 14.24（b）所示。

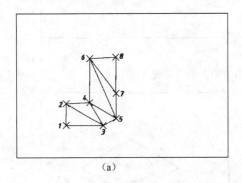 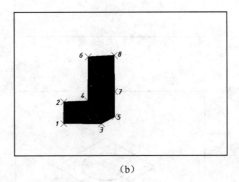

图 14.24 SOLID 命令图例

可见，刚开始指定的四个点（1、2、3 和 4）构成两个三角形，一个是由 1、2、3 点构成的，另一个是由 2、3、4 点构成的，它们拼接为一个四边形。同时，命令行提示指定第 3、4 点，当指定了 5、6 点后，则 3、4、5、6 点又构成由两个三角形拼接成的四边形······直至按【Enter】键接收并退出。

14.3.2 和已有边界重复

在图案填充过程中，当指定内部点不确定要填充的区域时，有时会出现"和已有边界重复"提示，导致无法选定区域。造成这个现象的原因目前尚未明确，解决这个问题依次可以有如下几个方法。

① 使用重生成命令（REGEN）或全部重生成命令（REGENALL）刷新绘图区。
② 删除原来绘制的线，重新绘制。
③ 使用多段线沿边界重新绘出区域线，填充时拾取多段线对象即可。

思考与练习

（1）与面域造型相关的命令有哪些？说明 REGION 与 BOUNDARY 命令的区别并绘出如题图 14.1 所示的图形。
（2）说明剖视图和移出断面的剖切符号和投影方向的绘出方法。
（3）说明表示机体断裂的波浪线如何绘制。
（4）说明局部放大图的绘制过程，以及如何获取被放大部分的图形。

（5）说明正等轴测图绘制的方法和过程，绘出如题图 14.2 所示的轴测图。

（6）绘出第 13 章如题图 13.3～题图 13.6 所示的轴测图，并标注尺寸。

（7）根据第 13 章如题图 13.1～题图 13.2 所示的三视图，绘出其轴测图。

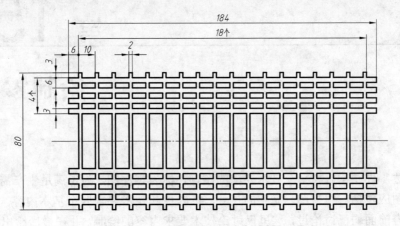

题图 14.1

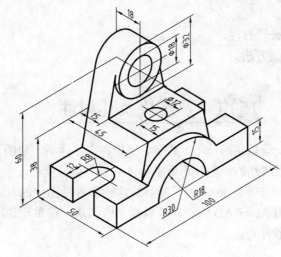

题图 14.2

第 15 章

绘制零件图

用于表达零件结构、大小及技术要求的图样,称为**零件图**。为了满足生产需要,一张完整的零件图应包括一组视图、完整的尺寸、标题栏和技术要求四个基本内容。其中,前三个部分内容前面均已讨论过,这里仅讨论技术要求内容的绘制,并在最后绘出常用零件图的绘制方法。本章主要内容有:

- 熟悉块及其属性。
- 学会结构和形位公差标注。
- 掌握零件图的绘制方法。

15.1 熟悉块及其属性

在图样中,需使用一些规定的符号、数字、字母和文字注解,简明、准确地给出零件在使用、制造和检验时应达到的一些技术要求(包括表面粗糙度、尺寸公差、形状和位置公差、表面处理和材料处理等要求)。为了能够快速绘出零件图中的表面结构要求、标题栏等内容,通常需要使用 AutoCAD 的块及其属性。所谓块,简单地说,就是将多个不同图元组成一个整体的图形方式。

15.1.1 创建块

创建块,又称为定义块,是通过 BLOCK 命令进行的。其命令方式如下:

命令名	BLOCK,B		
快捷键	—		
菜单	绘图→块→创建	功能区	常用→块→
工具栏	绘图→		

定义块时,需要指定块名、块所包含的对象及块的插入基点。下面来看一个示例。

步骤

(1)启动 AutoCAD 或重新建立一个默认文档,按标准要求建立"细实线"、"文字尺寸"、"粗实线"图层(这里的粗线线宽改为 0.5),**草图设置对象捕捉左侧选项,建立"汉字注写"文字样式,绘制 150× 100 图框并满显。**

(2)绘制一个简单的表格,其中注写的汉字字高为 3.85,如图 15.1(a)所示。

(3)在命令行输入"B"并按【Enter】键,弹出如图 15.1(b)所示的"块定义"对话框,从中可以看出它包含了"名称"、"基点"、"对象"、"方式"等区域内容。

① 在"块定义"对话框的"名称"框中输入块名"简单表格",单击选择对象图标按钮(是快速选择对象按钮),对话框消失,拾取表格的所有内容并结束拾取,又回到了"块定义"对话框。

② 在"块定义"对话框中,单击拾取点图标按钮,对话框消失,指定图 15.1(a)中有小圆标记的交点 A 为基点,又回到了"块定义"对话框,结果如图 15.2(a)所示。

(4)这样,"简单表格"块就定义好了,单击 确定 按钮,对话框退出。"简单表格"块创建,此时拾取绘出的简单表格,则可以看出它已变为了一个整体,结果如图 15.2(b)所示。

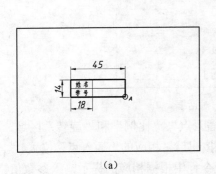
(a)

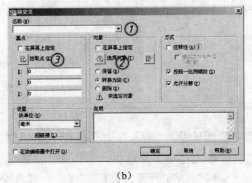
(b)

图 15.1 简单表格和"块定义"对话框

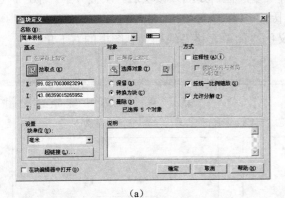
(a)

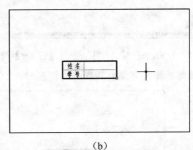
(b)

图 15.2 定义块

需要强调的是,在"块定义"对话框的"对象"区域中,有"保留"、"转换为块"和"删除"选项,分别表示块创建后,选定的源对象是否"保留"原来的图形、转换为块对象或删除。

15.1.2 插入块

当块定义后就可以将块插入到当前图形中,块插入命令(INSERT)有下列几种方式:

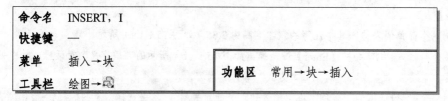

在命令行输入"I"并按【Enter】键,弹出如图 15.3 所示的"插入"对话框,单击 浏览(B)... 按钮,打开"选择图形文件"对话框(标准文件选择对话框),从中可以选择要插入的块图形文件。

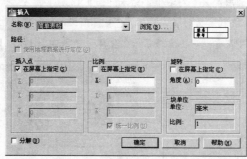

图 15.3 "插入"对话框

需要强调的是,"插入"对话框还包含了"插入点"、"比例"和"旋转"区域,若选中了"在屏幕上指定"复选框,则当单击 确定 按钮后,相应的"插入点"位置、"比例"大小和"旋转"角度可通过鼠标来指定,或在命令行中根据相应的提示输入参数值。

特别需要注意的是,若选中"分解"复选框,则插入该块后,块被分解。不过,选定"分解"时,只可以指定"统一比例"因子。

例如,下面的过程就是将前面定义的"简单表格"块插入到图框的右下角。

步骤

(1)在命令行输入"I"并按【Enter】键,弹出"插入"对话框,保留默认选项,单击 确定 按钮。此时移动光标,可以看到跟随的块图形,如图 15.4(a)所示。同时,命令行提示为:

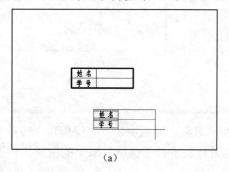

(a)

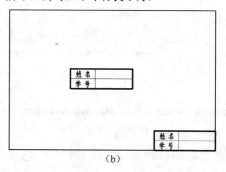

(b)

图 15.4 插入块

指定插入点或[基点(B)/比例(S)/旋转(R)]:

(2)将光标移至图框右下角的角点时,单击鼠标左键,块绘出,结果如图15.4(b)所示。

15.1.3 块属性定义

所谓块的"属性",即图块中的"域"。域中的文字内容可以不一样,但域的大小、字体、对齐风格等均必须一一预先指定。这样一来,当插入带有属性的块(如标题栏)时,只需填写相应的属性内容,便可将新的图表"块"绘出。由此可见,带属性的块,是参数化方法的块,它具有更广泛的应用意义。

块的属性是通过 ATTDEF 命令定义的,它有下列命令方式:

在命令行输入"ATT"并按【Enter】键,弹出如图 15.5 所示的"属性定义"对话框。其中,"模式"区域中的选项含义如下。

【说明】

(1)**不可见**。选中后,表示块插入后,该属性不显示。

(2)**固定**。选中后,表示块插入时,该属性是固定值。

(3)**验证**。选中后,表示块插入时,提示该属性值是否正确。

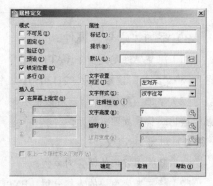

图 15.5 "属性定义"对话框

(4)**预设**。选中后,若插入块时该属性有预设置的默认属性值,则使用该默认值。

(5)**锁定位置**。选中后,属性的位置固定在块中。不过,一旦解锁后,不仅属性可以在块中移动,而且可以调整多行文字属性的大小。

(6)**多行**。选中后,指定的属性值可以包含多行文字,且可以指定属性的边界宽度。

特别需要说明的是,"属性"区域用来定义属性(域)的名称标识(标记)、在命令行显示的提示(若不指定,则"标记"内容就是"提示"内容)及默认的属性值。而"插入点"和"文字设置"则用来指定该属性文字的具体位置和样式。

【实训 15.1】为表格块添加属性

下面就在前面的"简单表格"块中定义和添加"姓名"和"学号"两个属性。

步骤

1)操作准备。

(1)如图 15.4(b)所示,删除右下角插入的块。

(2)将当前图层切换到"文字尺寸"层,绘出单元格的对角线(用作指定属性位置的参照线),如

图 *a* 所示。

2）添加"姓名"属性。

（1）在命令行输入"ATT"并按【Enter】键，弹出"属性定义"对话框，将属性"标记"指定为"姓名"，将"默认"值指定为"李明"，将"对正"方式指定为"正中"，将"文字高度"指定为3.85。结果如图 *b* 所示。

（2）单击 确定 按钮。对话框消失，命令行提示为"指定起点："。移动光标，可以看到跟随的属性名（标记）。将光标移至图 *a* 中的对角线 *1* 的中点位置时单击鼠标左键，属性绘出，结果如图 *c* 所示。

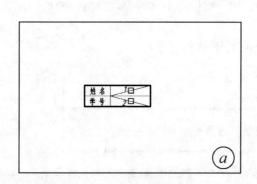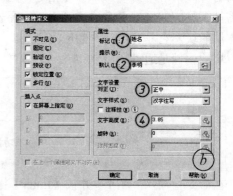

3）添加"学号"属性。

（1）重复属性定义命令（ATTDEF），在弹出的"属性定义"对话框中，将属性"标记"指定为"学号"，将"默认"值指定为"21130301"，将"对正"方式指定为"正中"，将"文字高度"指定为3.85。

（2）单击 确定 按钮，对话框消失。将光标移至图 *a* 中的对角线 *2* 的中点位置时单击鼠标左键，属性绘出。结果如图 *d* 所示。

4）重新块定义。

（1）删除图 *d* 中的两条对角线。

（2）将原来变为块的表格分解（EXPLODE）。

（3）在命令行输入"B"并按【Enter】键，弹出"块定义"对话框，单击"名称"组合框的下拉按钮，从弹出的下拉选项中指定"简单表格"，单击选择对象按钮，对话框消失。

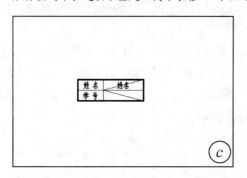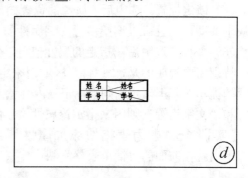

（4）框选拾取表格和刚绘出的"姓名"及"学号"属性并结束拾取，又回到了"块定义"对话框。单击拾取点按钮，对话框消失，指定表右下角点为基点，又回到了"块定义"对话框。结果如图 *e* 所示。单击 确定 按钮，对话框退出，弹出如图 *f* 所示的对话框。

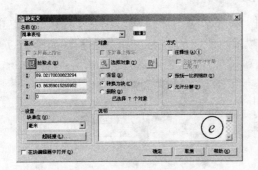

（5）单击 [重定义] 按钮，弹出"编辑属性"对话框，如图 g 所示。单击 [确定] 按钮，对话框退出。具有属性的块定义完成。

5）插入块。

（1）在命令行输入"I"并按【Enter】键，弹出"插入"对话框，保留默认选项，单击 [确定] 按钮。

（2）将光标移至图框右下角的角点时，单击鼠标左键，此时命令行有提示，按命令行提示操作后，结果如图 h 所示：

```
输入属性值
学号 <21130301>: 21130302↵
姓名 <李明>: 丁有和↵
```

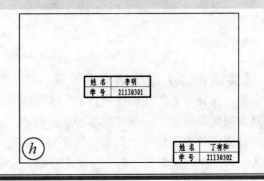

从上述示例过程可以看出，属性添加的次序恰好是属性创建次序的逆序，即最新创建的属性在块中的次序最前。当然，这一次序可以通过"块属性管理器"更改。

15.1.4 块属性管理器

块属性管理器是通过启动命令 BATTMAN 来显示的，其命令方式如下：

命令名	BATTMAN
快捷键	—
菜单	修改→对象→属性→块属...
工具栏	修改 II →

功能区	常用→块▼扩展→

BATTMAN 命令启动后，弹出如图 15.6（a）所示的"块属性管理器"对话框，从中可以对块中的属性进行修改。

若要改变属性次序，则选中属性列表项，单击 [上移(U)] 按钮、[下移(D)] 按钮即可。而若要编辑属性，则单击 编辑(E) 按钮，弹出如图15.6（b）所示的"编辑属性"对话框，这里可对属性中的"模式"、"数据"、"文字选项"（如图15.7（a）所示）和"特性"（如图15.7（b）所示）进行编辑。

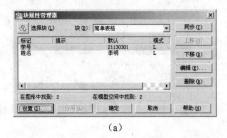
(a)

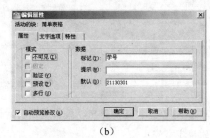
(b)

图15.6 "块属性管理器"和"编辑属性"对话框

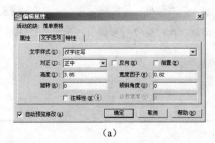
(a)

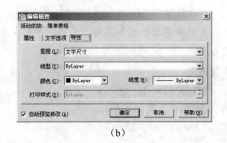
(b)

图15.7 "文字选项"和"特性"页面

【实训15.2】表面结构符号块

为了保证零件的使用性能，在机械图样中需要对零件的表面结构给出要求。表面结构就是由粗糙度轮廓、波纹度轮廓和原始轮廓构成的零件表面特征。

评定零件表面结构的参数有轮廓参数、图形参数和支承率曲线参数。其中，轮廓参数分为三种，R轮廓参数（粗糙度轮廓参数）、W轮廓参数（波纹度轮廓参数）和P轮廓参数（原始轮廓参数）。机械图样中，通常使用表面粗糙度参数R_a和R_z作为评定表面结构的参数。事实上，国家标准规定了R_a的优先系列值，它们是 0.012、0.025、0.05、0.1、0.2、0.4、0.8、1.6、3.2、6.4、12.5、25、50 和 100（后一个值约是前一个值的两倍），单位为μm。并且，不同R_a值的表面特征及其主要加工方法均可从有关手册查找。例如，R_a值为3.2时，表面特征为"微见刀痕"，其主要加工方法为"精车"、"精铣等"。

在图样中，可以使用不同的图形符号表示对零件表面结构的不同要求，其大小应与图样中的尺寸数字和文字有关。若设尺寸数字或字母的高度为h，则如图15.8中所示的符号画法中的H_1则应为h大一号高度，而H_2则取决于所标注的内容，但不应小于最小值。例如，当H_1为5时，H_2应不小于10.5。

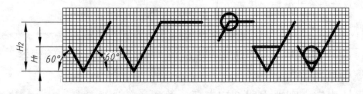

图15.8 符号画法

标注表面结构参数时应使用完整图形符号；在完整图形符号中注写了参数代号、极限值等要求后，称为**表面结构代号**。标注时还应遵循下列几个原则。

（1）表面结构要求对每一表面一般只标注一次，并尽可能标注在相应的尺寸及其公差的同一视图上。表面结构的注写和读取方向与尺寸的注写和读取方向一致。

（2）表面结构要求可标注在轮廓线或其延长线上，其符号应从材料外指向并接触表面。必要时表面结构符号也可使用带箭头和黑点的指引线引出标注。

（3）在不致引起误解时，表面结构要求可以标注在给定的尺寸线上。

（4）如果在工件的多数表面有相同的表面结构要求，则其表面结构要求可统一标注在图样的标题栏附近。此时，表面结构要求的代号后面应有两种情况，①在圆括号内给出无任何其他标注的基本符号；②在圆括号内给出不同的表面结构要求。其中，第①种情况用来表示其余各表面的表面结构要求；第②种情况用来表示除括号内已注明的结构要求外的其余各表面的表面结构要求。

试绘出如图 15.9 所示的凹环零件的零件图。

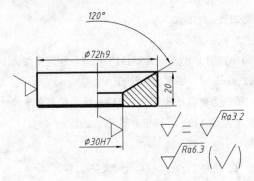

图 15.9　凹环零件图

步骤

1) 绘制准备。

启动 AutoCAD 或重新建立一个默认文档，按标准要求建立所有图层（这里将粗线线宽改为 0.5），草图设置对象捕捉左侧选项，建立"字母数字"文字样式，建立"ISO35"标注样式，绘制 100×75 图框并满显。

2) 绘制主要轮廓线和辅助线。

（1）打开"线宽"显示，将当前图层切换到"粗实线"层。使用矩形命令（RECTANG），绘出长为 72，高为 20 的矩形。

（2）将当前图层切换到"点画线"层。使用直线命令（LINE），从矩形上边的中点开始绘出竖直的中心点画线。使用夹点调整竖直点画线的长度，结果如图 a 所示。

（3）使用偏移命令（OFFSET），指定偏移距离为 15，拾取图 a 中有小方框标记的点画线，在其左侧位置单击鼠标左键，再拾取有小方框标记的点画线，在其右侧位置单击鼠标左键，结果如图 b 所示。

3) 完善轮廓线。

（1）将当前图层切换到"粗实线"层。

（2）使用直线命令（LINE），从图 b 中的角点 A 开始向左下沿 极轴：…<210° 绘至小方框标记的点

画线 1 的交点为止,再向下绘至矩形的下边交点。

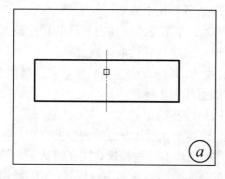
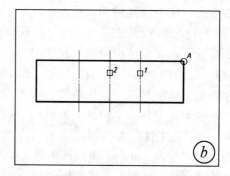

(3)重复直线命令,从点画线 1 的交点开始向左绘出水平线至点画线 2 的交点为止。

(4)使用倒角命令(CHAMFER),指定第一、第二倒角距离均为 1,参照图 15.9 进行倒角,同时补绘所缺线条,结果如图 c 所示。

(5)删除图 c 中有小方框标记的点画线。

4)填充并标注,结果如图 d 所示。

(1)将当前图层切换为"文字尺寸"层。

(2)启动图案填充命令(HATCH),设定"ANSI31"类型,指定角度为 90°,指定比例为 0.75,拾取图 c 所示的内部点 1,按【Enter】键,图案填充绘出。

(3)将斜线作以中间的点画线为镜像线的镜像,目的是便于标出角度尺寸 120°,后面还要删除它。

(4)参照图 15.9,标出角度尺寸 120°,标出高度尺寸 20。

(5)标出外径尺寸 ϕ72h9。

【注意】 标注时,输入"t"并按【Enter】键指定"文字"选项,输入"%%c<>h9"并按【Enter】键。

(6)标出内径尺寸 ϕ30H7。

【注意】 标注时,指定"文字"选项,输入"%%c<>H7"并按【Enter】键。

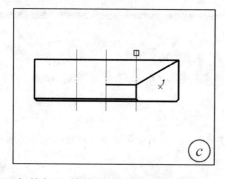
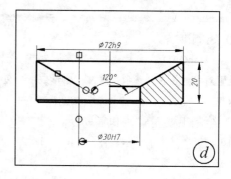

5)完善标注并作表面结构符号。

(1)删除图 d 中有小方框标记的线段。

(2)使用分解命令(EXPLODE),将尺寸 120°和 ϕ30H7 分解,删除有小圆标记的尺寸界线和箭头,调整尺寸线的大小。

(3)绘制表面结构符号。

① 使用直线命令,在图框内的空白处绘出三条水平线,间隔为 5,结果如图 e 所示。

② 使用直线命令(LINE),从图 e 中的端点 A 开始向右下沿 极轴: …<300° 绘至小方框标记的水平

线 *1* 的交点为止,再向右上沿 极轴: ...<60° 绘至小方框标记的水平线 *2* 的交点为止。

③ 删除绘制的水平线等,将绘出的表面结构基本符号复制两次,结果如图 *f* 所示。

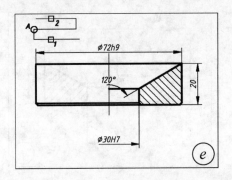
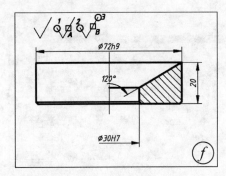

④ 将图 *f* 中的小方框标记 *B* 的斜线向延长线方向拉伸 1 左右。

⑤ 使用直线命令(LINE),从图 *f* 中的端点 *1* 开始向右绘出水平线至小方框标记 *A* 的斜线交点为止。

⑥ 重复直线命令,从端点 *2* 开始向右绘出水平线至小方框标记 *B* 的斜线交点为止。

⑦ 再重复直线命令,从端点 *3* 开始向右绘出水平线长约 10,结果如图 *g* 所示。

6)将表面结构符号定义成块。

(1)为最右边的表面结构符号指定块属性。

① 在命令行输入"ATT"并按【Enter】键,弹出"属性定义"对话框。

② 指定标记为"Ra 值",指定默认值为"Ra3.2",保留默认的"左对齐"对正方式,将字高设为 3.5,结果如图 *h* 所示。

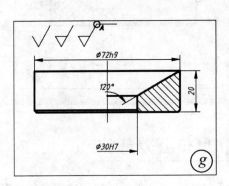
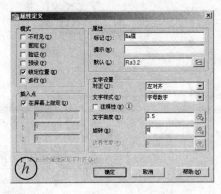

③ 单击 确定 按钮,对话框消失,命令行提示为"指定起点:",将光标移至图 *g* 中的交点 *1* 的位置时单击鼠标左键,属性绘出。

④ 拾取属性,向下平移 4 左右。

(2)使用 BLOCK 命令,分别就绘好的表面结构三个图符依次从左到右创建"Ra 基本"、"Ra 加工"和"Ra 参数"三个块(在"块定义"对话框中,选定"对象"域中的"删除"选项),各块均选定基点为各自图符最下面的交点。

7)插入块。

(1)在命令行输入"I"并按【Enter】键启动块插入命令(INSERT),弹出"插入"对话框,选择"Ra 加工"块,指定"旋转"区域中的"在屏幕上指定",如图 *i* 所示。单击 确定 按钮,对话框消失。

(2)将光标移至矩形左边中点时单击鼠标左键,将光标向上移动,当出现 极轴: ...<90° 追踪线时单

击鼠标左键，表面结构图符绘出。

(3) 类似地，绘出尺寸 ϕ30H7 上的表面结构图符，结果如图 j 所示。

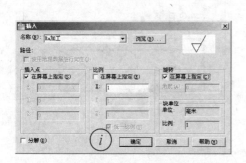
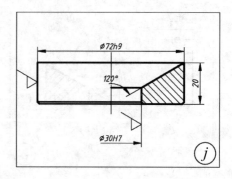

8) 注写表面结构，零件图绘出。

(1) 使用多行文字命令（MTEXT），将字体选定为"gbenor.shx"，字高设为10，在右下空白区绘出"="文字。

(2) 类似地，在其之下绘出"( )"文字，结果如图 k 所示。

(3) 使用块插入命令（INSERT），参照图15.9，将块插入到位，结果如图 l 所示。

【注意】将块插入到文字中时，应沿文字节点的水平追踪线进行。

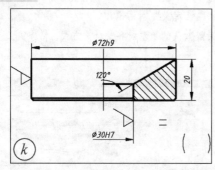
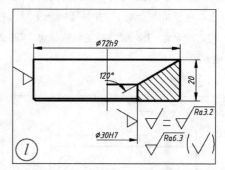

15.2 学会结构和形位公差标注

除表面结构要求外，零件图中的技术要求还包括尺寸公差、形状和位置公差、表面处理和材料处理等。这里就来讨论形状和位置公差及常见零件的结构要素的标注方法。

15.2.1 快速引线

形状和位置公差及常见零件的结构要素通常使用引线的形式标注。

在 AutoCAD 中，引线标注的命令有一般引线命令（LEADER）、快速引线命令（QLEADER）及多重引线命令（MLEADER）。特别需要注意的是，MLEADER 将取代 LEADER 和 QLEADER 的功能。这里暂讨论 QLEADER 命令，MLEADER 以后还会详细讨论。

快速引线命令（QLEADER）用来创建一端带有箭头的一段或多段引线，引线的另一端可以是（多行）文字、图块等。在命令行输入"QLEADER"或"LE"并按【Enter】键，命令行提示为：

QLEADER
指定第一个引线点或 [设置(S)] <设置>:

直接按【Enter】键，弹出如图 15.10 所示的"引线设置"对话框，它有"注释"、"引线和箭头"及"附着"三个选项卡页面。

其中，"附着"的默认选项表示的含义是，若文字在引线的右边，则引线就在第一行左侧的中间；若文字在引线的左边，则引线就在最后一行左侧的中间；若选中"最后一行加下画线"，则文字总在引线的上边。

图 15.10　"引线设置"对话框及其三个选项卡页面

单击 确定 按钮，对话框退出，又回到上述命令行提示。指定任意一点，此时为引线的起点（带有箭头），命令行提示为：

指定下一点:

任意指定下一点后，第一段引线绘出，命令行提示仍为"指定下一点"，按【Enter】键进行下一步，命令行提示为：

指定文字宽度<0>:

用来指定多行文字的宽度。默认值为 0，表示此宽度不受限制。按【Enter】键进行下一步，命令行提示为：

输入注释文字的第一行 <多行文字(M)>:

直接按【Enter】键进入"文字编辑器"，从中可输入文字。关闭文字编辑器后，引线绘出。

需要强调如下几项内容。

（1）引线默认为由三个点构成（两段），若在指定第二个点后按【Enter】键跳出进行下一步，则第二段为默认的水平线，长度为当前标注样式中指定的箭头长度。

（2）QLEADER 命令创建的引线与多行文字是分开的两个对象。双击文字注释，可直接修改文字内容。

【实训 15.3】零件结构尺寸标注

在零件中常常遇到各种光孔、螺纹孔、沉孔等孔结构，这些典型结构的标注可以有普通注法和旁注法。所谓普通注法，就是对组成孔结构的基本要素逐一进行尺寸标注，如图 15.11（a）所示的沉孔尺寸。所谓旁注法，就是从孔的中心点线和外轮廓线的交点处进行引出说明标注，如图 15.11（b）所示。

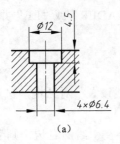 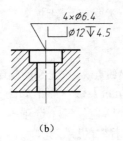

(a)   (b)

图 15.11   沉孔的结构标注

由此可见，若要实现如图 15.11（b）所示的**旁注法**需使用快速引线命令（QLEADER）进行，但文字中的锪平（⊔）、深度（▽）符号如何输入呢？事实上，可将输入的字体改为 gdt.shx，输入对应的小写字母即可，如图 15.12 所示。

图 15.12   小写字母对应的图符

下面就来绘制如图 15.11（b）所示的沉孔并进行旁标注。

步骤

1）绘制准备。

启动 AutoCAD 或重新建立一个默认文档，按标准要求建立所有图层（这里将粗线线宽改为 0.5），**草图设置对象捕捉左侧选项，建立"字母数字"文字样式，建立"ISO35"标注样式，绘制 75×50 图框并满显。**

2）绘制主要轮廓线和辅助线。

（1）打开"线宽"显示，将当前图层切换到"粗实线"层。使用矩形命令（RECTANG），绘出长为 25，高为 15 的矩形。

（2）将当前图层切换到"点画线"层。使用直线命令（LINE），从矩形上边的中点开始绘出竖直的中心点画线。使用夹点调整竖直点画线的长度，结果如图 a 所示。

（3）将当前图层切换到"粗实线"层。使用矩形命令（RECTANG），绘出长为 12，高为 4.5 的矩形。以矩形上边的中点为基点，将矩形移至图 a 中小圆标记的交点 1 处。

（4）使用直线命令（LINE），绘出长为 6.4 的水平线，并将其移到点画线 A 上，根据 6.4 的水平线端点的垂直追踪线，绘出沉孔的轮廓线，结果如图 b 所示。

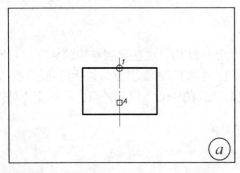 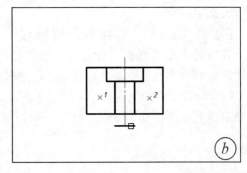

3）完善视图。

（1）删除图 b 中有小方框标记的粗实线。

（2）将当前图层切换为"文字尺寸"层。启动图案填充命令（HATCH），设定"ANSI31"类型，指定比例为 0.5，拾取图 b 所示的内部点 1 和 2，按【Enter】键，图案填充绘出。

（3）分解 25×15 的矩形，删除矩形的左右两边，结果如图 c 所示。

4）尺寸注写并修补。

（1）在命令行输入"LE"并按【Enter】键，直接按【Enter】键，弹出"引线设置"对话框，将其切换到"引线和箭头"页面，将"箭头"类型选定为"无"。再切换到"附着"页面，将"文字在右边"的选项选定为"多行文字中间"。单击 确定 按钮，关闭对话框。

（2）在图 c 中小圆标记的交点 1 处指定第一个引线点，在点画线左上方位置指定"下一点"，将光标向右水平移动至适当位置指定一点。指定文字宽度为 25，按【Enter】键进入多行"文字编辑器"；

（3）输入"4*%%c6.4"并按【Enter】键。

（4）将当前字体选为 gdt.shx，输入"v"；将当前字体选为"gbeitc.shx"，输入"%%c12"；将当前字体选为 gdt.shx，输入"x"；再将当前字体选为 gbeitc.shx，输入"4.5"。

（5）选中全部文字，选择"正中"对正方式，关闭"文字编辑器"。文字绘出，结果如图 d 所示。

（6）拾取图 d 中有小方框标记的引线，向右水平拉伸至出文字宽度为止，任务完成。

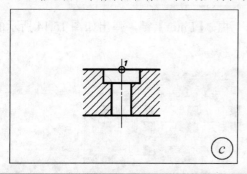
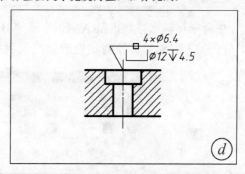

15.2.2 标注形位公差

零件在制造过程中，由于多种因素的影响，不仅尺寸会产生误差，而且形状和位置也会产生误差，这些误差也是影响零件质量的一项技术指标。因此，为了满足使用的要求，必须将这些误差控制在允许的范围内。形状误差和位置误差所允许的变动量分别称为**形状公差**和**位置公差**，简称**形位公差**。

在零件图中，形位公差通常采用代号标注。形位公差代号包括形位公差符号、形位公差框格及指引线、形位公差线性数值、基准要素字母等。其绘制方法如图 15.13 所示（h 为尺寸字高，b 为粗实线宽度）。

标注形位公差时，指引线的箭头要指向被测要素的轮廓线或其延长线上。当被测要素是轴线时，指引线的箭头应与该要素尺寸线的箭头对齐。指引线箭头所指方向是公差带的宽度方向或直径方向。当基准要素是轴线时，要将基准符号与该要素的尺寸线对齐。

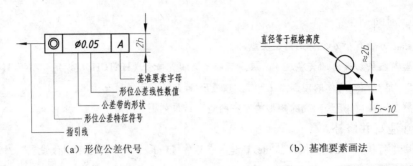

(a) 形位公差代号　　　　　　　　(b) 基准要素画法

图 15.13　形位公差代号和基准代号

在 AutoCAD 中，标注形位公差通常使用 QLEADER 命令指定"公差"注释类型标注，其中，要注释的公差项目还可由专门命令 TOLERANCE 来创建。TOLERANCE 命令方式如下：

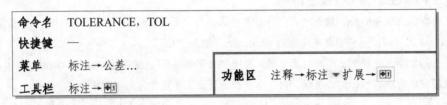

在命令行输入"TOLERANCE"或"TOL"并按【Enter】键，弹出如图 15.14 所示的"形位公差"对话框。该对话框的含义说明如下。

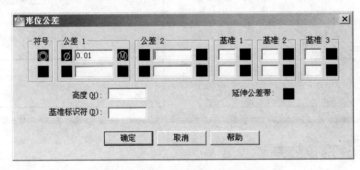

图 15.14　"形位公差"对话框

【说明】

（1）**符号**。单击符号下的小黑框，弹出"特征符号"对话框，如图 15.15（a）所示，从中可以指定要标注的形位公差特征符号。

（2）**公差** 1、2。公差区左侧的小黑框为直径符号"ϕ"是否打开的开关。单击公差区右左侧的小黑框，弹出"附加符号"对话框，如图 15.15（b）所示，用来设置被测要素的包容条件。

（3）**基准** 1、2、3。单击基准区的小黑框，弹出"附加符号"对话框，用来设置基准的包容条件。

（4）**高度**。用来设置最小的投影公差带。

（5）**延伸公差带**。其后的小黑框为设置延伸公差带符号是否插入的开关。

（6）**基准标识符**。创建由参照字母组成的基准标识符。

 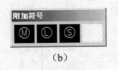

图 15.15 "特征符号"和"附加符号"对话框

【实训 15.4】形位公差标注

例如,如图 15.16 所示就是一个形位公差标注的示例,试绘制该示例。

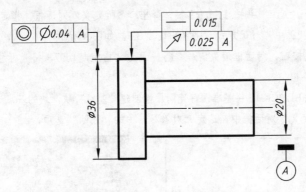

图 15.16 "形位公差"标注示例

步骤

1)绘制准备。

启动 AutoCAD 或重新建立一个默认文档,按标准要求建立所有图层(这里将粗线线宽改为 0.5),草图设置对象捕捉左侧选项,建立"字母数字"文字样式,建立"ISO35"标注样式,绘制 100×75 图框并满显。

2)绘制基准和轮廓线。

(1)打开"线宽"显示,将当前图层切换到"粗实线"层。使用矩形命令(RECTANG),绘出长为 10,高为 36 的矩形。

(2)将当前图层切换到"点画线"层。使用直线命令(LINE),从矩形左边的中点开始绘出水平的中心点画线。使用夹点调整水平点画线的长度和水平位置。

(3)将当前图层切换到"粗实线"层。使用矩形命令(RECTANG),绘出长为 40,高为 20 的矩形。以矩形左边的中点为基点,将矩形移至 10×36 矩形右侧边与点画线交点处,结果如图 a 所示。

3)标注尺寸并绘基准符号。

(1)将当前图层切换为"文字尺寸"层,标注ϕ20 和ϕ36 尺寸,结果如图 b 所示。

(2)使用圆命令(CIRCLE),在图 b 中小圆标记的交点 1 的竖直追踪线上指定圆心(距交点 1 约为 12),指定半径为 3.5(一个数字的字高),圆绘出。使用直线命令(LINE),从圆的上象限点开始向上绘出竖直线(长约 5),结果如图 c 所示。

(3)使用多段线命令(PLINE),指定宽度为 1.5,绘出长为 6 的水平线,并以其中点为基点移至图 c 中有小圆标记的端点 2 中。

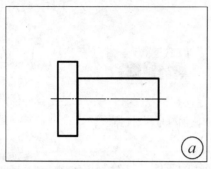
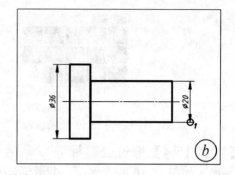

4）创建带属性的基准块。

（1）在命令行输入"ATT"并按【Enter】键，弹出"属性定义"对话框。指定标记为"基准"，指定默认值为"A"，指定"正中"对正方式，将字高设为3.5，如图 d 所示。

（2）单击 确定 按钮，对话框消失，命令行提示为"指定起点："，将光标移至基准圆圈的圆心时单击鼠标左键，属性绘出。

（3）使用块命令（BLOCK），将基准图符连同属性创建"基准"块，块的基点选定为端点 2。

【注意】在"块定义"对话框中，选定"对象"域中的"删除"选项。

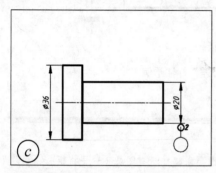
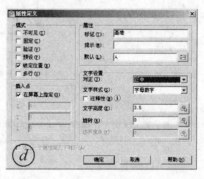

5）插入基准块并标出左上角同轴度。

（1）在命令行输入"I"并按【Enter】键，弹出"插入"对话框，选择块名称为"基准"，保留默认选项，单击 确定 按钮。

（2）将光标移至图 c 中小圆标记的交点 1 的竖直追踪线上约 2 左右，单击鼠标左键，按【Enter】键选择默认的基准值，基准绘出。结果如图 e 所示。

（3）在命令行输入"LE"并按【Enter】键，直接按【Enter】键，弹出"引线设置"对话框，在"注释"页面中将"注释类型"选定为"公差"，在"引线和箭头"页面中，将"箭头"类型选为"实心闭合"，单击 确定 按钮，关闭对话框。

（4）在图 e 中小圆标记的交点 3 处指定第一个引线点，向上约 10 处的竖直线上指定"下一点"，向左水平长约 4 处指定第 3 点，弹出"形位公差"对话框，设置形位公差如图 f 所示。

（5）单击 确定 按钮，关闭对话框。"同轴度"位置公差绘出。

6）标出 φ20 形位公差。

（1）在命令行输入"TOLERANCE"或"TOL"并按【Enter】键，弹出"形位公差"对话框。设置形位公差如图 g 所示。单击 确定 按钮，关闭对话框。参考图 15.16，将光标移至适当位置后单击鼠标左键，结果如图 h 所示。

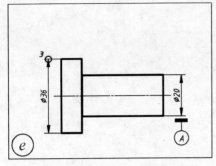
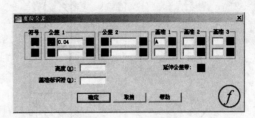

（2）在命令行输入"LE"并按【Enter】键，直接按【Enter】键，弹出"引线设置"对话框，在"注释"页面中将"注释类型"选定为"无"，单击 确定 按钮，关闭对话框。

（3）在图 h 中小圆标记的交点 4 处指定第一个引线点，向上与交点 5 的水平追踪线的交点指定为"下一点"，向右水平至交点 5 单击鼠标左键。图例绘出。

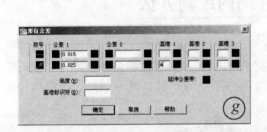
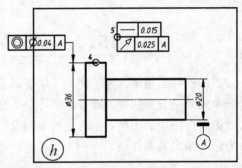

【实训 15.5】综合训练

绘制如图 15.17 和 15.18 所示的零件图（图中 C1、C2 表示倒角 $1 \times 45°$、$2 \times 45°$）。
提示：尺寸公差首先使用"线性尺寸"标注，再使用"文字编辑器"修改。

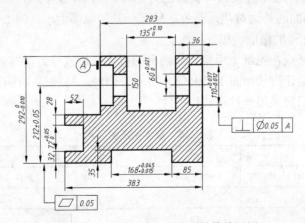

图 15.17　尺寸公差和形位公差简练示例

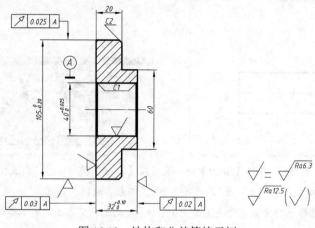

图 15.18　结构和公差简练示例

15.3　掌握零件图的绘制方法

零件的种类很多，为了便于了解、研究零件，根据零件的结构形状，大致可以将零件由简单到复杂分为四类，即轴套类零件、盘盖类零件、叉架类零件和箱体类零件。本节先来讨论零件图中的图框、标题栏的绘制及多视口的辅助方法，最后以一个盘盖类零件导向板为例，绘出其零件图。

15.3.1　幅面格式和图形框

为了合理利用图纸，便于装订、保管，国标规定了五种基本图纸幅面，见表15.1。其中，**A0 号**图纸面积为 $1m^2$，且长边与宽边比为 1.414∶1，得出 A0 号图纸幅面大小为 841×1189mm。沿某号幅面的长边对裁，即为某号下一号的幅面大小。例如，沿 A1 号幅面的长边对裁，即为 A2 号的幅面，以此类推。

图纸选定后还必须在图纸上用粗实线画出图框，其格式分为留有装订边（如图 15.19（a）所示）和不留装订边（如图 15.19（b）所示）两种，每种格式还有横放和竖放之分，但同一产品的图样只能采用一种格式。

表 15.1　基本图纸幅面尺寸

幅面代号	A0	A1	A2	A3	A4
B×L	841×1189	594×841	420×594	297×420	210×297
a	25				
c	10			5	
e	20		10		

注：若对图纸有加长加宽的要求时，应按基本幅面的短边（B）成整数倍增加。

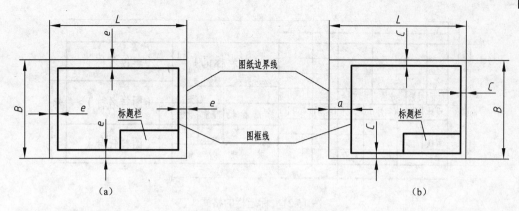

图 15.19　图纸幅面和图框格式

下面就来绘制 A3 大小的边界线和图框线。

（1）启动 AutoCAD 或重新建立一个默认文档，按标准要求建立各个图层（这里的粗线线宽改为 0.5），草图设置对象捕捉左侧选项，建立"汉字注写"、"字母数字"文字样式，建立"ISO35"标注样式，绘制 A3（420×297）图纸边界框并满显。

（2）启动偏移命令（OFFSET），指定距离为 5，拾取图纸边界框矩形后，在内部任意一点单击鼠标左键，退出偏移命令。拾取偏移后绘出的矩形，将其图层修改为"粗实线"层，如图 15.20（a）所示。

（3）拾取图 15.20（a）中有小方框标记的矩形，按住【Shift】键，单击矩形左侧的所有端点夹点为热夹点（两个），松开【Shift】键，单击任意一个热夹点，向右水平移动光标，当出现 极轴：…<0° 追踪线时，如图 15.20（b）所示，输入"20"并按【Enter】键，图框绘出。按【Esc】键退出夹点模式。

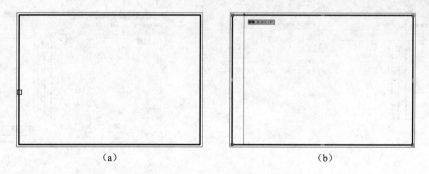

图 15.20　绘制边界框和图形框

15.3.2　标题栏与表格绘制

每张图样都必须绘制**标题栏**，国家标准 GB 10609.1—1989 对生产用的标题栏的格式进行了规定，如图 15.21 所示。标题栏的右边部分为名称及代号区，左下方为签名区，左上方为更改区，中间部分为其他区，包括材料标记、比例等内容。

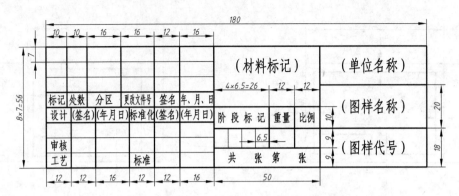

图 15.21　标题栏的格式

对于这样的标题栏，宜采用 AutoCAD 的表格命令 TABLE 来进行，它有下列命令方式：

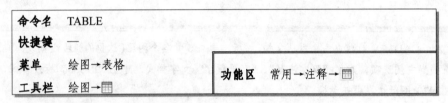

TABLE 命令启动后，弹出如图 15.22（a）所示的"插入表格"对话框。单击"表格样式"区域中的创建表格样式按钮，弹出如图 15.22（b）所示的"表格样式"对话框。

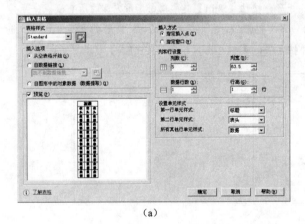
（a）

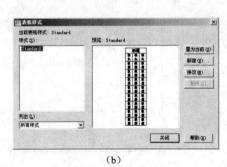
（b）

图 15.22　"插入表格"和"表格样式"对话框

单击"表格样式"对话框中的 新建(N)... 按钮，弹出"创建新的表格样式"对话框，从中可以为新样式命名，设为"表式 50"，单击 继续 按钮，弹出如图 15.23（a）所示的对话框。其中，"表格方向"的选项有"向上"（创建由下而上读取的表格）和"向下"（创建由上而下读取的表格）；而"单元样式"可以为"数据"、"表头"和"标题"，分别通过"常规"、"文字"和"边框"标签页面创建相应的单元样式，或单击 按钮和 按钮另外创建和管理单元样式。

"单元样式"中还有"页边距"选项。其中，"水平"用来设置单元中的文字或块与左右单元边框之间的距离，而"垂直"用来设置单元中的文字或块与上下单元边框之间的距离。需要说明的是，从图样角度来讲，图样中的表格均有精确的尺寸要求。当行高为 7，字高为 5 时，"垂直"的"页边距"应设置为 1。

将"单元样式"切到"文字"页面，从中可以设定该单元格的文字样式。将"单元样式"切到"边框"页面，结果如图 15.23（b）所示，从中可以设置并定义边框的特性。

单击 确定 按钮，回到"表格样式"对话框中。单击 关闭 按钮，回到"插入表格"对话框。单击 确定 按钮，开始插入表格，提示"指定插入点："，指定后，表格绘出，同时进入"文字编辑器"，可以开始输入文字。文字输入后，单击"关闭"面板中的"关闭文字编辑器"图标按钮或在表格外单击鼠标左键，退出编辑。

当再次需要编辑表格时，可双击单元格将其激活，从而可在其中填写或修改文字。当要移动到相邻的下一个单元时，可按【Tab】键或使用箭头方向键左、右、上、下移动。

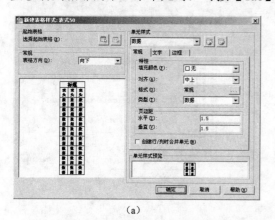
(a)

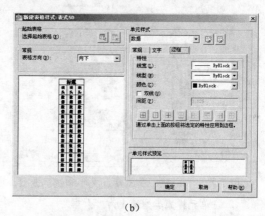
(b)

图 15.23 "新建表格样式"对话框

特别需要说明的是，当选中表格的某一个单元格后，右击鼠标弹出快捷菜单，从中选择"合并"、"列"、"行"等相关操作，或者使用"表格单元"功能区选项卡页面操作，如图 15.24 所示。

图 15.24 "表格单元"功能区页面

【实训 15.6】使用表格创建标题栏

下面创建图 15.21 中标题栏的左上方区的表格并填写内容。

1）绘制准备。

启动 AutoCAD 或重新建立一个默认文档，按标准要求建立所有图层，**草图设置对象捕捉左侧选项**，**建立"字母数字"文字样式，建立"ISO35"标注样式，绘制 210 × 150 图框并满显**。

2）创建表格样式。

（1）将当前图层切换到"细实线"层。在命令行输入"TS"并按【Enter】键，弹出"表格样式"对话框，单击"表格样式"对话框中的 新建(N)... 按钮，弹出"创建新的表格样式"对话框，指定新样式命名"工程表式 50"，单击 继续 按钮，弹出"新建表格样式"对话框。

（2）将"表格方向"选定为"向上"。

（3）指定"表头"的常规、文字和边框选项。

① 将单元样式类型选定为"表头";

② 在"常规"页面中，将"对齐"选定为"正中"，将"类型"选定为"标签"，将"水平"和"垂直"页边距设为0，结果如图 a 所示。

③ 切换到"文字"页面，将"文字样式"选为"汉字注写"，将"文字高度"设为 5/1.3=3.85。

④ 切换到"边框"页面，将"线宽"选为"0.40mm"（实际应为粗实线线宽），单击 田 按钮（这一步是必须的），结果如图 b 所示。

（4）指定"数据"的常规、文字和边框选项。

① 将单元样式类型选定为"数据"。

② 在"常规"页面中，将"对齐"选定为"正中"，将"水平"和"垂直"页边距设为0。

③ 切换到"文字"页面，将"文字样式"选为"字母数字"，将"文字高度"设为5。

④ 切换到"边框"页面，将"线宽"选为"0.40mm"，单击左边框按钮，再单击右边框按钮。结果如图 c 所示。

（5）单击 确定 按钮，回到"表格样式"对话框，单击 置为当前(U) 按钮将创建的"工程表式50"置为当前。单击 关闭 按钮，关闭"表格样式"对话框。

3）插入表格并填写表头文字。

（1）在命令行输入"TABLE"并按【Enter】键，弹出"插入表格"对话框，将"列数"指定为6，将"列宽"指定为16，将"数据行数"指定为2（本身标题让出一行）。

（2）将"第一行单元样式"指定为"表头"，将"第二行单元样式"指定为"数据"，结果如图 d 所示。

（3）单击 确定 按钮，移动光标，表格动态跟随，指定插入点后，在表头分别输入"标记"、"处数"、"分区"、"更改文件号"（宽度因子改为0.5）、"签名"和"年、月、日"（宽度因子改为0.5），如图 e 所示。

（4）在表格外单击鼠标左键，退出编辑器。

4）调整表格行高。

（1）在表格左侧使用直线命令（LINE），从表格左下角点水平追踪线上的任一点开始向上绘制竖直线，长为28。

（2）单击表格，进入夹点模式，单击鼠标右键，从弹出的快捷菜单选择"均匀调整行大小"命令，单击左上角的高度方向夹点（实心三角形），向下拉伸至28长的垂直线上端点即可。结果如图 f 所示。

5）调整表格列宽。

（1）单击表格，进入夹点模式。

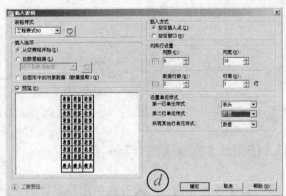
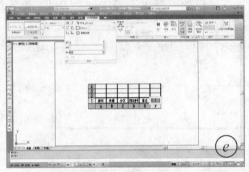
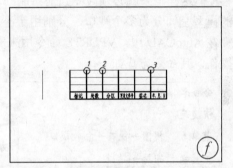

（2）按住【Shift】键，从图 f 中有小圆标记的列线 1 开始依次向右单击"宽度"端夹点，松开【Shift】键。

（3）单击任一热夹点，向左水平移动光标，当出现 极轴：…<180° 追踪线时输入"6"并按【Enter】键，第一列列宽调整到位。结果如图 g 所示。

（4）类似地，调整其他列宽，按【Esc】键退出夹点模式。

6）修补完善，标题栏表格绘出。

删除辅助线，工程标题栏左上部分的表格绘出。结果如图 h 所示。

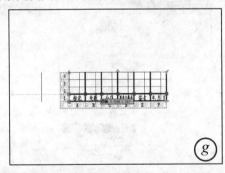
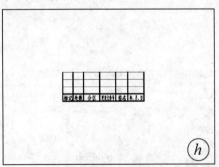

需要强调如下几点内容。

（1）可使用 TABLE 命令将工程标题栏分为五个子表，并适当地补绘缺线，最后组合成为标题栏，如图 15.25 所示。

（2）TABLE 表最适合于等宽的多行表格，对于工程标题栏用图形绘制也是非常方便的。

（3）对于在学校（或培训部）的 CAD 制图作业中采用的简化标题栏最好能够将其创

建块并指定相应的属性。

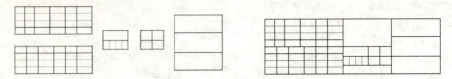

图 15.25　工程标题栏的组合

15.3.3　视图绘制与多视口

对于零件图而言，大多数图形都是比较复杂的，为了能够观察细微之处，必然要放大平移，但这样一来就必须破坏当前绘制的场景，且投影关系也不易保证。为此，需要将绘图的模型空间分为多个视口，分别用于不同的场合。

在 AutoCAD 中，VPORTS 命令用来实现多个视口的建立、重建、存储、连接及退出等操作，其命令方式如下：

VPORTS 命令启动后，弹出如图 15.26（a）所示的"视口"对话框，它包含"新建视口"和"命名视口"两个选项卡。在"新建视口"选项卡页面中，单击"标准视口"列表中的多视口类型名，如"两个：垂直"，单击 确定 按钮，当前模型空间的视口被划分，如图 15.27 所示。当然，多视口的操作除了通过"视口"对话框进行外，还可以直接使用菜单"视图"→"视口"下的子菜单项进行，如图 15.26（b）所示。

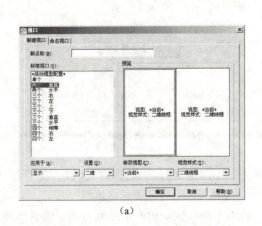

(a)

(b)

图 15.26　"视口"对话框和"视口"菜单

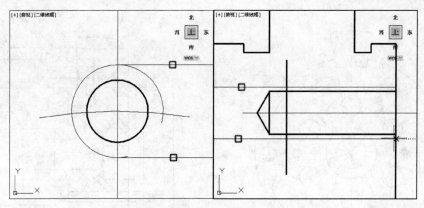

图 15.27　多视口绘图

一旦建立多个视口，视图局部细节的投影图绘制就变得容易多了。例如，若绘制导向板零件图（如图 15.28 所示）的全剖主视图时，可先将左视图的 $\phi 7$ 的孔和 M6 的螺纹孔复制旋转到竖直点画线位置，然后将视口划分为"两个：垂直"。当绘出螺纹孔的大径轮廓线时，首先将当前图层切换到"细实线"心，使用直线命令（LINE），单击左边视口，从 M6 的螺纹大径约 3/4 圆的上象限点指定直线第一点，单击右边视口，移动光标使之出现水平极轴追踪线，绘出至终止线交点，从交点绘线至右侧端面。类似地，绘出螺纹孔另一根的大径轮廓线，结果如图 15.27 所示。

由此可见，利用多视口可以在较小的绘图区域进行放大，从而更容易绘制视图。

【实训 15.7】零件图绘制综合训练

绘制零件图的步骤一般如下。

步骤

（1）启动 AutoCAD 或重新建立一个默认文档，按标准要求建立各个图层，草图设置对象捕捉左侧选项，建立"汉字注写"、"字母数字"文字样式，建立"ISO35"标注样式，**选择适当的图纸大小**，绘制图纸边界框并满显。**绘制图形框**。

（2）**绘制标题栏并填写内容**。若标题栏已建成带属性的块，则插入到右下角即可。注意，标题栏的右下角点应与图形框的右下角点重合。

（3）布置视图的位置，确定各视图主要中心线或定位线的位置。首先绘制有圆弧的视图或能反映形状的视图，再绘制其他视图。首先绘制全轮廓线，再绘制剖面线。

（4）标注尺寸、表面结构和形位公差。

（5）**注写技术要求**。"技术要求"为 7 号字居中，"技术要求内容"为 5 号字，左对齐。需要说明的是，为了使技术要求序号后的内容对齐，可首先注写技术要求内容，然后另注定序号，并平移到内容的前面。

（6）仔细检查，修改错误或不妥之处，调整布局，完善零件图。

按上述步骤，根据如图 15.28 所示的导向板的图例，绘出零件图，结果如图 15.29 所示。

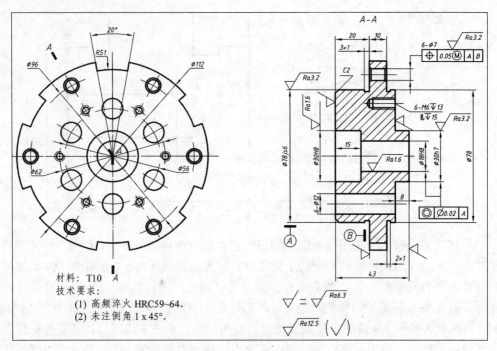

图 15.28　导向板零件图例

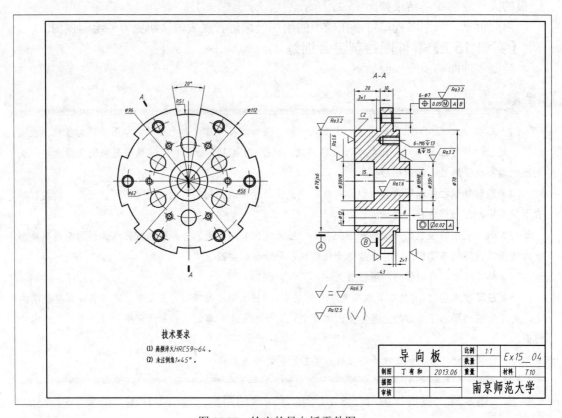

图 15.29　绘出的导向板零件图

15.4 常见实训问题处理

在使用 AutoCAD 时,经常会出现一些问题,它们涉及许多方面,这里就块和公差等方面的一些操作问题进行分析和解答。

15.4.1 块定义错了怎么办

一种方法是使用块编辑器命令(BEDIT),但使用时有点难度(以后讨论)。另一种方法是重新定义,若源对象已删除,则首先插入块,然后分解,最后重新定义,可指定相同的块名。

15.4.2 如何引入其他图形中的块

如果要在其他图形文件中使用块,最直接的办法就是使用写块命令(WBLOCK)将块存储到一个单独图形文件中。这样,当插入块时,在"插入"对话框中单击 浏览(B)... 按钮,打开"选择图形文件"对话框(标准文件选择对话框),从中选择要插入的块图形文件。

若图形包含了定义的块,则可通过设计中心(以后会讨论)或使用外部参照插入命令 XREF(选择菜单"插入"→"外部参照")来进行。

XREF 命令启动后弹出如图 15.30(a)所示的浮动窗口,单击 按钮或在"文件参照"列表框中单击鼠标右键,从弹出的快捷菜单中选择"随着 DWG"命令,弹出"选择参照文件"对话框,从中选择要引入的图形文件,单击 打开(O) ▼ 按钮,弹出"附着外部参照"对话框,如图 15.30(b)所示,

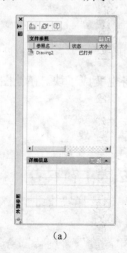 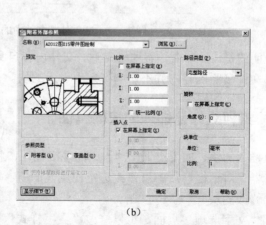

(a)　　　　　　　　　　　　　　(b)

图 15.30　文件参照引入

单击 确定 按钮,"附着外部参照"对话框关闭。指定插入点,引入的图形文件被加载。如在图 15.30(a)所示的浮动窗口的"文件参照"列表框中,在已加载的图形文件上

单击鼠标右键，弹出如图 15.31（a）所示的快捷菜单，选择"绑定"命令，弹出如图 15.31（b）所示的"绑定外部参照"对话框，选择"绑定"类型，单击 确定 按钮。

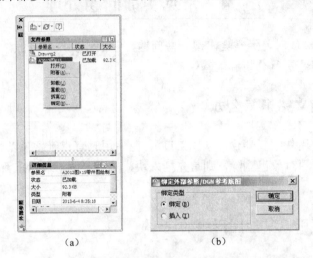

图 15.31　绑定外部文件参照

这样，再次插入块时，对话框中的块名列表中就有了参照文件中的块，如图 15.32 所示。

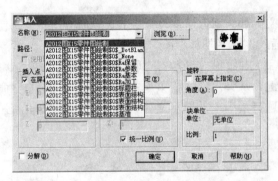

图 15.32　插入外部文件中的块

需要说明的是，外部文件参照绑定后，文件内容自身也变成了块。在绘图区中删除已插入的外部文件参照内容，并不影响绑定后引入的块。

15.4.3　如何更改已插入的块的属性

双击已插入的块，如【实训 15.4】中的基准图块，将弹出如图 15.33（a）所示的"增强属性编辑器"对话框，从中可修改选定的属性的值。单击选择块按钮，对话框消失，重新选择要修改的块。

切换到"文字选项"页面，可以修改"文字样式"、"高度"、"旋转"角度、"宽度因子"、"倾斜角度"等文字格式内容。

单击 确定 按钮，对话框退出，属性修改完成。

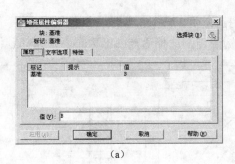
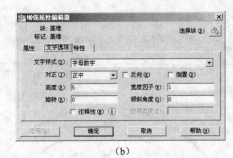

(a)   (b)

图 15.33　修改块的属性

15.4.4　如何修改公差

公差标注后，可使用文字修改命令（DDEDIT）进行编辑。

思考与练习

（1）如何为块定义属性？如何改变属性在命令提示中出现的次序？
（2）如何标注带有结构图符的尺寸？
（3）如何进行表面结构要求和形位公差的标注。
（4）根据如题图 15.1 所示的定位套的图例说明，选择适当图纸大小，绘制其零件图。

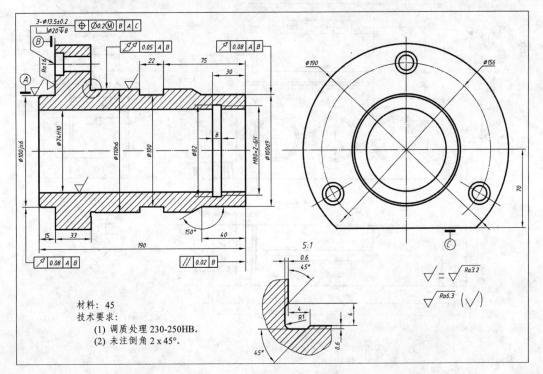

题图 15.1

(5) 根据如题图 15.2 所示的扇形齿轮的图例说明，选择适当图纸大小，绘制其零件图。
(6) 根据如题图 15.3 所示的导轨座的图例说明，选择适当图纸大小，绘制其零件图。

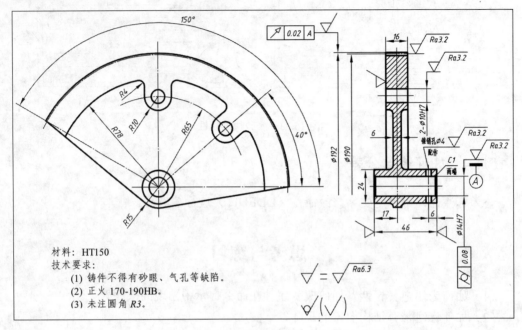

题图 15.2

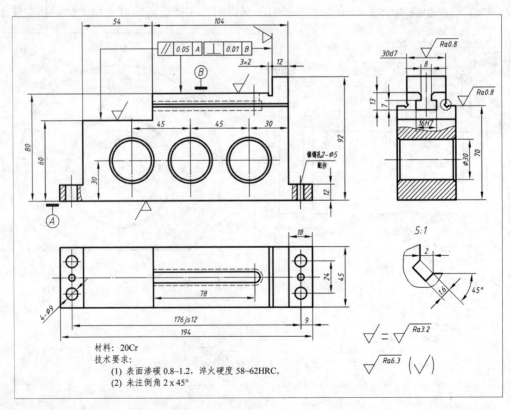

题图 15.3

第 16 章

绘制装配图

装配图是用来表达机器或部件整体结构关系的图样。在设计产品时,通常首先绘制出装配图,然后根据装配图设计绘制零件图。当零件绘制完成后,需要根据装配图进行组装、检验和调试。在使用阶段,还可根据装配图进行维修,因此装配图是工业生产中的重要技术文件之一。在 AutoCAD 中,并没有给绘制装配图提供专门的方法,因此在绘制时需要探求一些技巧。本章主要内容有:

- 熟悉装配图内容和画法。
- 标注序号和明细表。
- 用动态块建立图符。
- 熟悉装配图的拼绘方法。

16.1 熟悉装配图内容和画法

在机械工程中,一台机器或一个部件都是由若干零件按一定的装配关系和技术要求装配起来的,而表达机器和部件的图样就是**装配图**。表示一台完整机器的装配图称为**总装配图**;表示机器中某个部件的装配图称为**部件装配图**。它们是生产、安装、调试、操作、检修机器和部件的重要依据。

16.1.1 装配图内容

一张完整的装配图应包括下列几项内容。

(1)**一组视图**。用一组视图正确、完整、清晰和简便地表达机器和部件的工作原理、运动情况、各零件间的装配关系和连接方式及主要零件的主要结构形状。

(2)**必要的尺寸**。仅标注出反映机器或部件的性能、规格、外形及装配、检验、安装时所必需的一些尺寸。

(3)**技术要求**。使用文字或符号准确、简明地说明机器或部件的性能、装配、检验、调整要求、实验和使用、维护规则、运输要求等。

(4)**标题栏、序号和明细栏**。标题栏注明机器或部件的名称、规格、比例、图号及设计、制图者的签名等。在装配图上对每种零件或组件必须进行编号，并编制明细栏且依次注写出各种零件的序号、名称、规格、数量、材料等内容。

16.1.2 规定和特殊画法

机件的各种表达方法，在表达机器或部件时也完全适用。但机器或部件是由若干零件所组成的，因此装配图和零件图不仅要表达结构形状，还要表达机器或部件的工作原理和主要装配关系。国家标准对装配图规定了一些规定画法和特殊画法。

1. 规定画法

为了表达零件之间的装配关系，必须遵守装配图画法的三条基本规定。

（1）两个相邻零件的接触面或基本尺寸相同的轴孔配合面，仅绘制一条线表示其公共轮廓。而两相邻零件的非接触面或基本尺寸不相同的非配合面，即使间隙很小也必须绘制两条线。

（2）在剖视或剖面图中，两个相邻零件剖面线方向应相反；多个零件相邻时，剖面线方向可以相同，但间隔不等；而同一零件在各剖视或剖面图中的剖面线方向和间隔必须相同。

（3）在剖视图中，对于标准组件（如螺纹紧固件、油杯、键、销等）和实心杆件（如实心轴、连杆、拉杆、手柄等），若纵向剖切且剖切平面通过其轴线时，按不剖绘制。

2. 特殊画法

（1）**拆卸画法**。当某个或几个零件在装配图中遮住了需要表达的其他结构或装配关系，而它（们）在其他视图中又已表达清楚时，可假想将其拆去后绘出，在图上方需加注"拆去××零件"的说明。

（2）**沿结合面剖切画法**。在装配图中，当需要表达某些内部结构时，可假想沿某两个零件的结合面处剖切后绘出投影。此时，零件的结合面不绘制剖面线，但被横向剖切的轴、螺栓、销等实心杆件要绘出剖面线。

（3）**单独画出某零件的某视图的画法**。在装配图中，为了表示某零件的结构形状，可另外单独绘出该零件的某一视图（或剖视图、剖面图）并加标注。

（4）**假想画法**。

① 在装配图中，当需要表达运动件的运动范围和极限位置时，可将运动件绘制在一个极限位置（或中间位置）上，另一个极限位置（或两极限位置）用双点画线绘出该运动件的外形轮廓。

② 在装配图中，当需要表示与本部件有装配或安装关系，但又不属于本部件的相邻零、部件时，可假想使用双点画线绘出该相邻件的外形轮廓。

（5）**展开画法**。在表达传动机构的传动路线和装配关系时，假想按其传动顺序使用几个平面沿其轴线剖切，将剖切平面依次展开在同一个平面上（即为一个复合旋转剖视），绘出其剖视图，并加注"×-×展开"字样。

（6）**夸大画法**。在装配图中，对于薄片零件、细丝弹簧、较小的斜度和锥度及较小的间隙等，为了清楚表达，允许不按原比例适当加大尺寸绘出。

（7）**简化画法**。

① 在装配图中，零件的一些细小的工艺结构，如小圆角、倒角、退刀槽等，均可省略不绘制。

② 在装配图中,若干相同的零件组(如螺纹连接组件等)可仅详细地绘出一处(或几处),其余各处以点画线表示其中心位置。

③ 视图或剖面图中,若零件的厚度在 2mm 以下,可使用涂黑代替剖面符号。

【实训 16.1】螺栓连接绘制方法

螺栓连接中,应用最广的是六角头螺栓连接,它是使用六角头螺栓、螺母和垫圈来紧固被连接零件的。垫圈的作用是防止拧紧螺母时损伤被连接零件的表面,并使螺母的压力均匀分布到零件表面上。被连接零件都加工出无螺纹的通孔,通孔直径稍大于螺纹直径 d,具体大小可检索国家标准。

绘制螺栓连接时首先需要计算螺栓的公称长度 l。螺栓长度 l=被连接零件的总厚度($\delta_1+\delta_2$)+垫圈厚度(h)或弹簧垫圈厚度(S)+螺母高度(m)+a。a 是螺栓顶端露出螺母的高度,又称为伸出余量,约为 $0.3d\sim0.4d$。

计算出长度后检索国家标准,根据螺栓长度系列取标准长度 l。螺栓连接件的其他尺寸规格可由国家标准查表获得。但在绘制螺纹紧固件时可使用近似尺寸。

下面来学习一个示例。使用粗牙普通螺纹、公称直径 d=10mm 的螺栓来连接两个零件。其中,上件厚为 12mm,下件厚为 15mm;螺栓按 GB/T5782 来选用,六角螺母按 GB/T6170 来选用,平垫圈按 GB/T97.1 来选用。绘出全剖主视图、俯视图和全剖左视图,结果如图 16.1 所示。

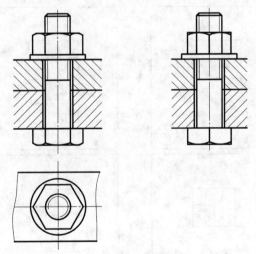

图 16.1 螺栓连接画法

需要注意的是,螺栓、螺母和垫圈是标准件,在剖视图中进行不剖处理。各零件间的接触面规章画一条线。剖视图中被连接两个零件的剖面线方向应相反。

步骤

1)绘制准备。

(1)查表得出螺母高度 m=8.4,平垫圈厚度 h=2,则计算螺栓长度 l= 12+15+2+8.4+(3~4)×10 = 40.4 ~ 41.4,按标准螺栓长度为 45,螺栓螺纹长度 b=26,螺栓头厚度 k=6.4。

(2)启动 AutoCAD 或重新建立一个默认文档,按标准要求建立所有图层(这里将粗线线宽改为 0.3,以获取最佳显示效果),**草图设置对象捕捉左侧选项,绘制 150×100 图框**并满显。

2）绘制被连接两个零件的三个视图。

（1）打开"线宽"显示，将当前图层切换到"粗实线"层。在图框左上角位置，使用矩形命令（RECTANG），绘出长为35（估计），高为27（12+15=27）的矩形。

（2）使用复制命令（COPY），将矩形分别复制至左视图和俯视图位置处。拾取左视图中的矩形，通过左边的边夹点向右缩小平移5，结果如图 a 所示。

（3）绘出两零件接触面的线条，结果如图 b 所示。

① 调整布局。使用分解命令（EXPLODE），将三个矩形全部"炸开"。

② 启动偏移命令（OFFSET），指定距离为12，拾取主视图中矩形最上面的边，在其下面单击鼠标左键。

③ 再拾取左视图中矩形最上面的边，在其下面单击鼠标左键，退出偏移命令。

（4）绘出零件光孔转向轮廓线及其中心点画线。

① 使用直线命令（LINE），从图 b 中主视图最上面的边（小方框标记）的中点向下绘到矩形最下边（小方框标记）的中点为止。

② 使用偏移命令（OFFSET），指定距离为6，拾取主视图中刚绘的直线，在其左侧单击鼠标左键；再拾取，在其右侧单击鼠标左键，螺孔转向轮廓线绘出，退出偏移命令。

③ 使用复制命令（COPY），拾取绘出的三条竖直线，指定图 b 中有小圆标记的中点 1 为基点，复制至交点 2 处为止，结果如图 c 所示。

（5）绘出剖面线，结果如图 d 所示。

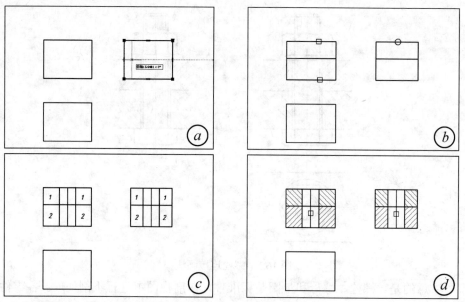

① 将当前图层切换到"细实线"层。启动图案填充命令（HATCH），设定"ANSI31"类型，指定角度为90°，指定比例为0.75，拾取图 c 所示的所有内部点 1，按【Enter】键，图案填充绘出。

② 重复图案填充命令，设定"ANSI31"类型，指定角度为0，指定比例为0.75，拾取图 c 所示的所有内部点 2，按【Enter】键，图案填充绘出。

3）绘制螺栓连接的俯视图。

（1）绘制点画线。

① 将当前图层切换到"点画线"层。

② 拾取图 d 中有小方框标记的直线，将其图层改为"点画线"层，并将其上下拉伸一些。

③ 使用直线命令（LINE），在俯视图的矩形的中点绘出十字点画线。

④ 删除所有矩形左右的边。结果如图 e 所示。

（2）将当前图层切换到"细实线"层，绘制俯视图中原矩形两边的波浪线并修剪。

（3）将当前图层切换到"粗实线"层。启动正多边形命令（POLYGON），指定侧面数为 6，在图 e 中的小圆标记的点画线交点 A 处指定中心点，输入"i"并按【Enter】键，向左水平方向移动光标，当出现 极轴…<0° 追踪线时，输入"10"并按【Enter】键。正六边形绘出。

（4）启动圆命令（CIRCLE），以十字线交点 A 为圆心，指定直径为 $\phi 22$（垫圈外径取 $2.2d$），圆绘出。

（5）重复圆命令，以十字线交点 A 为圆心，指定半径与正六形边相切时单击鼠标左键，圆绘出。

（6）重复圆命令，以十字线交点 A 为圆心，指定直径为 $\phi 10$（螺栓外径），圆绘出。

（7）将当前图层切换到"细实线"层，绘出螺纹约 3/4 圆弧（直径取 $\phi 8$），结果如图 f 所示。

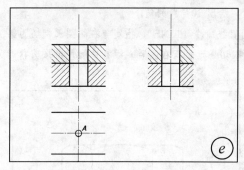
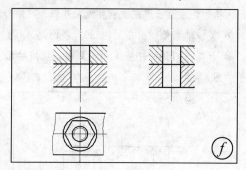

① 使用圆命令（CIRCLE），以十字线交点为圆心，指定直径为 $\phi 10$，圆绘出。

② 使用打断命令（BREAK），指定两点将该圆左下角的圆弧"打掉"。

③ 使用夹点调整圆弧大小（通过选择圆弧端夹点快捷菜单"拉长"来进行）。

4）绘制螺栓头部主视图。

（1）将当前图层切换到"粗实线"层。在右下角空白，使用矩形命令（RECTANG），绘出长为 20，高为 6.4 的矩形。

（2）以新绘的矩形为显示中心，将视图放大。使用分解命令（EXPLODE），将矩形"炸开"。

（3）使用偏移命令（OFFSET），指定距离为 5，拾取矩形左边，在其右侧单击鼠标左键；再拾取矩形右边，在其左侧单击鼠标左键，退出偏移命令，结果如图 g 所示。

（4）绘制圆弧。

① 启动圆命令（CIRCLE），以图 g 中有小圆标记的矩形上边中点为圆心，指定半径为 15（$1.5d$），圆绘出。

② 拾取圆，向下垂直平移 15。修剪后，结果如图 h 所示。

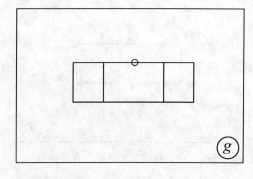
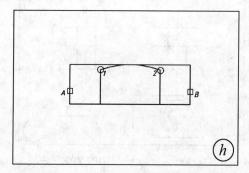

③ 使用偏移命令（OFFSET），指定距离为 2.5，拾取矩形左边，在其右侧单击鼠标左键；再拾取矩形右边，在其左侧单击鼠标左键，退出偏移命令。

④ 使用直线命令（LINE），从图 h 中有小圆标记的交点 1 开始，向左绘制水平线至小方框标记的竖直线 A 为止。重复直线命令，从图 h 中有小圆标记的交点 2 开始，向右绘制水平线至小方框标记的竖直线 B 为止，结果如图 i 所示。

⑤ 启动圆弧命令（ARC），指定图 i 中有小圆标记的左侧三个交点，圆弧绘出。

⑥ 重复圆弧命令，指定图 i 中有小圆标记的右侧三个交点，圆弧绘出。删除图 i 中有小方框标记的直线。

（5）绘制 30°斜倒角。

① 使用直线命令（LINE），指定与左侧圆弧相切为第 1 点，输入"@5<30"并按【Enter】键，切线绘出。拾取切线延长至左侧竖直线左外侧。再修剪它们，绘出 30°斜倒角。

② 类似地，绘制出右侧的 30°斜倒角。即，使用直线命令（LINE），指定与右侧圆弧相切为第 1 点，输入"@5<150"并按【Enter】键，切线绘出。拾取切线延长至右侧竖直线右外侧。再修剪它们。结果如图 j 所示。

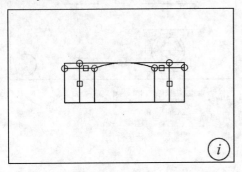
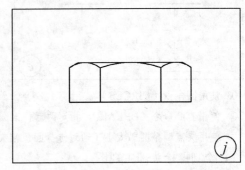

5）绘制螺栓头部左视图。

（1）使用直线命令（LINE），根据水平追踪线，绘出俯视图中正六边形的等宽直线，如图 k 所示。

（2）使用旋转命令（ROTATE），拾取图 k 中有小方框标记的直线并结束拾取，指定图 k 中有小圆标记的端点为基点，输入"90"并按【Enter】键。等宽直线旋转成为水平。

（3）使用直线命令（LINE），根据等宽直线和螺栓头高 6.4 绘出一个矩形形状。以其为显示中心，将视图放大。

（4）将当前图层切换到"细实线"层，使用定数等分命令（DIVIDE）将等宽直线平分为 4 等份，如图 l 所示。

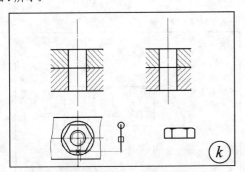
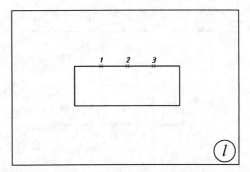

① 在命令行直接输入"DDPTYPE"并按【Enter】键，则弹出"点样式"对话框。在对话框中，指

定"x"点样式,并按相对单位指定设定其大小为3,单击 确定 按钮。

② 在命令行输入"DIVIDE"并按【Enter】键,指定矩形上边的等宽直线,输入"4"并按【Enter】键。

(5) 将当前图层切换到"粗实线"层。使用直线命令(LINE),从图 *l* 中的等分点 *2* 开始,向下绘竖直线至下面的水平线为止。

(6) 绘制圆弧。

① 启动圆命令(CIRCLE),以图 *l* 中的等分点 *1* 为圆心,指定半径为 10(1.0*d*),圆绘出。

② 重复圆命令,以图 *l* 中的等分点 *3* 为圆心,指定半径为 10(1.0*d*),圆绘出。

③ 拾取刚绘出的两个圆,向下垂直平移 10。修剪后,结果如图 *m* 所示。

(7) 删除等分点。

6) 绘制螺母主、左视图。

(1) 使用复制命令(COPY),复制螺栓头的主视图和左视图。

(2) 将复制的螺栓头的主视图向下拉伸 2mm(有圆弧的那一侧的线条不拉伸),得到螺母的主视图。

(3) 将复制的螺栓头的左视图向下拉伸 2mm(有圆弧的那一侧的线条不拉伸),得到螺母的左视图。

7) 拼画主、左视图。

(1) 将螺栓头的主视图和左视图旋转 180°,结果如图 *n* 所示。

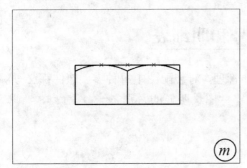 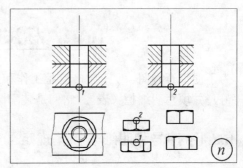

(2) 使用移动命令(MOVE),拾取螺栓头的主视图图形,指定图 *n* 中有小圆标记的中点 *1* 为基点,移至主视图中有小圆标记的中点 *1* 位置处。

(3) 重复移动命令,拾取螺栓头的左视图图形,指定图 *n* 中有小圆标记的端点 *2* 为基点,移至左视图中有小圆标记的中点 *2* 位置处。

(4) 绘出螺杆图形,结果如图 *o* 所示。

① 使用直线命令(LINE),在左侧空白处指定第 1 点,向上绘出长为 45 的竖直线,向左绘出长为 10 的水平线,再向下绘出长为 26 的竖直线,再向下绘至第 1 点的水平追踪线为止,输入"c"并按【Enter】键。

② 重复直线命令,绘出从 26 竖直线端点的水平线(螺纹终止线)。

③ 使用倒角命令(CHAMFER),指定第一个和第二个倒角距离均为 1,对螺杆端面进行倒角,并补画倒角线。

(5) 使用复制命令(COPY),拾取螺杆图形,指定图 *o* 中螺杆下方小圆标记的中点为基点,分别复制到图 *o* 中小圆标记的中点 *1* 和 *2* 位置处。

(6) 在空白处,使用矩形命令(RECTANG),绘出长为 22,高为 2 的矩形(垫圈)。使用复制命令(COPY),拾取垫圈矩形,指定矩形下方中点为基点,分别复制到主、左视图相应位置处。

(7) 删除垫圈矩形,将被螺杆、垫圈遮挡的线条修剪掉,结果如图 *p* 所示。

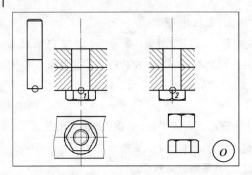 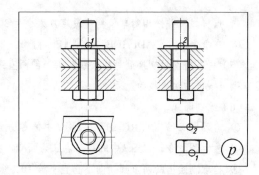

（8）使用移动命令（MOVE），拾取螺母的主视图图形，指定图 p 中有小圆标记的端点 1 为基点，移至主视图中有小圆标记的中点 1 位置处。

（9）使用移动命令（MOVE），拾取螺母的左视图图形，指定图 p 中有小圆标记的中点 2 为基点，移至左视图中有小圆标记的中点 2 位置处。

（10）将被螺母遮挡的线条修剪掉。将当前图层切换到"细实线"层，绘出螺杆的螺纹小径转向轮廓线，删除不必要的线条，整个螺栓连接图形绘出。

16.2 标注序号和明细表

为了便于查看图，便于生产准备工作和图样管理，对装配图中每种零、部件都必须编注序号，并填写明细栏（表）。它们是装配图与零件图最明显的区别之一。

16.2.1 序号和明细表相关规定

这里首先对序号和明细栏相关规定进行一些强调。

1. 序号

在装配图中，编注序号时要遵循下列规定。

① 装配图中每种零、部件都必须编注序号。装配图中相同的零、部件仅编注一个序号，且通常仅编注一次。

② 零、部件的序号应与明细栏中的序号一致。

③ 同一装配图中编注序号的形式应一致。

同时，应遵守序号的下列编注规则。

① 序号编注的形式由小圆点、指引线、水平线（或圆）及数字组成。指引线与水平线（或圆）均为细实线，数字写在水平线的上方（或圆内），数字高度应比尺寸数字高度大一号，指引线应从所指零件的可见轮廓内引出，并在末端绘制一个小圆点，如图 16.2 所示。

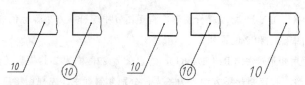

图 16.2　零件序号编写形式

② 指引线应尽量分布均匀，彼此不能相交，当通过剖面线区域时，需避免与剖面线平行。必要时，指引线可折一次。

③ 对于一组紧固件（如螺栓、螺母和垫圈）及装配关系清楚的组件可采用公共指引线。当所指部分不宜绘制小圆点（如很薄的零件或涂黑的剖面）时，可在指引线末端绘制一个箭头以代替小圆点，如图 16.3 所示。

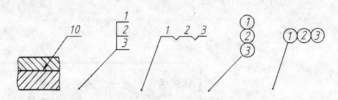

图 16.3　箭头指引线和公共指引线

④ 对于标准化组件，如滚动轴承、油杯、电动机等，可看成为一个整体只编注一个序号。

⑤ 编注序号时，应按水平或垂直方向排列整齐，可顺时针方向或逆时针方向依次编号，不得跳号。

2. 明细栏

明细栏（表）是装配图中全部零件的详细目录，是说明装配图中零件的序号、名称、材料、数量、规格等的表格。需要强调如下几项内容。

（1）明细栏位于标题栏的上方，并与标题栏相连，格式如图 16.4 所示，上方位置不够时可续接在标题栏的左侧，若还不够可再向左侧续编。对于复杂的机器或部件也可使用单独的明细栏（表）列出，装订成册，作为装配图的一个附件。

（2）明细栏外框竖线为粗实线，其余线为细实线，其下边线与标题栏上边线或图框下边线重合，长度相同。为便于修改补充，序号的顺序应自下而上填写，以便在增加零件时可继续向上绘制格。

（3）在"备注"栏内填写一般零件的图号和标准构件的国标代号。在"名称"栏内，标准构件应填写其名称、代号，如轴承 307，螺母 M30 等。

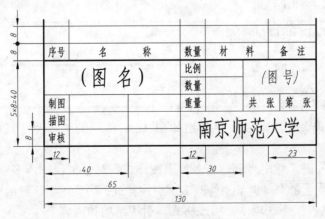

图 16.4　标题栏与明细表

16.2.2 圆环（DONUT）

圆环是一个由内圈和外圈组成的实心环体。这对于线路板的引脚焊点图形的绘制来说，圆环命令（DONUT）非常有用。不过，圆环命令（DONUT）也可实现序号引线的末端小圆点的绘制。其命令方式如下：

命令名	DONUT，DO		
快捷键	—		
菜单	绘图→圆环	功能区	常用→绘图▼扩展→◎
工具栏	—		

在命令行输入"DO"并按【Enter】键，命令行提示为：

DONUT
指定圆环的内径 <0.5000>： 输入内径值并按【Enter】键
指定圆环的外径 <1.0000>： 输入外径值并按【Enter】键
指定圆环的中心点或 <退出>： 指定圆环的圆心位置
指定圆环的中心点或 <退出>： ✓

显然，当指定内径为 0，外径为 2 时，则绘出的实心圆点即可作为序号指引线的末端圆点。需要说明的是，圆环是否填充还与 FILLMODE 系统变量的值有关（1 为填充，0 不填充，默认值为 1）。

16.2.3 多重引线标注

AutoCAD 中的多重引线是一种功能强大的引线标注命令。它不仅可以为零件作形位公差和结构尺寸的标注，还可用于装配图的序号标注。

1. 多重引线样式

使用多重引线标注，应首先设置多重引线样式，它是通过 MLEADERSTYLE 命令来进行的，其命令方式如下：

命令名	MLEADERSTYLE，MLS		
快捷键	—		
菜单	格式→多重引线样式	功能区	常用→注释▼→
工具栏	多重引线→ ，样式→		

多重引线样式命令启动后，将弹出如图 16.5 所示的"多重引线样式管理器"对话框。

单击 新建(N)... 按钮，弹出"创建新多重引线样式"对话框，输入多重引线样式名"序式单线"。单击 继续 按钮，弹出"修改多重引线样式：序式单线"对话框，如图 16.6（a）所示，该对话框共有三个选项卡，引线格式、引线结构和内容。

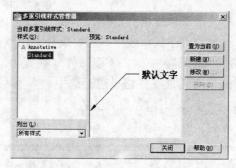

图 16.5 "多重引线样式管理器"对话框

【说明】

(1) **引线格式**。用来设置引线类型(直线、样条曲线、无)、引线的颜色、线型和线宽等属性,还可设定箭头的类型和大小及将打断标注添加到多重引线时使用的大小等。

(2) **引线结构**。如图 16.6 (b) 所示,用来指定控制多重引线的约束,包括最大引线点数、引线第一段(前两点构成)和第二段(第 2 和第 3 点构成)的角度。还可对"基线"进行设置(所谓基线,就是图例预览中"默认文字"前的那一段水平线)。"基线距离"即基线长度。

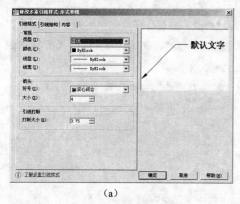
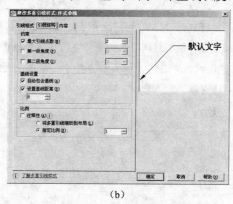

(a)   (b)

图 16.6 "修改多重引线样式"对话框的"引线格式"和"引线结构"页面

(3) **内容**。如图 16.7 (a) 所示,用来指定多重引线类型(多行文字、块、无)、文字的选项和文字与引线的连接方式等。需要说明的是,当指定多重引线类型为"块"时,则"内容"页面如图 16.7 (b) 所示,从中可选定五种块源或自定义块。

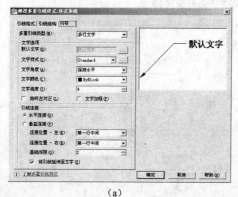
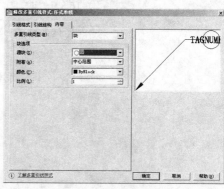

(a)   (b)

图 16.7 "修改多重引线样式"对话框的"内容"页面

单击 确定 按钮,"修改多重引线样式:序式单线"对话框关闭并回到"多重引线样式管理器"对话框中,新创建的"序式单线"多重引线样式出现在"样式"列表中并呈选中状态。单击 置为当前(U) 按钮,则当前选中的多重引线样式被置为当前。单击 修改(M)... 按钮,将弹出"修改多重引线样式"对话框,在这里可对选中的多重引线样式进行修改。

下面来修改"序式单线"多重引线样式并创建"序式单圆"多重引线样式。

步骤

(1)在命令行输入"MLS"并按【Enter】键,弹出"多重引线样式管理器"对话框,在此进行下列修改。

① 在样式列表框中选定"序式单线"样式,单击 修改(M)... 按钮,弹出"修改多重引线样式"对话框,在"引线格式"页面中,将"箭头"符号类型选定为"点",设置大小为2,如图16.8(a)所示。

② 在"引线结构"页面中,将"自动包含基线"选项取消。

③ 在"内容"页面中,将"多重引线类型"选定为"多行文字",指定"文字样式"为"字母数字",指定文字高度为5,选中"始终左对正",将"水平连接"的连接位置均选为"第一行加下画线",结果如图16.8(b)所示。单击 确定 按钮。

(2)单击 新建(N)... 按钮,弹出"创建新多重引线样式"对话框,输入多重引线样式名"序式单圆",查检基础样式为"序式单线"。单击 继续 按钮,弹出"修改多重引线样式:序式单圆"对话框。

(3)在"引线结构"页面中,将"多重引线类型"选定为"块",选择"源块"为"圆",选择"附着"方式为"插入点",如图16.9所示。单击 确定 按钮。

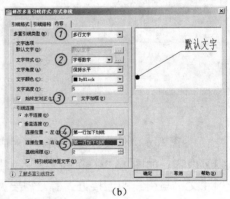

(a)   (b)

图16.8 修改"序式单线"多重引线样式

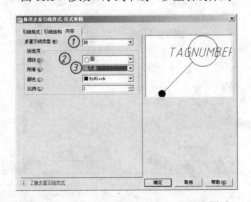

图16.9 设定"序式单圆"多重引线样式

（4）单击 置为当前(U) 按钮，将"序式单圆"多重引线样式置为当前，单击 关闭 按钮，关闭"多重引线样式管理器"对话框。

2. 切换多重引线样式

在"多重引线样式管理器"对话框中单击 置为当前(C) 按钮，可将样式列表中选定的多重引线样式设定为当前使用的样式。当然，当前多重引线样式还可以在"样式"工具栏或功能区"常用"→"注释"面板扩展中的多重引线样式组合框中直接选定，如图 16.10 所示。

图 16.10　当前多重引线样式的切换

单击"注释"面板标题展开后，可以看到第三个组合框中显示的就是已置为当前的多重引线样式。在名称及其右侧空白处单击要指定的多重引线样式图标列表项，可将该样式切换为当前多重引线样式。

需要强调的是，功能区"注释"页面中的"引线"面板有着更详细的上述操作界面，如图 16.11 所示。

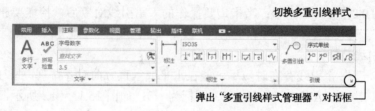

图 16.11　"引线"面板

3. 多重引线

当多重引线样式设定后，就可以进行多重引线（MLEADER）的标注了，其命令方式如下：

命令名	MLEADER，MLD		
快捷键	—		
菜单	标注→多重引线	功能区	常用→注释→
工具栏	多重引线→		注释→引线→多重引线

在使用多重引线命令之前首先在绘图区绘制 75×50 图框并满显。多重引线命令启动后

（设当前的多重引线样式为"序式单圆"），按命令行提示操作：

指定引线箭头的位置或 [引线基线优先(L)/内容优先(C)/选项(O)] <选项>： 任意
指定引线基线的位置： 在适当位置单击鼠标左键
输入属性值
输入标记编号 <TAGNUMBER>： 1↙

结果如图 16.12（a）所示。将当前多重引线的样式设为"序式单线"，在命令行输入"MLD"并按【Enter】键，任意指定箭头和引线基线的位置后进入多行文字输入模式，输入 1 并按【Ctrl+Enter】组合键，则结果如图 16.12（b）所示。

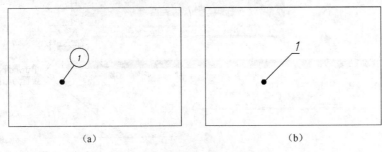

图 16.12 多重引线命令图例

需要强调的是，命令中还有"引线基线优先"、"内容优先"及"选项"等参数。若指定"引线基线优先"，则首先提示指定基线的位置；而若指定"内容优先"，则首先确定内容的绘制。若指定"选项"，则可重新指定多重引线的样式选项内容。

4. 添加和删除引线

若同一个多重引线标注需要多条引线，则可使用添加引线命令（MLEADEREDIT 或 MLE）（图标为 ）：当拾取要操作的多重引线对象后，可多次为其添加引线直到退出命令为止。当一个多重引线标注有不止一条引线时，若需删除引线，则可使用删除引线命令（MLEADEREDIT）（图标为 ）：当指定要操作的多重引线对象后，拾取要删除的引线并结束拾取。

5. 对齐引线

按照规定，当多个引线存在时应尽可能在水平或垂直方向对齐排列，此时应使用对齐引线命令（MLEADERALIGN 或 MLA）（图标为 ）：如图 16.13（a）所示，拾取要对齐的多重引线对象序号为 1、2、3、4，结束拾取后，指定以引线序号为 3 为参照对齐的多重引线，指定垂直方向（极轴追踪显示的角度为 90°），则结果如图 16.13（b）所示。

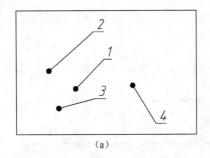 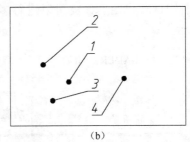

图 16.13 对齐引线命令图例

需要说明的是,若要改变对齐引线的间距,则可指定"选项",并指定"指定间距"参数,输入间距值并按【Enter】键,间距得到指定。

6. 合并引线

当多个零件需要同一个引线标注时,则应使用合并引线命令(MLEADERCOLLECT 或 MLC)(图标为 ），但该命令似乎对附着多行文字的多重引线样式的引线不起作用。例如,下列操作。

步骤

(1)删除图 16.13(b)中序号为 1、3、4 的引线标注,将当前多重引线样式改为"序式单圆",任作三个引线标注,序号分别为 1、3、4,结果如图 16.14(a)所示。

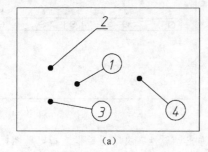 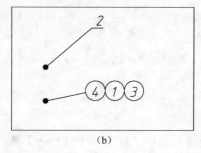

图 16.14 合并引线命令图例

(2)启动合并引线命令,依次拾取要合并的多重引线对象序号为 4、1、3 并 结束拾取 ,命令行提示为:

指定收集的多重引线位置或 [垂直(V)/水平(H)/缠绕(W)] <水平>:

(3)指定收集的多重引线位置后,结果如图 16.14(b)所示。当然,也可指定"垂直"选项,则序号将按垂直方向合并。

需要强调的是,合并时指定的对象的次序很重要,最后指定的引线对象的第一点为合并后新引线对象的第一点。

【实训 16.2】编写明细表

由于装配图的零件个数各不相同,这就导致明细表内容和数量也各不相同,因而不可能也没有必要建立一个固定的明细表格来填写。最佳的办法是为明细表的"行"建立一个带属性的块,需要时插入即可。当然,要首先将装配图的标题栏和明细表的表头预先绘制好。

下面就来为明细表的"行"建立一个带属性的块,块名为"明细行"。

步骤

1)绘制准备。

启动 AutoCAD 或重新建立一个默认文档,按标准要求建立所有图层(这里将粗线线宽改为 0.5),草图设置对象捕捉左侧选项,建立"字母数字"文字样式,建立"ISO35"标注样式,绘制 150×100 图框并满显。

2）绘制明细表的行和辅助线。

（1）打开"线宽"显示，将当前图层切换到"0"层。

（2）启动直线命令（LINE），在图框左侧靠边的位置处单击鼠标左键确定第一点，向左绘出长为130的水平线，向下绘出长为8的垂直线，向右水平分别绘出长为12、53、12、30、23的连线，输入"C"并按【Enter】键，结果如图 a 所示。

（3）重复使用直线命令，分别依图 a 中小圆标记的端点开始向上绘出垂直线至上边水平线的交点即可。再次重复使用直线命令为各单元格绘出对角线，结果如图 b 所示。

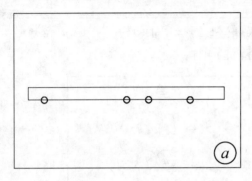
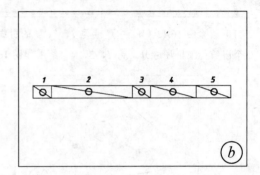

3）添加属性。

（1）在命令行输入"ATT"并按【Enter】键，弹出"属性定义"对话框，指定属性标记为"备注"，选定"对正"方式为"正中"，文字样式指定为"字母数字"，字高设定为5，如图 c 所示，单击 确定 按钮，指定图 b 小圆标记 5 线的中点，结果如图 d 所示。

（2）类似地，依次添加"材料"、"数量"（默认值指定为1）、"名称"和"序号"属性。

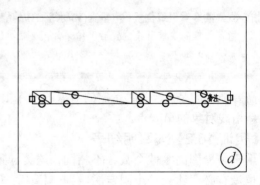

4）定义"明细行"块。

（1）删除图 d 中有小圆标记的线段。

（2）拾取有小方框标记的两侧直线，将其图层改为"粗实线"层，结果如图 e 所示。

（3）在命令行输入"B"并按【Enter】键，弹出"块定义"对话框，在"名称"框中输入块名"明细行"，单击选择对象按钮，对话框消失，拾取图框中的所有对象并结束拾取，又回到了"块定义"对话框。单击拾取点按钮，对话框消失，指定图 e 有小圆标记的端点为基点，又回到了"块定义"对话框。结果如图 f 所示。

（4）单击 确定 按钮，对话框退出。

第 16 章 绘制装配图

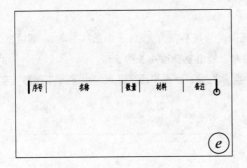
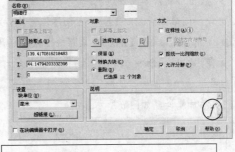
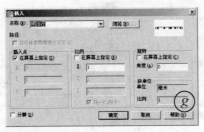
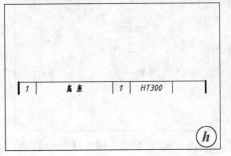

5）插入"明细行"块。

（1）将当前图层切换到"文字尺寸"层。

（2）在命令行输入"I"并按【Enter】键，弹出"插入"对话框，选择"明细行"块，按图 g 所示设定其他选项，单击 确定 按钮，对话框退出。

（3）指定任意一个基点位置后，输入相应的参数，结果如图 h 所示。

【说明】第一行的"明细行"块应插入到明细表头上，而下一行的"明细行"块应插入到上一行上。

16.3 使用动态块建立图符

通过启动 BEDIT 或 BE 命令可打开动态块的设计界面，这里通过三个实训简例来说明动态块的使用。

【实训 16.3】名称旋转的基准符号

前面已生成并使用基准符号块。当指定块旋转时，基准名称也随之旋转。若要基准名称保持水平，有两种方法，一种方法是分解块，删除基准名称属性，重新注写基准名称；另一种方法是使用块编辑命令（BEDIT 或 BE）来修改基准块使其具备基准名称水平书写的功能（旋转）。这里就使用第二种方式来进行。

步骤

1）绘制准备。

启动 AutoCAD 或重新建立一个默认文档，**按标准要求建立所有图层，草图设置对象捕捉左侧选项，建立"字母数字"文字样式，建立"ISO35"标注样式，绘制** 50×35 **图框并满显。**

2）重新规范基准符号并生成块。

（1）将当前图层切换为"文字尺寸"层。

(2) 绘出形状, 如图 a 所示。

① 使用圆命令 (CIRCLE), 在任意位置处指定圆心, 指定半径为 3.5 (一个数字字高), 圆绘出。

② 使用直线命令 (LINE), 从圆的上象限点开始向上绘出竖直线 (长约 5)。

③ 使用多段线命令 (PLINE), 指定宽度为 1.5, 绘出长为 6 的水平线, 并以其中点为基点移至竖直线的上端点。

(3) 添加属性, 如图 b 所示。

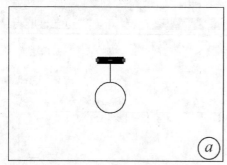 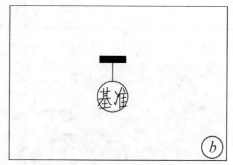

① 在命令行输入 "ATT" 并按【Enter】键, 弹出 "属性定义" 对话框。

② 指定标记为 "基准", 指定默认值为 "A", 指定 "正中" 对正方式, 将字高设为 5。

③ 单击 确定 按钮, 对话框消失, 命令行提示为 "指定起点:", 将光标移至基准圆圈的圆心时单击鼠标左键, 属性绘出。

(4) 创建并插入块, 如图 c 所示。

① 使用块命令 (BLOCK), 将基准图符连同属性创建 "基准" 块 (在 "块定义" 对话框中, 选定 "对象" 域中的 "删除" 选项), 块的基点选定为多段线 (水平粗实线) 的中点。

② 在命令行输入 "I" 并按【Enter】键, 弹出 "插入" 对话框, 选择块名称为 "基准", 指定 "旋转" 中的 "在屏幕上指定" 复选框, 保留其他默认选项, 单击 确定 按钮。

③ 指定任意位置单击鼠标左键, 移动光标调整旋转角度, 单击鼠标左键, 按【Enter】键选择默认的基准值, 基准绘出。

④ 再插入一个水平 B 基准图符。

3) 编辑块, 调整基准符号位置。

(1) 在命令行输入 "BE" 并按钮【Enter】键, 弹出如图 d 所示的 "编辑块定义" 对话框, 在其左侧块列表中选定 "基准", 单击 确定 按钮, 对话框退出, 进入块编辑界面, 浮动显示的是 "块编写选项板" 窗口, 如图 e 所示。

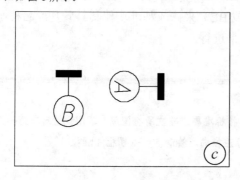 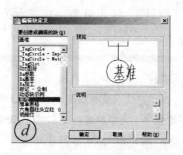

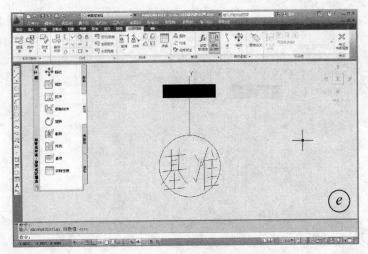

（2）单击"基准"属性，单击鼠标右键，从弹出的快捷菜单中选择"特性"命令，或者直接按【Ctrl+1】组合键，弹出"特性"窗口，将文字对齐的 X 和 Y 坐标略调一下，结果如图 f 所示。

【注意】块中的坐标系是以指定的基点为原点的用户坐标系，注意坐标系图标的位置。

（3）关闭"特性"窗口。

4）为块添加"旋转"参数并指定动作。

（1）将"块编写选项板"窗口切换到"参数"页面，如图 g 所示。

（2）单击"旋转"参数图标，指定基准块中圆的圆心为旋转参数的"基点"，向右移动光标至适当位置单击鼠标左键指定旋转参数的半径，输入默认旋转角度为 0°，按【Enter】键，结果如图 h 所示。

（3）将"块编写选项板"窗口切换到"动作"页面，如图 i 所示。单击"旋转"动作图标，在"旋转"参数"角度 1"上单击鼠标左键，为"旋转"动作指定"参数"，拾取"基准"属性对象并 结束 拾取，动作设定完毕。同时，在参数"角度 1"旁有一个带有闪电标记的旋转动作符号。

（4）单击功能区"块编辑器"页面右侧的"关闭块编辑器"，弹出"块–是否保存参数更改"对话框，单击"保存更改"按钮，回到绘图区。

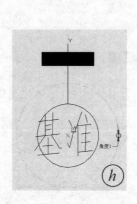 

5）测试块。

（1）单击基准名称为 A 的基准图块，此时多了一个圆形夹点，如图 j 所示。

（2）单击圆形夹点，可以移动光标调整基准名称 A 的角度，如图 k 所示。

（3）单击鼠标左键，基准图符调整完毕。

（4）按【Esc】键退出夹点模式。

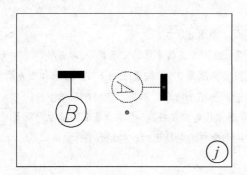 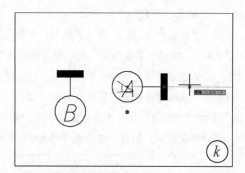

需要强调的是，若还要动态调整基准名称的位置，则可指定"点"参数和"移动"动作。由此可见，设定动态块的第一个结论是：**参数和动作是配对的**。

【实训 16.4】表面结构图符集

在【实训 15.2】中创建了"Ra 基本"、"Ra 加工"和"Ra 参数"三个表面结构图符块，这里若使用一个整块来构成它们，在插入后通过夹点来指定具体类型，则如何实现呢？

简单地讲，就是通过动态块的"可见性"参数来实现。不过，这里还增加了调整图 Ra 上方线段的长度的功能。

1）绘制准备。

启动 AutoCAD 或重新建立一个默认文档，**按标准要求建立所有图层，草图设置对象捕捉左侧选项，建立"字母数字"文字样式，建立"ISO35"标注样式，绘制 50×35 图框并满显**。

2）生成"Ra 基本"、"Ra 加工"和"Ra 参数"三个表面结构图符块。

（1）将当前图层切换为"文字尺寸"层。

(2)绘出形状。

① 使用直线命令绘出间距为 5 的三条水平线,并从中间水平线的左端点绘出表面结构基本图符,如图 a 所示。

② 删除图 a 中有小方框标记的线条,复制基本图符,绘出如图 b 所示的表面结构图符。

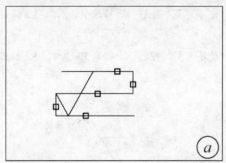 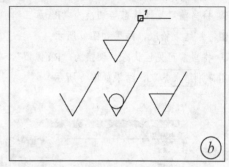

(3)添加属性。

① 在命令行输入"ATT"并按【Enter】键,弹出"属性定义"对话框。

② 指定标记为"Ra 值",指定默认值为"Ra3.2",保留默认的"左对齐"对正方式,将字高设为 3.5。

③ 单击 确定 按钮,对话框消失,命令行提示为"指定起点:",将光标移至图 b 中小方框 1 的交点的垂直追踪线下方 4 左右的点位置时单击鼠标左键,属性绘出,结果如图 c 所示。

(4)生成块。

① 使用块命令(BLOCK),将所有表面结构图符连同属性创建"表面结构图符"块(在"块定义"对话框中,选定"对象"域中的"**转换为块**"选项),块的基点选定为图 c 中有小圆标记的交点。

② 块建立后,随即弹出"编辑属性"对话框,保留默认值,单击 确定 按钮,结果如图 d 所示。

3)实现块的选择功能。

(1)在命令行输入"BE"并按【Enter】键,弹出"编辑块定义"对话框,在其左侧块列表中选定"表面结构图符",单击 确定 按钮,对话框退出,进入块编辑界面。

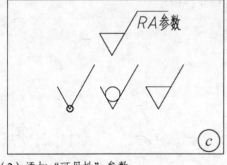 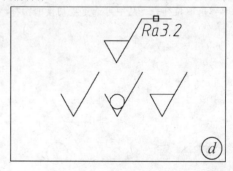

(2)添加"可见性"参数。

① 将"块编写选项板"窗口切换到"参数"页面,单击"可见性"参数图标 可见性 ,在块基点左旁位置指定"参数"位置。

② 单击功能区"可见性"面板中的"可见性状态"图标,或双击添加的参数 可见性1 ,弹出"可见性状态"对话框。

③ 将默认添加的"可见性状态 0"重命名为"Ra 基本"。

④ 单击 新建(N)... 按钮,弹出"新建可见性状态"对话框,保留默认的选项,分别创建新的状态名:Ra 保留、Ra 加工和 Ra 参数,结果如图 e 所示。

⑤ 单击 __确定__ 按钮，回到块编辑界面。

(3) 设定"可见性"内容。

① 此时"可见性"面板当前的可见性状态名为"Ra 参数"。单击"可见性"面板上的"使不可见"按钮，拾取 Ra 基本、Ra 保留、Ra 加工图符并 结束拾取，结果如图 f 所示。

② 将当前可见性状态名切换为"Ra 加工"，单击"使不可见"按钮，拾取 Ra 基本、Ra 保留、Ra 参数图符并 结束拾取，结果如图 g 所示。

③ 将当前可见性状态名切换为"Ra 保留"，单击"使不可见"按钮，拾取 Ra 基本、Ra 加工、Ra 参数图符并 结束拾取，结果如图 h 所示。

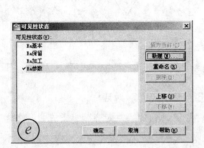

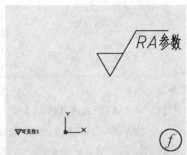

④ 将当前可见性状态名切换为"Ra 基本"，单击"使不可见"按钮，拾取 Ra 基本、Ra 加工、Ra 参数图符并 结束拾取，结果如图 i 所示。

⑤ 再将各自可见状态下的图符使用移动命令（MOVE），指定图符最下面的角点为基点，分别移至基点处（即输入坐标（0,0）并按【Enter】键）。

(4) 保存并测试。

① 单击功能区"块编辑器"页面右侧的"关闭块编辑器"，弹出"块 – 是否保存参数更改"对话框，单击"保存更改"按钮，回到绘图区。

② 此时，绘图区仅有一个"Ra 基本"图符，拾取它，发现多了一个下拉夹点，如图 j 所示，单击它，将弹出下拉列表，从中可选定要切换的图符，结果如图 k 所示。

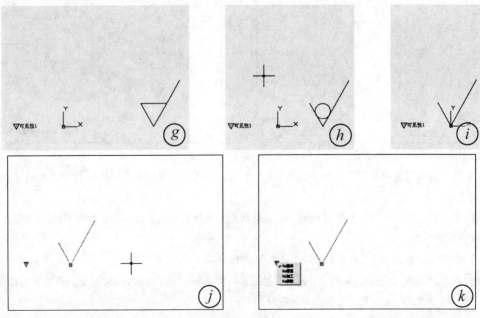

4）实现块中线条长度拉伸功能。

（1）指定"参数"。

① 打开块编辑器，将当前可见状态名切换到"Ra参数"，将鼠标中间的滚轮向后滚动一下将当前视口的图形缩小一些。

② 将"块编写选项板"窗口切换到"参数"页面，单击"线性"参数图标 线性，在图符上面水平线右侧任意位置指定参数起点和端点，然后指定"参数标签"位置，结果如图 l 所示。

（2）指定"动作"。

① 将"块编写选项板"窗口切换到"动作"页面，单击"拉伸"动作图标 拉伸，在"线性"参数"距离 1"上单击鼠标左键，为"拉伸"动作指定"参数"，单击右边的方向夹点为"与动作关联的参数点或输入"。

② 接下来要使用第一角点和对角点来指定被拉伸的对象，要注意被拉伸的部分不能是该对象的全部，指定的第一角点和对角点构成的框如图 m 所示，拾取最上面的水平线并结束拾取。拉伸动作设定完毕。

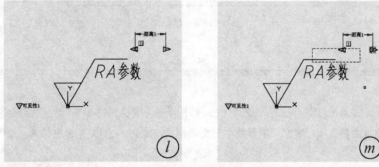

（3）保存并测试。

① 单击功能区"块编辑器"页面右侧的"关闭块编辑器"，弹出"块－是否保存参数更改"对话框，单击"保存更改"按钮，回到绘图区。

② 拾取图符，单击下拉夹点，将图符切换为"Ra参数"，结果多了一个向右方向的夹点，如图 n 所示。

③ 单击方向夹点，向右移动光标，上面的水平线被拉伸，如果如图 o 所示。

④ 拉伸到适当大小时，单击鼠标左键，按【Esc】键退出夹点模式。

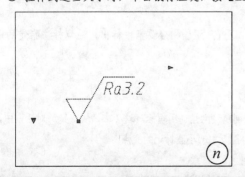
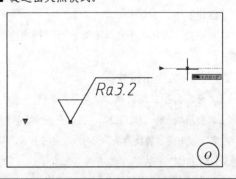

由此可见，设定动态块的第二个结论是：**状态与动作无关。**

【实训 16.5】可选定参数的六角头螺栓

前以已讨论过螺栓头部的画法，当为近似方法时，它以螺栓公称直径 d 为参数。这样一来，可以根据选择的公称直径缩放螺栓头部形状，但螺栓的公称长度则需另外指定并拉伸。需要指出的是，绘出的螺栓图符，其公称直径为10，公称长度45，如图16.15所示。

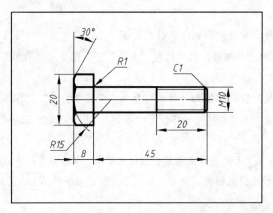

图16.15 螺栓尺寸

1）操作准备。

（1）启动 AutoCAD 或重新建立一个默认文档，按标准要求建立所有图层（这里将粗线线宽改为0.3），**草图设置对象捕捉左侧选项，建立"字母数字"文字样式，建立"ISO35"标注样式，绘制100×75图框并满显**。

（2）按尺寸绘出螺栓，为了简化起见，倒角和圆角暂时不绘制，结果如图 a 所示（图中点画线有两条，断点在小圆标记的交点处）。

（3）这里首先来规划一下。

① 公称直径尺寸 d 应控制螺栓头的缩放、螺杆两条转向轮廓线的距离（移动）、螺杆中螺纹的长度（为2d）。

② 公称长度尺寸 L 应控制螺杆的水平拉伸，同时还有与 d 相关的螺纹小径 d_1 用来控制小径线的距离（移动）。

【结论】

这样一来，共用三个线性参数，为了精确控制，还应从螺栓相应要素中标出，注意标注指定的起点和端点。

2）生成螺栓图符块。

（1）将当前图层切换为"文字尺寸"层。

（2）使用块命令（BLOCK），将所有螺栓所有对象创建"六角通用螺栓"块（在"块定义"对话框中，选定"对象"域中的"**转换为块**"选项），块的基点选定为图 a 中有小圆标记的交点。

3）添加"参数"。

（1）打开块编辑器，将鼠标中间的滚轮向后滚动一下将当前视口的图形缩小一些。

（2）将"块编写选项板"窗口切换到"参数"页面，分别添加公称直径、公称长度和螺纹小径的"线性"参数，结果如图 b 所示。

（3）按【Ctrl+1】组合键弹出"特性"窗口，修改"距离1"参数，结果如图 c 所示。

① 保证"距离1"的两个夹点与基点所在的水平位置对齐。

② 单击参数"距离1",在其"特性"窗口中将"距离名称"改为"公称直径"。

③ 在"数值集"中将最小值和最大值设定为3和30,将"基点位置"选定为"中点"。

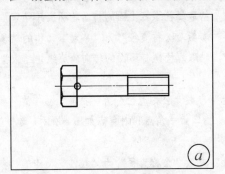 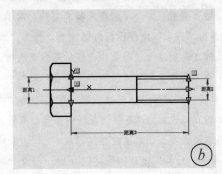

(4) 修改"距离2"和"距离3"参数。

① 按【Esc】键,退出拾取状态,再单击参数"距离2",在其"特性"窗口中将"距离名称"改为"小径",将"基点位置"选定为"中点"。

② 类似地,将参数"距离3"的"距离名称"改为"公称长度"。按【Esc】键,退出拾取状态,

(5) 关闭"特性"窗口,结果如图 d 所示。

 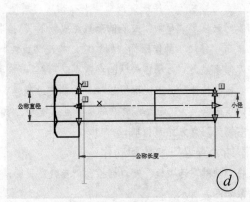

【注意】可以看到,在"公称直径"参数旁出现灰色的刻度线,这是因为设定"数值集"的最小值和最大值的缘故。

4) 为参数"公称直径"指定"动作"。

(1) 为"公称直径"添加"缩放"动作。

将"块编写选项板"窗口切换到"动作"页面,单击"缩放"动作图标按钮，指定"线性"参数"公

称直径"为"缩放"动作的"参数",拾取螺栓头部所有对象（**包括左边点画线**）为"缩放"动作的对象。

（2）为"公称直径"添加两个"移动"动作。

① 单击"移动"动作图标按钮 移动，指定"线性"参数"公称直径"为"移动"动作的"参数",指定上面的方向夹点为"与动作关联的参数点或输入",拾取螺栓螺杆上面的转向轮廓线并 结束拾取 。

② 单击"移动"动作图标按钮 移动，指定"线性"参数"公称直径"为"移动"动作的"参数",指定下面的方向夹点为"与动作关联的参数点或输入",拾取螺栓螺杆下面的转向轮廓线并 结束拾取 。

（3）为"公称直径"添加两个"拉伸"动作。

① 单击"拉伸"动作图标按钮 拉伸，指定"线性"参数"公称直径"为"拉伸"动作的"参数",单击上面的方向夹点为"与动作关联的参数点或输入"。指定第一角点和对角点如图 e 所示,选择螺纹终止线和最右侧的端面线对象并 结束拾取 。

② 单击"拉伸"动作图标按钮 拉伸，指定"线性"参数"公称直径"为"拉伸"动作的"参数",单击下面的方向夹点为"与动作关联的参数点或输入"。指定第一角点和对角点如图 f 所示,选择螺纹终止线和最右侧的端面线对象并 结束拾取 。

【结论】这样,"公称直径"参数共有五个动作,一个缩放动作,二个配对移动动作和二个配对拉伸动作。

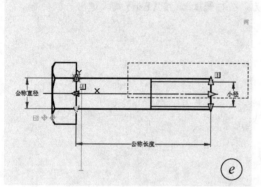
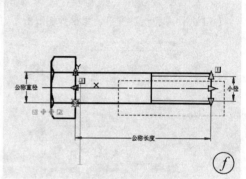

5）为参数"小径"和"公称长度"指定"动作"。

（1）单击"移动"动作图标按钮 移动，指定"线性"参数"小径"为"移动"动作的"参数",指定上面的方向夹点为"与动作关联的参数点或输入",拾取螺纹小径上面的转向轮廓线并 结束拾取 。

（2）单击"移动"动作图标按钮 移动，指定"线性"参数"小径"为"移动"动作的"参数",指定下面的方向夹点为"与动作关联的参数点或输入",拾取螺纹小径下面的转向轮廓线并 结束拾取 。

（3）单击"拉伸"动作图标按钮 拉伸，指定"线性"参数"公称长度"为"拉伸"动作的"参数",单击右边的方向夹点为"与动作关联的参数点或输入"。指定第一角点和对角点如图 g 所示,窗交框选螺纹终止线右侧的对象并 结束拾取 。

6）添加"查寻"参数和动作。

（1）将"块编写选项板"窗口切换到"参数"页面,分别在螺栓的左上和右上位置处添加"查寻"参数,结果如图 h 所示。

（2）将"块编写选项板"窗口切换到"动作"页面,单击"查寻"动作图标 查寻，指定参数"查寻2",弹出如图 i 所示的"特性查寻表"对话框。

（3）设定特性查寻2参数。

① 单击 添加特性(A)... 按钮,弹出"添加参数特性"对话框,如图 j 所示。

② 在参数特性列表中,指定"公称直径"和"小径",单击 确定 按钮,回到"特性查寻表"对

话框。

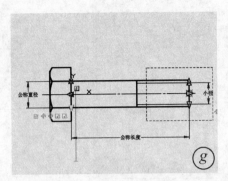 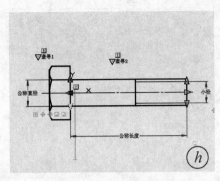

③ 在左侧的"输入特性"列表中输入实际的控制参数值,在右侧的"查寻特性"列表中输入相对应的夹点下拉特性名称,输入的结果如图 k 所示。

④ 单击 确定 按钮。"特性查寻表"对话框退出。

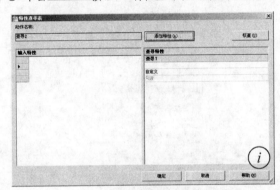 

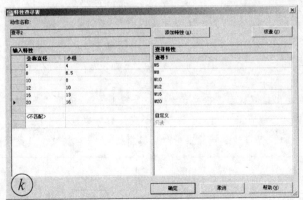

(4) 设定特性"查寻2"参数。

① 单击"查寻"动作图标按钮 查寻,指定参数"查寻 2",弹出"特性查寻表"对话框,单击 添加特性(A) 按钮,弹出"添加参数特性"对话框,指定"公称长度",单击 确定 按钮,回到"特性查寻表"对话框。

② 在左侧的"输入特性"列表中输入实际的控制参数值,在右侧的"查寻特性"列表中输入相对应的夹点下拉特性名称,输入的结果如图 l 所示。

③ 单击 确定 按钮。"特性查寻表"对话框退出。

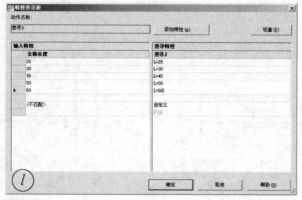

7）修改、保存并测试。

（1）按【Ctrl+1】组合键弹出"特性"窗口，单击"公称直径"的动作"缩放"，将"基准类型"选为"独立"，将基准 X 和 Y 值均设为"0"，结果如图 m 所示。

（2）按【Esc】键，退出拾取状态，再单击参数"公称直径"，将其"夹点数"置为"0"，结果如图 n 所示。类似地，将参数"公称直径"和"小径"的"夹点数"也置为"0"。

（3）关闭"特性"窗口。保存块更新并退出"块编辑器"，最后测试，其结果如图 o、图 p 所示。

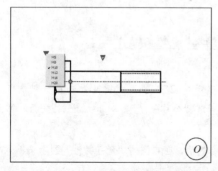
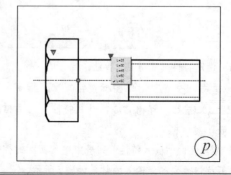

至此，可选定参数的六角头螺栓动态块建立完成。由此可见，在设置配对双向拉伸、缩放、移动等操作时，其参数的基准一定要选定为"中点"。

事实上，测试块时可直接单击功能区"块编辑器"页面的"打开/保存"面板中的"测试块"按钮。测试后，单击功能区最右侧的"关闭测试块"按钮即可。

16.4　熟悉装配图的拼绘方法

由零件图拼画装配图时，首先要理解部件的工作原理，读懂零件图，掌握部件的装配关系，然后选择适当的表达方案、图幅和比例，根据零件图提供的尺寸绘制装配图。

16.4.1　处理好几个问题

事实上，在 AutoCAD 中，由零件图拼画装配图的过程就是"拼图"的过程。所谓"拼图"就是将不同图形文件的内容，按需要组合在一起的操作过程。当然，在拼图中还要注意处理好下列几个问题。

（1）**定位问题**。不同的机器或部件有着不同的组装顺序，因此一定要首先看懂机器或部件的原理图，才能确定正确的拼装顺序，并合理地利用 AutoCAD 中的追踪和捕捉功能，准确地确定各零件的基点与插入点。

（2）**可见性问题**。AutoCAD 不具备块的消隐功能，当零件较多时很容易出错，因此一定要细心，必要时可将块分解后，将需要消隐的图线修剪或删除。

（3）**规范性问题**。因为有许多国标规定，所以绘制装配图时一定要细心。例如，相邻两个零件的剖面线必须有所不同（方向不同或间隔不同或间隔错开），相同零件的剖面线必须一致。同时要注意利用各种显示控制命令及时缩放，避免出现不合理的孤立的线条。

16.4.2　设计中心

为了能够有效地绘制图样（尤其是装配图），可通过 AutoCAD 的设计中心达到重复利用和共享图形的目的。设计中心是通过 ADCENTER 命令启动的：

命令名	ADCENTER，ADC		
快捷键	【Ctrl+2】		
菜单	工具→选项板→设计中心	功能区	视图→选项板→
工具栏	标准→		

设计中心命令启动后，弹出如图 16.16 所示的"设计中心"浮动窗口。"设计中心"窗口具有 Windows 资源管理器的界面风格，左侧通过树视图列表来浏览指定文件夹中的源文件，并可在右侧列表视图中显示当前文件内容及图形文件下的标注样式、表格样式、布局、多重引线样式、层及文字样式等信息。

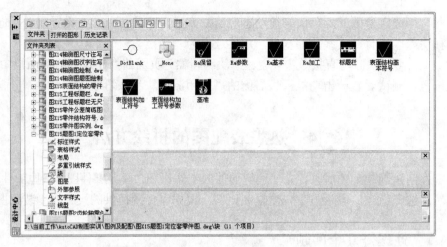

图 16.16 "设计中心"窗口

当具有的信息（如"块"）列出时，则可在要操作的信息元素上单击鼠标右键，弹出快捷菜单，从中选择要操作的命令，如图 16.17 所示，或者直接将信息元素拖放到当前图形文件中，将以默认方式插入信息。

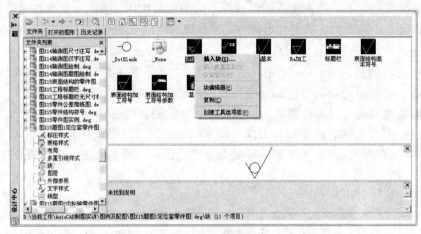

图 16.17 "设计中心"窗口

使用完"设计中心"窗口后，单击窗口左上角的关闭按钮 ×，退出设计中心。

16.4.3 拾取过滤设置

在利用剪切和复制粘贴拼图时，总要拾取零件图中的对象。但在拾取时不是将所有的图元都拾取，为了快速有效地拾取对象，可以首先设置拾取图形元素的过滤条件。这种对象过滤选择是通过 AutoCAD 中的 FILTER 或 FI 命令实现的。

在命令行输入"FI"并按【Enter】键，弹出如图 16.18（a）所示的"对象选择过滤器"对话框，它包含对象选择过滤器条件列表（上部分）、选择过滤器（下方左部分）和命令过滤器（下方右部分）共三个区域。使用时，可按下列步骤进行。

步骤

（1）首先单击选择过滤器特性组合框，从弹出的下拉列表中选择特性，如图16.18（b）所示，选择"图层"。单击 选择(E)... 按钮，弹出"选择图层"对话框，选中"细实线"、"点画线"和"粗实线"，单击 确定 按钮，退出"选择图层"对话框。单击 添加到列表(L) 按钮，上面的过滤器条件列表中添加了一个条件。

（2）单击选择过滤器特性组合框，选择"**开始——NOT"，单击 添加到列表(L) 按钮。单击选择过滤器特性组合框，选择"标注"，单击 添加到列表(L) 按钮。单击选择过滤器特性组合框，选择——"**结束 NOT"，单击 添加到列表(L) 按钮，结果如图16.19（a）所示。

（3）在过滤器条件列表中选中"图层=细实线,细虚线"，单击 删除(D) 按钮。在 另存为(V) 按钮右侧框中输入"拼图选择零件"，单击 另存为(V) 按钮，结果如图16.19（b）所示。

（4）单击 应用(A) 按钮，对话框关闭，命令行提示"选择对象:"，窗交框选所有对象后，只有满足条件的对象才会被选择。

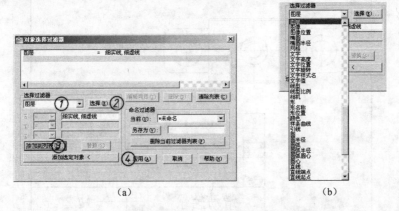

图16.18 "对象选择过滤器"对话框和特性下拉列表

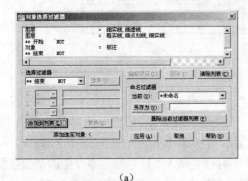
（a）

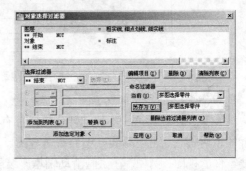
（b）

图16.19 添加和删除过滤条件并命名

【实训16.6】拼画滑动轴承座装配图

下面以如图16.20所示的滑动轴承座装配图（A4图幅竖放，比例为1:1）为例来说明由零件图拼画装配图的过程。

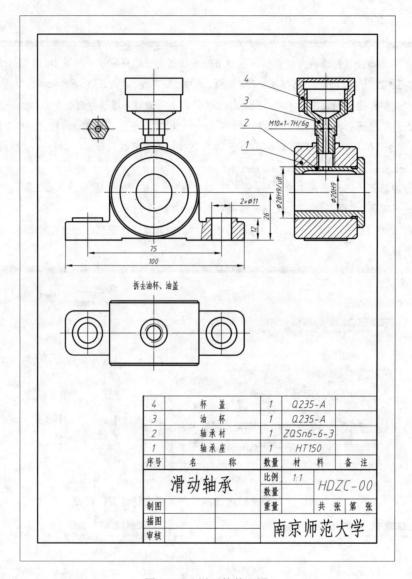

图 16.20 拼画的装配图

这里需要强调如下内容。

（1）泵、座、体这一类的部件或机器都有一个壳体（或箱体）类的主要零件。这类主要零件的表达方法通常就是装配图的表达方案。因此，在拼画装配图时应首先（全部）调入该主要零件的视图。例如，在拼画滑动轴承座装配图时首先调入"轴承座"零件图的全部视图。

（2）应根据部件或机器的工作原理或传动路线来确定插入零件视图的先后次序。例如，对于滑动轴承座装配图来说，插入"轴承座"零件视图后，要依次插入"轴承衬"、"油杯"、"杯盖"零件的视图。

（3）由于插入后的零件图存在比例差异，因而在插入时应首先通过比例缩放（SCALE）命令来调整。除此之外，若是相邻零件，则还需调整剖面线的方向或大小。

（4）零件视图插入后，装配图的视图还需根据表达方案补绘视图。补绘时，可根据实际情况通过"复制+修剪"或是"边界+分解"的方法进行。

（5）最后绘出技术要求、填写标题栏、编制明细表等。当然，标题栏可最先绘出，以便能够尽早确定视图的布局方案。

由此可见，拼画滑动轴承座装配图的主要过程为：绘制零件图；绘制图框和标题栏；插入"轴承座"零件图；插入"轴承衬"零件的视图；插入"油杯"零件的主视图；插入"杯盖"零件的主视图；补全装配图。

步骤

1）绘制零件图。

（1）绘制"轴承座"零件图，如图 a 所示，将其保存为"HDZC_1.dwg"。

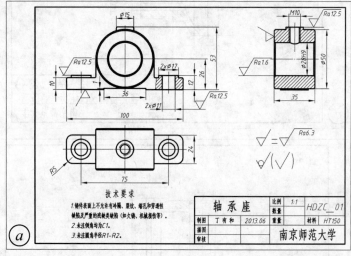

（2）绘制"轴承衬"零件图，如图 b 所示，将其保存为"HDZC_2.dwg"。

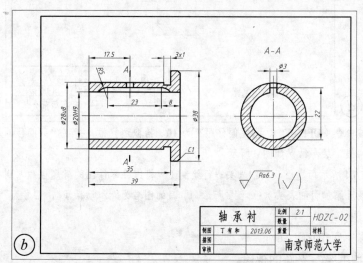

（3）绘制"油杯"零件图，如图 c 所示，将其保存为"HDZC_3.dwg"。

（4）绘制"杯盖"零件图，如图 d 所示，将其保存为"HDZC_4.dwg"。

【注意】 上述零件图均在 A4 图幅内绘制，其中轴衬、油杯和杯盖零件图的比例是 2:1。

2）绘制图框和标题栏。

（1）启动 AutoCAD 或重新建立一个默认文档，按标准要求建立所有图层（这里将粗线线宽改为 0.3 以获得本例最佳显示效果），**草图设置对象捕捉左侧选项**，建立"**字母数字**"文字样式，建立"**ISO35**"**标注样式**，绘制 **210×297 图纸边界框**并满显。

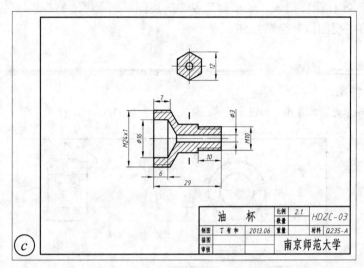

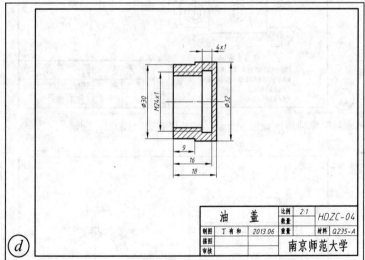

（2）使用偏移命令（OFFSET），指定偏移距离为 **10**，拾取边界框，指定内部偏移，并将偏移的图框的图层改为"粗实线"层，结果如图 e 所示。

（3）按如图 16.4 所示标题栏及明细表头进行绘制（或将以往零件图的标题栏插入到右下角点处，然后分解并修改，最后添加明细表头），如图 f 所示，填写的图名为"滑动轴承"，图号为"HDZC-00"，比例为"1:1"。

（4）将文件保存为 HDZC_0.dwg。

3）插入"轴承座"零件的视图。

（1）打开"轴承座"零件图文件 HDZC-1.dwg，关闭"文字尺寸"层，框选图框内的所有对象，按【Ctrl+C】组合键复制。

（2）将文档窗口切换到 HDZC-0.dwg，按【Ctrl+V】组合键粘贴，移动光标，可以看到跟随的粘贴内容，如图 g 所示。

（3）调整位置并将"轴承座"零件左视图水平移至图形框内。注意，若零件图和此处的装配图指定的图层名称不同，则还需要调整使其图形属性一致，结果如图 h 所示。

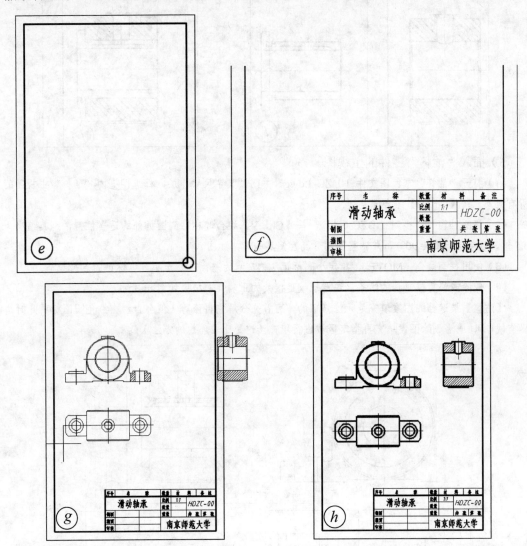

4）插入"轴承衬"零件的视图。

（1）打开"轴承衬"零件图文件 HDZC-2.dwg，关闭"文字尺寸"层，框选图框内"轴承衬"主视图的所有对象，按【Ctrl+C】组合键复制。

（2）将文档窗口切换到 HDZC-0.dwg，按【Ctrl+V】组合键粘贴到图框外的适当位置，将其缩小为 0.5 倍，并调整其图形属性使其一致，结果如图 i 所示。

（3）将当前图层切换到"0"层，作图 i 中小方框标记处的两端点连线，使用移动命令（MOVE），指定小圆标记 1 的交点为基点，移至小圆标记 2 的交点处。

（4）删除或修剪被遮挡的线条及新绘制的辅助线，结果如图 j 所示。

（5）将当前图层切换到"文字尺寸"层，使用图案填充命令（HATCH），重新为"轴承衬"视图绘制剖面线，注意与"轴承座"剖面线方向相反。

（6）同时调整"轴承座"主视图中间的两个圆，这里它们是"轴承衬"右端面在主视图上的投影（倒角圆可不画），结果如图 k 所示。

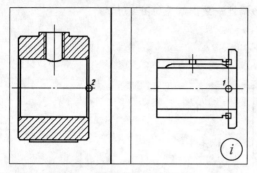 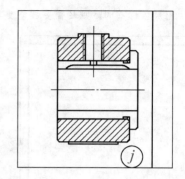

5）插入"油杯"零件的主视图。

（1）打开"油杯"零件图文件 HDZC-3.dwg，关闭"文字尺寸"层，框选图框内"油杯"主视图的所有对象，按【Ctrl+C】组合键复制。

（2）将文档窗口切换到 HDZC-0.dwg，按【Ctrl+V】组合键粘贴到图框外的适当位置，将其缩小为 0.5 倍，且顺时针旋转 90°，并调整其图形属性使其一致，如图 l 所示。

（3）使用移动命令（MOVE），指定小圆标记 1 的交点为基点，移至小方框标记的点画线上。

（4）删除或修剪被遮挡的线条，注意螺纹连接处的正确性，结果如图 m 所示。

【注意】被遮挡的图案填充是无法修剪的，可首先分解它再修剪（但会自动有红色圆圈标明此时边界有缺口），或者删除图案填充再指定区域进行填充（这是比较理想的方法）。

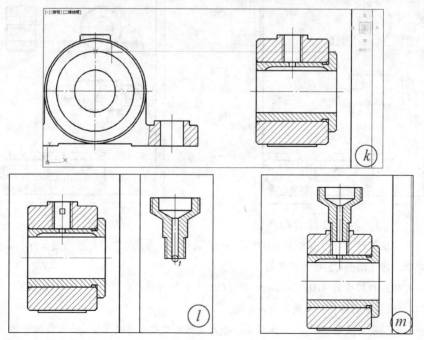

6）插入"杯盖"零件的主视图。

（1）打开"杯盖"零件图文件 HDZC-4.dwg，关闭"文字尺寸"层，框选图框内"杯盖"的所有对象，按【Ctrl+C】组合键复制。

（2）将文档窗口切换到 HDZC-0.dwg，按【Ctrl+V】组合键粘贴到图框外的适当位置，将其缩小为 0.5 倍，且逆时针旋转 90°，并调整其图形属性使其一致，结果如图 n 所示。

（3）使用移动命令（MOVE），指定小圆标记 1 的交点为基点，移至小方框标记的点画线上。

（4）删除或修剪被遮挡的线条，注意螺纹连接处的正确性。删除"杯盖"原来的图案填充再指定新的填充，注意与"油杯"的方向相反，结果如图 o 所示。

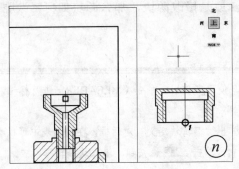 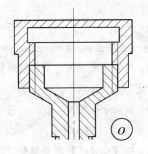

7）补全装配图。

（1）在左视图上方，使用矩形命令（RECTANG）绘制一个方框，如图 p 所示。

（2）在命令行输入"BO"并按【Enter】键启动边界命令，弹出"边界创建"对话框，单击"拾取点"按钮，对话框消失，指定图 p 中小方框位置为"拾取内部点"，按【Enter】键。

（3）拾取边界，水平移至主视图上，分解后删除不要的线段、补画修改图层，结构如图 q 所示。

（4）补画"油杯"的断面图，注意投影方向（需要旋转）和剖面线（要一致）。

（5）标注必要的尺寸和文字，生成零件序号（使用多重引线）、填写明细表（用前面创建的块进行），结果如前图 16.20 所示。

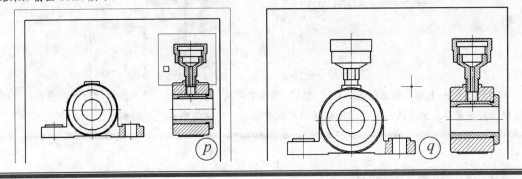

至此，装配图绘出。事实上，AutoCAD 还有参数化及三维设计，限于篇幅不再进行讨论和实训。

16.5　常见实训问题处理

在使用 AutoCAD 时，经常会出现一些问题，它们涉及许多方面，这里就多重引线和图纸等方面的一些操作问题进行分析和解答。

16.5.1 如何改变多重引线源块的参数

在前面使用"序式单圆"多重引线样式标注零件序号时，会发出两个问题，一个是圆圈的直径是8，若要改成7，怎么办？另一个是序号的字体高度是默认的2.5，若改成5，怎么办？解决这两个问题最直接的办法就是修改源块，那么源块如何修改呢？步骤如下。

步骤

（1）将"序式单圆"多重引线样式置为当前，使用多重引线命令（MLEADER）进行标注，一次就好，指定的序号任意。

（2）在命令行输入"BE"并按【Enter】键，弹出"编辑块定义"对话框，在块列表中可以看到"源块-圆"的块名"_TagCircle"，如图 a 所示。选中它，单击 确定 按钮，进入块编辑器模式。

（3）按【Ctrl+1】组合键弹出"特性"窗口，单击"TAGNUMBER"，在"文字"特性栏，将"样式"改为"字母数字"，将"高度"改为5，将"文字对齐 Y 坐标"值改为-2.25，结果如图 b 所示。

（4）按【Esc】键，单击圆圈，在"特性"窗口中将其"直径"改为7。关闭"特性"窗口，关闭块编辑器并保存块的修改，回到了绘图区，可以看到标注的零件序号已自动更新。

16.5.2 如何粘贴为块

选中图形对象后按【Ctrl+C】组合键，粘贴时按【Ctrl+Shift+V】组合键即可。

16.5.3 粘贴后如何规范图层

当从其他图形文件中复制粘贴对象后，当前图形文件的图层越来越多，如何将这些图层进行规范呢？AutoCAD 中的 LAYTRANS 命令可以解决这个问题，其命令方式如下。

第 16 章 绘制装配图

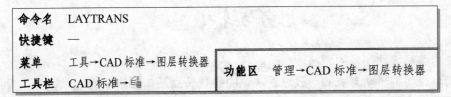

命令名	LAYTRANS		
快捷键	—		
菜单	工具→CAD 标准→图层转换器	功能区	管理→CAD 标准→图层转换器
工具栏	CAD 标准→		

LAYTRANS 命令启动后，弹出如图 16.21（a）所示的"图层转换器"对话框，该对话框左侧"转换自"列表中列出当前图形文件中的所有图层。单击 加载 按钮，弹出"选择图形文件"对话框，从中选择包含标准图层设置的图形文件，结果如图 16.21（b）所示。

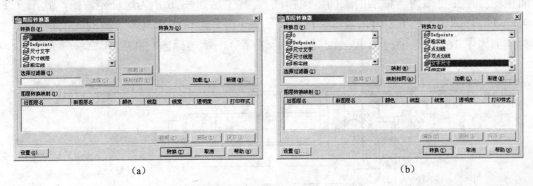

图 16.21 "图层转换器"对话框

在左侧"转换自"列表中选中要转换的图层，如"尺寸文字"、"尺寸线层"，在右侧"转换为"选定要转成的图层，如"文字尺寸"，单击 映射(M) 按钮，则将在下面的"图层转换映射"列表显示新添加的映射，如图 16.22（a）所示。类似地，可将其他要转换的图层进行映射。单击 映射相同(A) 按钮，则所有具有相同名称的图层进行映射。

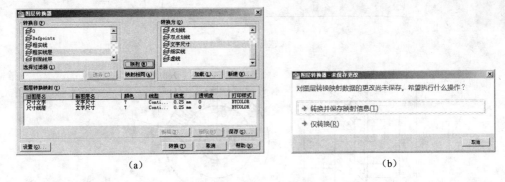

图 16.22 添加图层映射

映射后，单击 转换(T) 按钮，"图层转换器"对话框退出，弹出如图 16.22（b）所示的消息对话框，单击"转换并保存映射信息"，则弹出"保存图层映射"对话框，指定文件名，如"ds1"，单击 保存(S) 按钮，图层映射保存到标准文件"ds1.dws"中。

下次对于类似图形文件的图层转换时，单击 加载(L) 按钮，弹出"选择图形文件"对话框，指定文件类型为"标准（*.dws）"，从中选择"ds1.dws"，则自动加载映射信息。单击 转换(T) 按钮后，图层得到转换。

思考与练习

（1）说明编写零件序号的方法。

（2）简单说明编辑动态块的一般过程。说明参数夹点是如何隐藏的。

（3）新建一个图形文件 all.dwg，通过设计中心，将实训过的图层、样式、块等内容集中添加在该文件中。

（4）按 1∶1 的比例，绘出如题图 16.1～题图 16.4 所示的零件图（注意将旧标准的表面粗糙度标注更改为新标准的表面结构标注）。其中，题图 6.1 为螺杆零件图，题图 6.2 为杠杆零件图，题图 6.3 为顶盖零件图，题图 6.4 为底座件图。选择合适的图幅和格式，绘制如题图 16.5 所示的千斤顶装配图，并标注序号，填写标题栏和明细表。

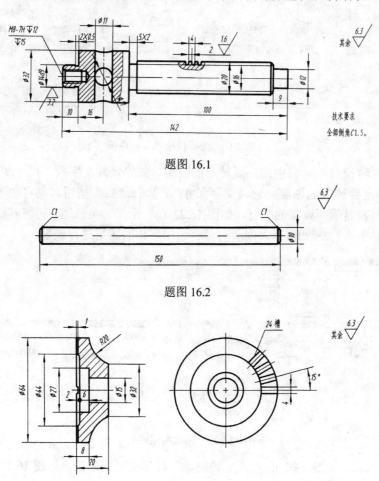

题图 16.1

题图 16.2

题图 16.3

第16章 绘制装配图

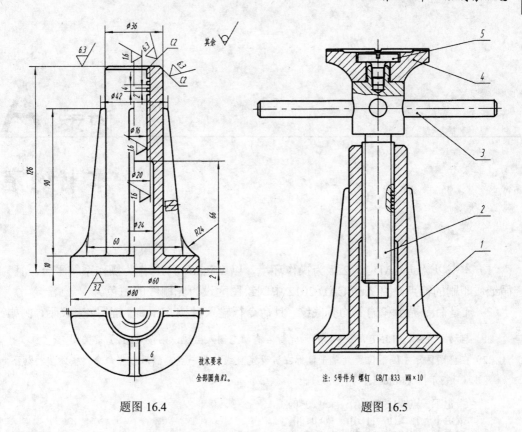

题图 16.4

技术要求
全部圆角 R2。

题图 16.5

注：5号件为 螺钉 GB/T 833 M8×10

附录 A

本书约定

（1）本书以 AutoCAD 2012 版为操作环境，以 Windows XP 作为操作系统平台，且为遵循纸质印刷的特点，将 AutoCAD 2012 中间绘图区设为无栅线的白色。

（2）凡是命令提示和输入均有底纹，且命令行输入时按【Enter】键用✓来表示，例如：

> （1）启动"直线"（LINE）命令，移动光标若有动态输入出现，则按【F12】键关闭它。
> （2）在绘图区靠左偏下位置处单击鼠标左键确定直线的第一点，然后根据命令行提示进行如下几步（✓表示按【Enter】），则矩形绘出：
>
> 指定下一点或[放弃(U)]：　　　　　　@120<0✓
> 指定下一点或[放弃(U)]：　　　　　　@80<90✓
> 指定下一点或[闭合(C)/放弃(U)]：　　@120<180✓
> 指定下一点或[闭合(C)/放弃(U)]：　　C✓

（3）在描述中，如没有特别的说明，"单击"或"单击鼠标"、"右击"或"右击鼠标"以及"双击"或"双击鼠标"分别表示"单击鼠标左键"、"单击鼠标右键"及"双击鼠标左键"。

（4）在描述 AutoCAD 命令的命令方式时，通常使用下列表格描述，例如：

命令名	RECTANG，REC
快捷键	—
菜单	绘图→矩形
工具栏	绘图→▭

功能区	常用→绘图→▭

其中，"命令名"命令方式是在命令行输入该命令名并按【Enter】键，若有别名，则一并列出。需要说明的是，"命令名"和"快捷键"可用于任何 AutoCAD 工作空间；而"菜单"和"工具栏"通常情况下只用于"AutoCAD 经典"工作空间；"功能区"仅用于"草图与注释"工作空间。

（5）若在操作过程描述中，出现有边框的字串，则表示某个特定意义的操作。它们有：

任意 —— 在绘图区任意位置单击鼠标左键指定一个点（正文§3.2 中有详细说明）。

正交：…<…° —— 出现相应的正交追踪线，此时可直接输入长度值（正文§3.2 中有详细说明）。

极轴：…<…° —— 出现相应的极轴追踪线，此时可直接输入长度值（正文§3.2 中有详细说明）。

退出 —— 用于循环组命令，表示按【Enter】键、【Space】键或【Esc】键退出命令（正文【实训

2.1】后面强调的内容中有详细说明）。

$\boxed{结束拾取}$ —— 用于对象选择操作，表示拾取对象后按【Enter】键或右击鼠标结束拾取，且拾取有效（正文§4.2.1中有详细说明）。

（6）若在操作过程描述中，出现有加粗字串，则表示与界面操作有关的设定或视图相关的操作。例如：

> 启动 AutoCAD 或重新建立一个默认文档，按标准要求建立所有图层（这里将粗线线宽改为 **0.5**），**草图设置对象捕捉左侧选项**，建立"**字母数字**"文字样式，建立"**ISO35**"标注样式，绘制 **75×50 图框**并满显。

由于这些加粗的内容可以从其字面内容很容易找到书中的章节，故这里不再赘述。

（7）凡是【实训 x.y】均表示可上机直接进行操作。

反侵权盗版声明

电子工业出版社依法对本作品享有专有出版权。任何未经权利人书面许可，复制、销售或通过信息网络传播本作品的行为，歪曲、篡改、剽窃本作品的行为，均违反《中华人民共和国著作权法》，其行为人应承担相应的民事责任和行政责任，构成犯罪的，将被依法追究刑事责任。

为了维护市场秩序，保护权利人的合法权益，我社将依法查处和打击侵权盗版的单位和个人。欢迎社会各界人士积极举报侵权盗版行为，本社将奖励举报有功人员，并保证举报人的信息不被泄露。

举报电话：（010）88254396；（010）88258888
传　　真：（010）88254397
E-mail： dbqq@phei.com.cn
通信地址：北京市万寿路 173 信箱
　　　　　电子工业出版社总编办公室
邮　　编：100036